U0137619

国家出版基金项目
NATIONAL PUBLICATION FOUNDATION

LOVELY MOTHS IN THE MOONLIGHT

月光下的萌虫 飞蛾

黄嘉龙　徐堉峰　主编

Actias dubernardi — "Chinese moon moth"
A. dubernardi is an extremely beautiful species of moon moth that originates from southern China. They are highly sexually dimorphic and the males are rather neon-pink and yellow in appearance with long elegant tails, while females are a bit plumper, with a pale white/greenish tinge and two light pink tails. #
They live in mountainous cloud forests around 1000 m–3000m altitude; their habitat is cool and humid. They are believed to have two to three generations a year and a small "break" aka short diapause where they spend their time as pupae in the cocoons. #

The female lays up to 120 eggs, and may place their eggs anywhere. The egg is oval-shaped, 1.5×1mm; whitish gray, and firmly stuck to branches or sides of the cage that the female had been kept in. Caterpillars, 4–5 mm long, hatch after 10–14 days the warmer, the quicker it happens.

The newly hatched larva is black!

1st instar is black but becomes a deep red brown as it starts eating and growing. #

2nd instar larva: it continues to living on to an orange brown. #

3rd instar larva
It change into beautiful green.

Above the thoracic segments there is a stripes of white black and red which can opened and closed to show or hide the colouration. #

The body with white stripes and silver/gold metallic reflective markings on the sides of the tubercles #

Final instar.

Aposematic colouration is same as 3rd instar larva. The fully grown caterpillar is 60–75 mm long. #

Cocoon.
It is often made among pine needles #

The function of long tails:
The adults have remarkable tails that are longer than their wingspans; the tails on the hindwings of Saturniidae are though to be auditive reflectors that can disturb the echolocation of bats as they make a "twirling" motion in flight; this way they cover a lot of surface area rapidly, making contact with the ultrasound waves emitted by bats, appearing as larger targets than they truly are. It also tricks bats into attacking the tails instead of the body, allowing the moth to escape, at the cost of the tails breaking off #

The A. dubernardi is one of the most frantic species of moon moth, especially the males. When stressed or otherwise disturbed they may go wild and start flapping their wings hysterically and ram themselves into objects. They may also drop themselves on the floor. This behaviour is the cause of their short-lived beauty: most specimens will be completely worn out and torn after three days #

It spins its brownish silk cocoon on the ground among moss or among pine needles #

Pupa: The chrysalis is about 35mm long, and imago emerges from the cocoon after about four weeks depending on the temperature and humidity #

life paintings

Host plants:
The host plant in China is Pinus massoniana; good replacement are P. sylvestris #

Chia-lung Huang

海峡书局
海峡出版发行集团

图书在版编目（CIP）数据

月光下的萌虫：飞蛾 / 黄嘉龙，徐堉峰主编. —
福州：海峡书局，2021.6（2023.6重印）
ISBN 978-7-5567-0845-1

Ⅰ. ①月… Ⅱ. ①黄… ②徐… Ⅲ. ①蛾－普及读
物
Ⅳ. ①Q964-49

中国版本图书馆CIP数据核字(2021)第138588号

出 版 人：林 彬
策　　划：曲利明　李长青
主　　编：黄嘉龙　徐堉峰
插　　画：李 晔
责任编辑：廖飞琴　杨自龙　杨思敏　林洁如　陈 婧　陈洁蕾
校　　对：卢佳颖
装帧设计：李 晔　黄舒堉　董玲芝　林晓莉

Yuèguāngxià De Méngchóng——Fēi'é
月光下的萌虫——飞蛾
LOVELY MOTHS IN THE MOONLIGHT

出版发行：海峡书局
地　址：福州市台江区白马中路15号
邮　编：350004
印　刷：雅昌文化（集团）有限公司
开　本：889毫米×1194毫米 1/16
印　张：17.625
图　文：282码
版　次：2021年6月第1版
印　次：2023年6月第2次印刷
书　号：ISBN 978-7-5567-0845-1
定　价：128.00元

版权所有，翻印必究
如有印装质量，请与我社联系调换

黄嘉龙(Chia-lung Huang)，1978年出生于台湾高雄。福州闽江学院海洋研究院副教授。毕业于台湾师范大学生命科学系生态演化组博士班，从事蝶蛾生活史及多样性研究长达20年，研究期间亦多方面积极投入自然教育推广第一线工作。

徐堉峰(Yu-Feng Hsu/Frank Hsu)，1963年生于台湾苗栗，昆虫学博士，台湾师范大学教授。曾任中国昆虫学会蝴蝶分会理事、台湾蝴蝶保育学会常务理事、日本蝶类学会副会长、台湾昆虫学会理事等，主要研究亚太地区蝶蛾类分类、演化与生物多样性。主要著作有《中国蝴蝶图鉴》《台湾蝶类志》《台湾蝴蝶图鉴》《凤翼蝶衣．海峡两岸凤蝶工笔彩绘》，以及学术论文数十篇。

摄影作者名单

（排名不分先后，按姓氏笔画排列）

Anna Bruce　Daniel Rubinoff　王立豪　王俊凯　曲利明　何学友　吴浚庭　李郁宜
李　雪　李惠永　周政翰　林佳宏　林翰羽　张永新　施礼正　徐堉峰　梁家源
陈阳发　黄心怡　黄行七　黄思遥　黄嘉龙　葛思勋　蒋卓衡　颜振晖　潘铖烺

序

在爱好昆虫生态的朋友当中，认识我的朋友大多以为我只醉心于蝶类探索和研究的工作，还有朋友戏称我是“现代版庄周”。很少人注意到我负笈海外，在加州大学求学 7 年时的论文主题却是飞蛾。

我当时的博士导师是北美小蛾类研究泰斗杰瑞 • 鲍威尔（Jerry A. Powell）博士。我才到加州大学报到与他初次会面时，他就开门见山表态说收我当学生的条件是不准研究蝶类，要是我坚持拿蝶类当研究主题，就另请高明。于是我花了相当长的时间才选定当时数据和样本都稀少的小型日行性蛾类日逐蛾科（Heliodinidae）当作研究主题，几年间足迹遍及北美各地，经常在沙漠或山林里露宿风餐，深深被日逐蛾精巧美丽的外形和有趣的生态吸引。我于 1995 年毕业，论文后来改写成专书在加州大学出版社出版，内容除了对日逐蛾科进行分类地位整理外，还发表了 3 新属 25 新种北美日逐蛾，数目超过我发表过的蝶类总数。2017 年美国鳞翅学会年度大会组织了一个特别研讨会表彰鲍威尔博士的终身成就，我作为关门弟子义不容辞远渡重洋前去共襄盛举，发现美国的同行居然几乎没有人知道我研究蝴蝶，以为我一直在从事蛾类研究！事实上，我也一直没有忽视飞蛾，我指导的研究生有许多位论文主题是蛾类，只是“蝶众”多于“蛾众”，在很多朋友心目中，我便成了只搞蝴蝶的“老宅男”了。

几年前应海峡书局的邀请，有幸协助了《中国蝴蝶图鉴》的编撰。海峡书局在合作期间明白了我对飞蛾仍有涉猎，提出写一本蛾类科普书的想法，我虽然大表赞同，但深感自己平日教务繁杂，难以独力完成。几经思索，觉得找位有能力、有热情的青年来担纲才是办法，而脑海所想到的最佳人选，是从本科生时代便进入我研究室，协助过无数蝶蛾类调查研究项目的黄嘉龙博士。他精力充沛，对大自然充满好奇，而且非常热心科普教育事业，是能够将专业学术知识转化为科普教材方便学生及普罗大众学习的难得人才，更重要的是，他于 2019 年应聘到福州闽江学院任教，方便与海峡书局共同推动这本书的问世。这本书立项不久便遇上了新冠肺炎疫情暴发，使得野外工作难以推展，嘉龙博士排除万难和出版社编辑诸君戮力配合，使这本书在短短一年内便接近完工，让我深庆所托得人。

人们常常赞叹蝴蝶优雅美丽，却往往对飞蛾有着丑陋恶心的刻板印象，这多半是因为许多飞蛾在夜晚活动，比较不易观察。如果细细察看，便会发现许多蛾造型十分有趣而可爱，而且在多样性和变化程度上远超蝴蝶。事实上，当代的系统发育研究已经得出一项结论，那便是蝴蝶其实就是长得特别一点的蛾，它们之间无法做二分式的科学分割。由于过去人们总是较多地关爱蝴蝶，使得咱们对飞蛾的认识远远落后蝶类。我衷心期盼这本书能够抛砖引玉，让更多人欣赏、关注这些静静地在夜阑人静时出没的萌虫们，进而投入研究、认识它们。

徐堉峰

2021 年6月书于夏日艳阳下

昆虫是动物界中物种多样性最高的类群，已知将近100万种，其中昆虫四大目（鞘翅目、鳞翅目、膜翅目、双翅目）成员更是占了昆虫约70%的物种多样性，而鳞翅目约有157340种。我国在鳞翅目蛾类的基础研究进展上，自《中国动物志》出版一部分蛾类科别著作后，以区域性为导向的蛾类图鉴也相继出版，诸如《南岭的蛾》《北京蛾类图谱》《高黎贡山的蛾》等，然而我国国土辽阔、资源丰富，蛾类多样性极其庞大，仍有待更多后进的投入。

科学研究成果与群众认知之间常常存在着一道鸿沟，这需要仰赖多元的渠道与人力的投入作为良好的连接。在繁忙的科研任务之外，科研工作者愿意投入额外时间将艰深难懂的研究内容，转化为读者能够理解的题材，将有助于更多人投入相关研究领域而促进科学进展，是值得鼓励与推崇的作为。

本书在设计上跳出传统图鉴式或以单一物种进行形态描述介绍的风格，许多概念和议题是采用较多的图片来表达蛾类相关的生物多样性与生态现象；在蛾类成虫和幼虫的外部形态特性上，除了宏观的角度，也有诸多微观的微细构造呈现；对于一些特殊的主题，也利用插画的形式进行概念的转换和整合；甚至关于蛾类与人类生活饮食、衣着、医药及艺术应用上也有涉猎。整体来说，在封面的设计、内容的铺陈、图像的编排、插画的呈现甚至是书名的设定上，处处可见作者与美编及出版团队考虑本书对大众亲和力的巧思；而读者则可以顺从视觉上的吸引，不必拘泥于文字的陈述，投入自己感兴趣的章节内容中，探索蛾类的相关知识与乐趣。

我非常期待此书出版，相信广大的读者们一定可以从《月光下的萌虫——飞蛾》一书中，重新认识普罗大众刻板印象中的蛾类。

特此荐举，尚祈支持！

彭万志

2021年6月

目录

一　人类与蛾类的关系

二　认识蛾类

三　蛾类的发育过程

四　蛾类的分类（传统与近代）

一 人类与蛾类的关系

◉ 对人类影响最大的昆虫——蚕『蛾』

◉ 养蚕的历史传说和故事

◉ 对人类经济作物有重大影响的蛾类

◉ 对人类影响最大的昆虫——蚕“蛾”

世界上为数众多的无脊椎动物当中，唯有两个堪称对人类经济贡献“极其卓越”的种类，这两种都是昆虫，一个是家蚕*Bombyx mori*，一个是欧洲蜜蜂*Apis mellifera*。蚕丝作为高价的日常用品至少有4500年的历史，长达千年的时间它曾经一直是我国最重要的出口物品，虽然在中世纪的东西方贸易也有大量的琥珀、玻璃玉器和茶叶，但蚕丝因其丰富的贸易量使得这一条前工业化时期的东西贸易路线以其为名，即“丝路”（Silk Road）。直至今日蚕丝仍是重要的日常商品，2013年以来全世界平均年产量约有17.5万吨，其中我国的产量便占了85%以上，而至少有100万人受雇于蚕丝生产部门，在印度则有近800万人从事蚕丝生产。虽然全球的蚕丝市场价值不易评估，但有一项研究评估指出，2021年当年全球的蚕丝市场总值将达到1185.8亿人民币，此数值已经远远超过蜜蜂的年平均经济产值。

根据一份研究报道，除了家蚕以外，人类使用野生蛾类幼虫吐的丝作为纤维来源，并制成生活用品的情况普遍存在于世界各地，这些广义上被称为野生丝蚕wild silk moths的蛾主要来自5个科超过20种蛾类（含1种蝴蝶）；在亚洲地区除了家蚕的野生近缘——中华家蚕，尚有多种大蚕蛾科柞蚕属*Ahtheraea*及樗蚕属*Samia*的野生丝蚕；美洲地区常见的则是大蚕蛾科以及知名的天幕枯叶蛾*Malacosoma incurvum aztecum*；非洲则有舟蛾科*Anaphe*及*Epanaphe*两个属的部分种类作为野生丝蚕；而墨西哥著名的野生丝则来自粉蝶科的鹃木粉蝶*Eucheira socialis*。然而，这些种类总产量在全球丝的经济产值占比上都还不到1%，远不如单一种的家蚕。

西汉都护府及古丝绸之路示意图

养蚕的历史传说和故事

丝绸起源

传说黄帝之妻嫘祖发现“养蚕取丝”之法，并巡行全国教导人民种桑养蚕。从考古学的一些发现显示丝绸的发明应更早于黄帝时期，这些考古证据包括河南荥阳青台遗址发现5500年前的丝绸碎片、河姆渡遗址发现的公元前5000年至公元前3000年新石器时代的纺织工具、大汶口遗址发现的公元前3700年至公元前3100年的丝绸织品等等。随着文字的发明演进，后人有了传记记载时才将此一重大功绩的滥觞归于黄帝时期，加上我国男耕女织的传统文化，便将丝绸起源的功劳给了黄帝之妻。

传承自中国的日本养蚕文化

一般认为日本养蚕是唐朝时期从中国传入，但根据《魏志》记载，日本自公元3世纪便开始养蚕，已经有1700年以上的历史。自古即成立的御养蚕所，是日本历代皇后实行亲蚕礼之场所，中国古代的亲蚕古礼至今日本皇室仍在坚持，仪式从每年阴历三月的吉巳日开始，日本皇后亲自或遣人祭祀蚕神，接下来的两个月为躬桑，皇后亲力亲为挑选各类桑叶喂蚕，最后献茧缫丝用于制作皇室日常用品中的衣服。明治时代之后，1930年曾创下年产蚕茧798万担，蚕丝71万件的纪录，成为世界第一，养蚕业对促进当时日本社会经济现代化起到了重大作用。日本人民喜爱穿丝绸为原料的和服，且至今养蚕业与日常生活的联系仍相当紧密，但产量早已不如明治维新时期。（现今全球丝绸年产量中国第一、印度第二、日本第十）

最早的国际商业间谍活动

随着丝路贸易，中国丝绸闻名于西方国家，直至公元 6 世纪前，中国养蚕与制造丝绸的技术已领先西方 4000 年以上，当时的丝绸广受贵族与人民的喜爱，占据罗马与东方中国之间土地的波斯垄断了丝绸贸易，并将丝绸哄抬到与黄金等价，成为后来导致东罗马帝国查士丁尼大帝发起攻打波斯的战役的导火线。查士丁尼大帝苦于无法购买到便宜的中国丝绸，于是派遣传教士（另一说为印度僧侣）前来中国偷蚕种及桑种，并将其藏于中空拐杖而带出中国（古时严禁携带蚕种、桑种出中国，违者死罪）。即使东罗马掌握了蚕丝生产技术，仍然对外垄断并保密，直至 600 年后的 12 世纪，随着第二次十字军东征，丝绸生产技术才传到西欧，这可谓是中国历史上最早的国际商业间谍事件。

对人类经济作物有重大影响的蛾类

蛾类对于人类的意义并非都如同家蚕一般，有些蛾类严重危害粮食作物造成人类重大的经济损失，例如小菜蛾（小菜蛾科），在欧洲是恶名昭彰的十字花科蔬菜害虫，幼虫在许多叶菜类的表面刮食，作茧化蛹在叶片上，每年也造成我国上亿元的农业损失。水稻是我国最重要的粮食作物，稻苞虫是耳熟能详的水稻害虫。稻苞虫其实是数种危害水稻的害虫俗称，包括了二化螟、三化螟、稻卷叶螟。其他还有危害玉米、小米等粮食作物的秋行军虫与斜纹夜蛾、蛀食苹果的苹果蠹蛾（螟蛾科）、损害柑橘叶片造成病害或降低产能的柑橘潜蛾（细蛾科）、危害果树及林木的天幕毛虫（枯叶蛾科）和舞毒蛾（裳蛾科）、群聚啃食茶叶的茶蚕蛾（桦蛾科）等，这些著名案例都只是冰山一角。蛾类与人类之间有着复杂的恩怨纠葛与爱恨情仇，我们将在后面的章节有更多介绍，包括蛾类与环境的关系及趣味蛾类。

1. 嫘祖
2–3.100 年前的日本妇女在养蚕
4. 偷蚕种的传教士
5. 斜纹夜蛾成虫
6. 斜纹夜蛾幼虫

1. 马尾松毛虫蛹
2. 美国白蛾是造成严重危害的入侵种
3. 马尾松毛虫成虫
4. 入侵种美国白蛾幼虫危害情况
5. 马尾松毛虫幼虫
6. 危害稻米储存的印度谷蛾
7. 小菜蛾幼虫
8. 小菜蛾成虫
9. 玉米螟蛾是玉米重要害虫

二 认识蛾类

◉ 什么是蛾类

蛾类，俗称“蛾子”，因为不像大多数会在白天活动、外表光鲜亮丽的蝴蝶，所以常常被人们忽略。其实蛾是一群种类多样、数量庞大的昆虫。文学中我们熟悉的常见成语例如“飞蛾扑火”“破茧而出”都与蛾类行为有关，而武侠小说中的“天蚕宝甲”也是由大蚕蛾化蛹造茧时吐出的坚韧丝所制成，更甚者，其实“化茧成蝶”这句成语描述的是大多数的蛾类，因为蝶类的毛虫化蛹时几乎不造茧，会造茧的大多是蛾类。

所以，什么是“蛾类”？蛾类和蝴蝶同样属于完全变态的昆虫，完全变态的昆虫一生必须经历卵、幼虫、蛹、成虫 4 个阶段，在为数众多的昆虫种类中，有着一群被称为“鳞翅目”Lepidoptera 的成员，即包括“蝶”与“蛾”。鳞（lepido-）、翅（-ptera）字义上便是指翅上有鳞片构造，蝶蛾的翅膀去除了鳞片之后便成了透明的膜状翅，此外，这类鳞翅目昆虫不仅是在翅上有鳞片，举凡身体的各分节如头部、胸部、腹部和 3 对步足也有鳞片，更甚者有些种类在口器或触角上也有鳞片。鳞片基本形状如同瓦片，有时也常有变化，细长的鳞片便成为所谓的“毛”，鳞片就像是蛾类的皮肤、毛发，满布的鳞片带给这群鳞翅目昆虫的功用包括增添色彩、辨识种类、防水、调节温度、防卫天敌等。

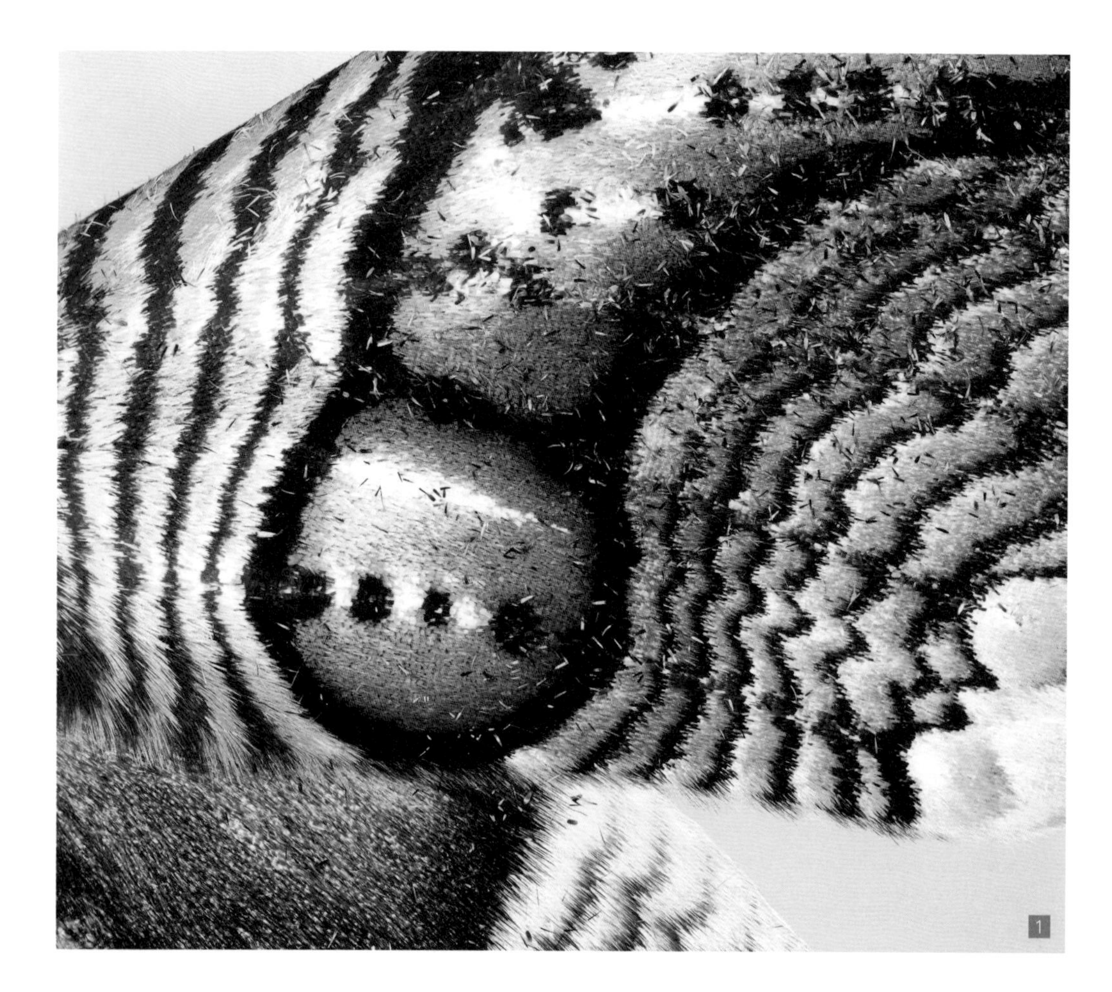
1

1-2. 翅上有鳞片构造

3-6. 翅以外的各部位亦有鳞片和毛的构造，毛即是细长的鳞片，（图 3. 胸部、图 4. 腹部、图 5. 胸足上、图 6. 头部）

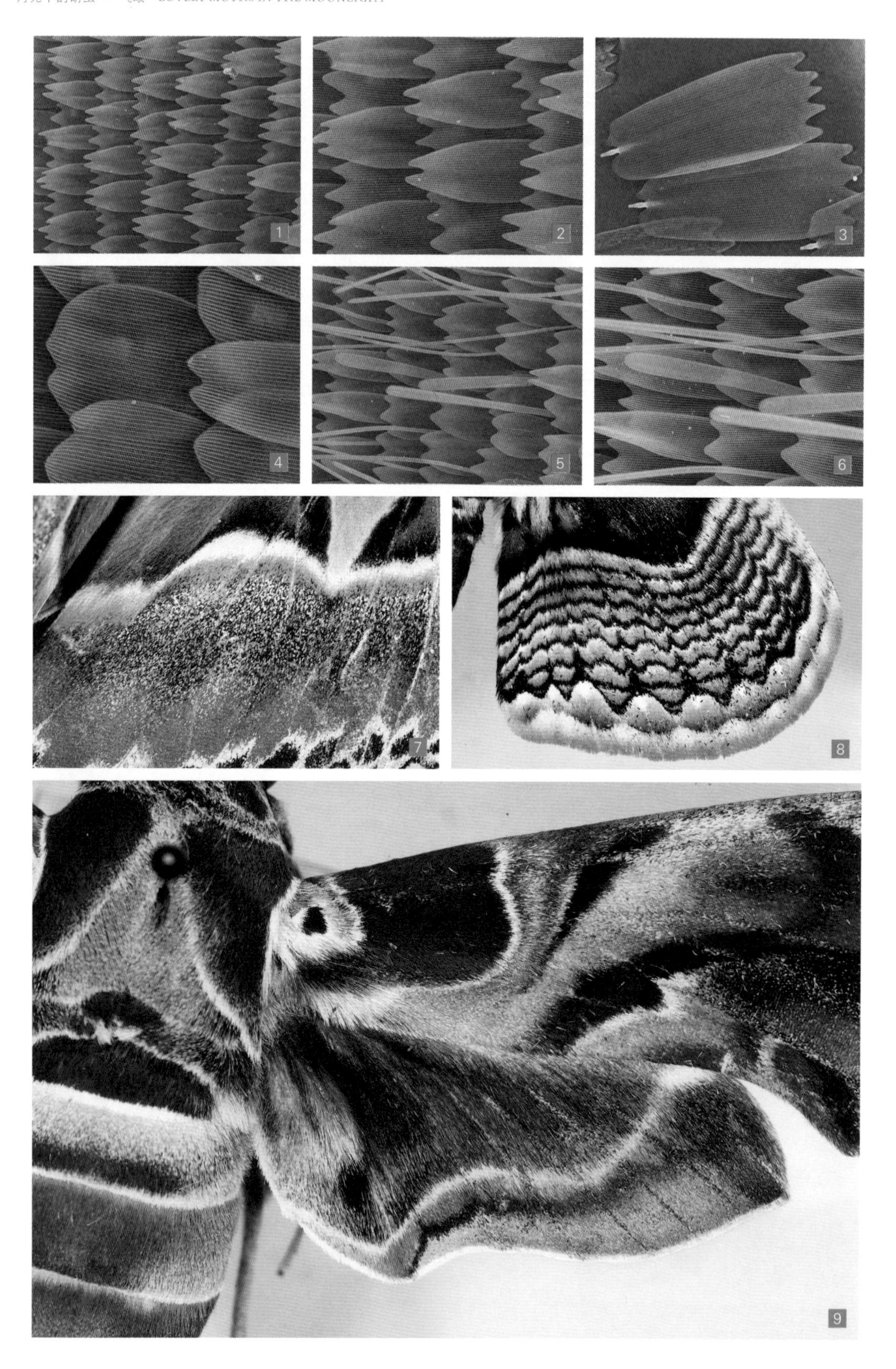
1
2
3
4
5
6
7
8
9

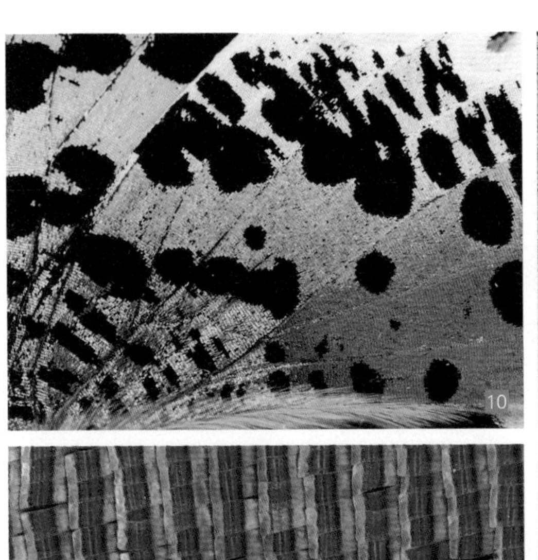

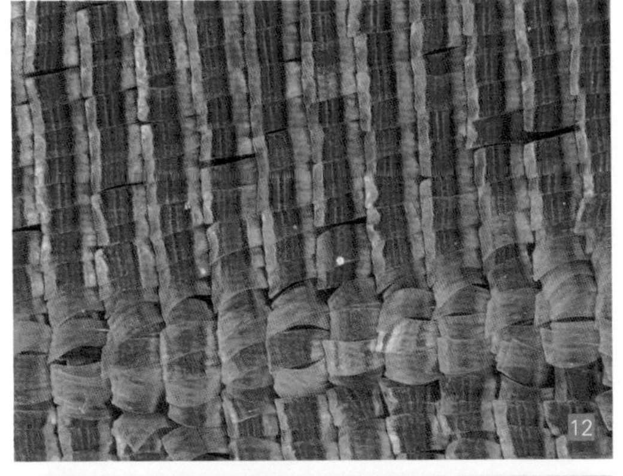

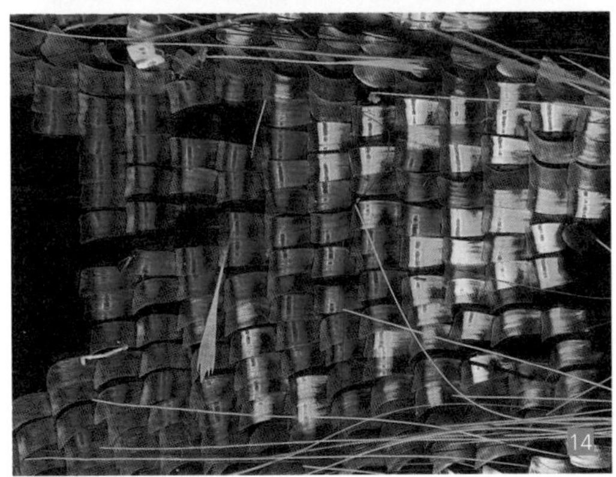

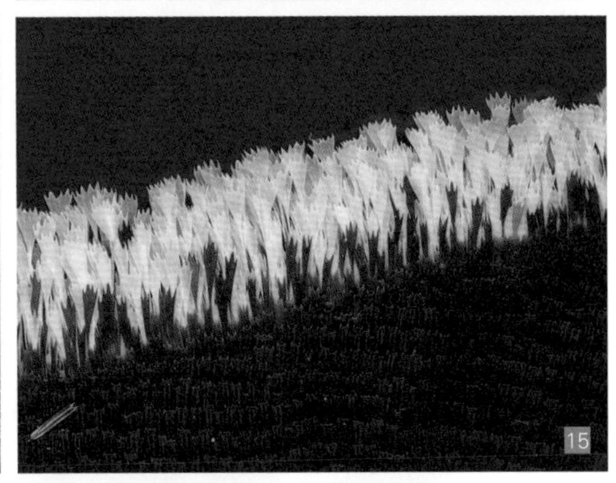

1-6. 扫描电镜下的鳞片：

1. 鳞片呈覆瓦状排列（400 倍）

2. 鳞片具有细微纵纹（800 倍）

3. 鳞片具有柄，为鳞片与翅面连接的构造（1000 倍）

4. 鳞片纵纹之间有更细的刻纹（1500 倍）

5-6. 细长的毛细微结构与瓦片状鳞片相同（500 倍与 800 倍）

7-16. 蛾类不同颜色和形态的鳞片非常多样

1
2
3
4
5

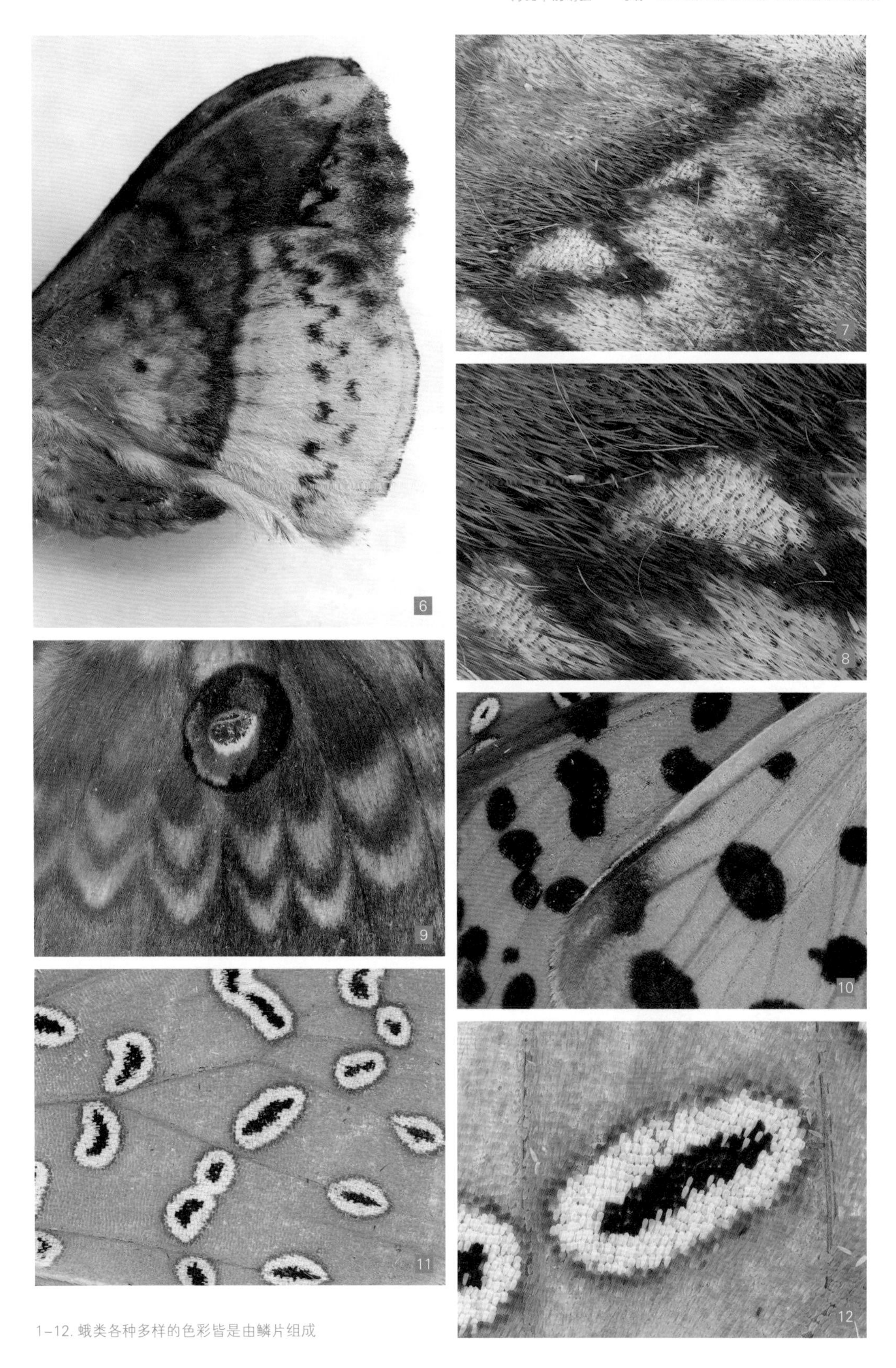

1-12. 蛾类各种多样的色彩皆是由鳞片组成

1–5. 蛾类的鳞片含有具防水功能的纳米结构

蛾类与蝶类的关系

蛾和蝴蝶都属于鳞翅目的昆虫，身上都布满了鳞片，传统上人们将白天活动且色彩美丽的鳞翅目昆虫称之为蝴蝶，晚上活动的称之为蛾类。其实近代的昆虫分类学家和昆虫进化生物学家都认为，从鳞翅目整体进化的观点来说，蝴蝶只是一群白天活动的蛾，只是长久以来普罗大众依然根据旧有习惯，会去区分蝶与蛾的不同，传统上有诸多用来分辨蝶与蛾不同的特性，笔者将这些传统上被大众所认为的蝶与蛾区别方式整理在下表中，包括触角、日夜行性、停栖时翅的开合、化蛹前造茧、色彩等，并依照现代观点提供其中的例外示例，也于后面的段落详细说明，至于蛾类分类上更深入的介绍，我们再另辟章节。

传统上区别蛾类与蝶类的特征或大众看法			蛾类在传统观念中，各项特征比较中的例外示例
特征＼蛾／蝶	蛾类	蝶类	
触角	多为丝状、羽状、栉齿状等	主要为棍棒状	日飞蛾科具有棍棒状触角 丝角蝶科具有丝状触角
日、夜行性	主要在夜间活动	主要在白天活动	斑蛾科、凤蛾科、夜蛾科的虎蛾亚科等为日行性蛾类
停栖时翅的开合	停栖时翅膀大多平展	停栖时翅膀大多立起	锚纹蛾科停栖时翅膀立起
造茧	化蛹时会吐丝造茧	化蛹时不吐丝造茧	许多蛾类化蛹时不会造茧，例如天蛾、舟蛾、裳蛾、夜蛾
色彩	大多数人认为色彩朴素	大多数人认为色彩鲜艳	彩燕蛾及日逐蛾色彩艳丽

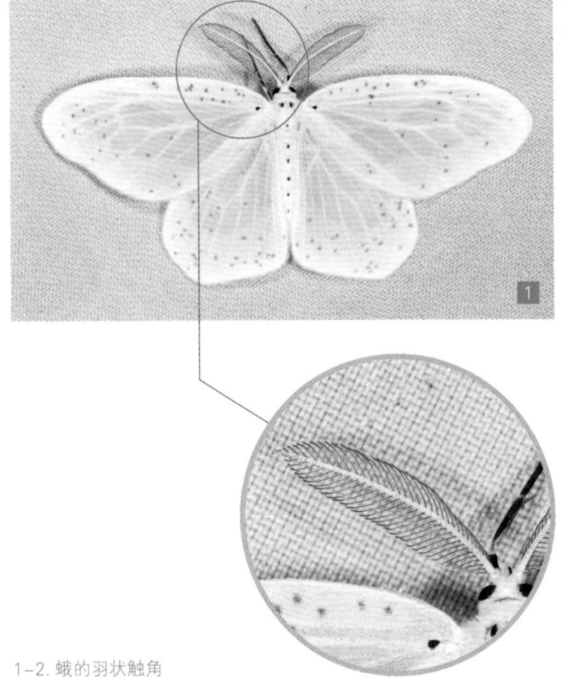

1-2. 蛾的羽状触角

1. 长足大织蛾的毛刷状触角
2. 橙拟灯蛾的丝状触角
3. 天蛾的丝状触角，末端常呈细尖形
4. 玉带凤蝶的棍棒状触角
5. 褐翅绿弄蝶的棍棒状触角，末端呈钩状
6. 红肩斑粉蝶的棍棒状触角
7. 枯叶蛱蝶棍棒状触角
8. 阿点灰蝶棍棒状触角上有黑白相间纹路

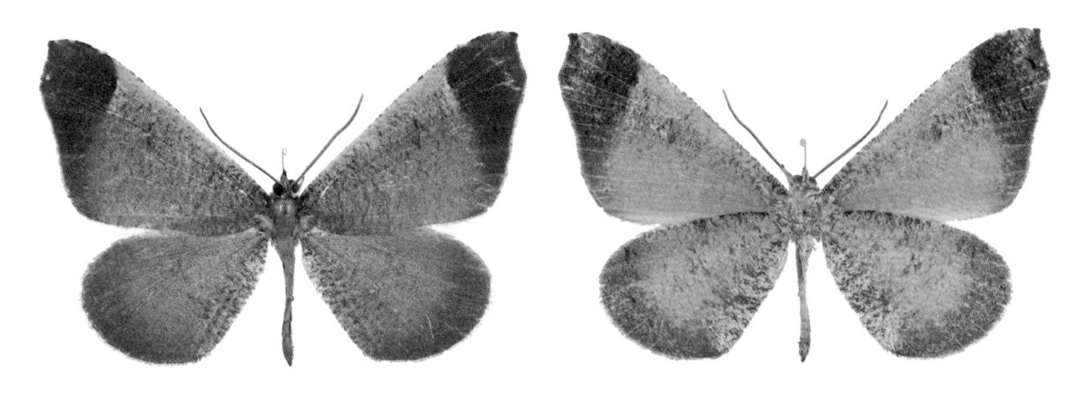

丝角蝶科（喜蝶）为丝状触角

日飞蛾科为棍棒状触角

由于现今鳞翅目的世界分类中，蝴蝶有6个科，然而蛾类却有120个科以上，每个科都有它独特的特性，既然蝴蝶只是传统上一群被视为“比较特殊的蛾”，传统上蛾的多样性又远高于蝴蝶，因此表中的辨别方式都存在例外：

1. 不存在于我国的日飞蛾科Castiniidae跟大多数蝴蝶一样具有棍棒状触角，而丝角蝶科(或称喜蝶科)的蝶类具有丝状触角。

2. 不少蛾类是日行性的，例如斑蛾科、凤蛾科、夜蛾科的虎蛾亚科等，蝴蝶当中某些弄蝶科的种类和蛱蝶科眼蝶亚科的种类会在夜间活动。

3. 锚纹蛾科和某些尺蛾科的种类停栖时翅膀会立起，蝴蝶当中某些弄蝶和某些蛱蝶停栖时翅膀会完全平展。

4. 并非所有的蛾类化蛹前都像家蚕一样会吐丝造茧，有些是直接裸露化蛹，天蛾科常在地表土里形成的蛹室化蛹，有些舟蛾和多数的夜蛾会吐丝缀叶藏于其中化蛹。

5. 色彩的绚丽程度，蛾类中有许多科群色彩极其艳丽，不亚于蝶类，例如彩燕蛾、斑蛾及日逐蛾，蝶类当中许多弄蝶色彩相对朴素，例如褐弄蝶亚科成员。

1. 蓬莱茶斑蛾是日行性蛾类
2. 杜鹃红斑蛾是日行性蛾类
3. 选彩虎蛾是日行性蛾类
4. 带锚纹蛾停栖时翅立起
5. 豹纹虎尺蛾停栖时翅立起
6. 黄绢坎蛱蝶停栖时翅平展
7. 鸡足翠蛱蝶停栖时翅平展
8. 黄襟弄蝶停栖时翅平展

4
5
6
7
8

◉ 蛾类的身体结构

蛾类的身体在外观上具有头部、胸部及腹部三大部位，头部有着 1 对触角、1 对复眼及口器，其中最特别的就是口器，如同我们熟知的蝶类一样，蛾类口器有着像“吸管”般的构造，被称为“虹吸式”口器，大多数的蛾类是如此，然而，有些蛾类的口器是原始的形态，属于“咀嚼式”口器（例如卵翅蛾），有些则是退化的口器，例如大蚕蛾口器退化，不具有“虹吸式”口器，其实虹吸式的口器并不是如同我们使用的吸管，而是由 1 对细长的半管状构造（称之为小颚须）互相嵌合，基部有肌肉控制其卷曲伸缩收回。蛾类在胸部外观上有着 3 对步足，以及最具特色的一对生长于中后胸的翅膀，不同科别的蛾类翅的形态和脉相各有其特性。蛾类腹部基本上有 10 节，在外观上虽然没有特别之处，但不少种蛾类在腹部第 1 节的腹面或侧面或与后胸的体壁会有凹陷，并且有些会有几丁质骨化的构造，用来接受声音的振动，被称作“鼓膜听器”（tympanal organ），也就是说有些蛾类是有听觉的！ 蛾类的腹部里面有着许多重要的器官，其中位于腹部末端内部的生殖器，是由不同程度的几丁质骨化和一些膜状构造组成的 3D 立体构造，雄蛾和雌蛾生殖器的 3D 结构就像是钥匙和锁的关系，在蛾类分类和进化研究中是一个相当重要的构造。口器及触角的形式、翅脉与翅纹类型、听器的复杂程度、生殖器的特征，这些身体结构常常都是进行蛾类研究的重要基础。

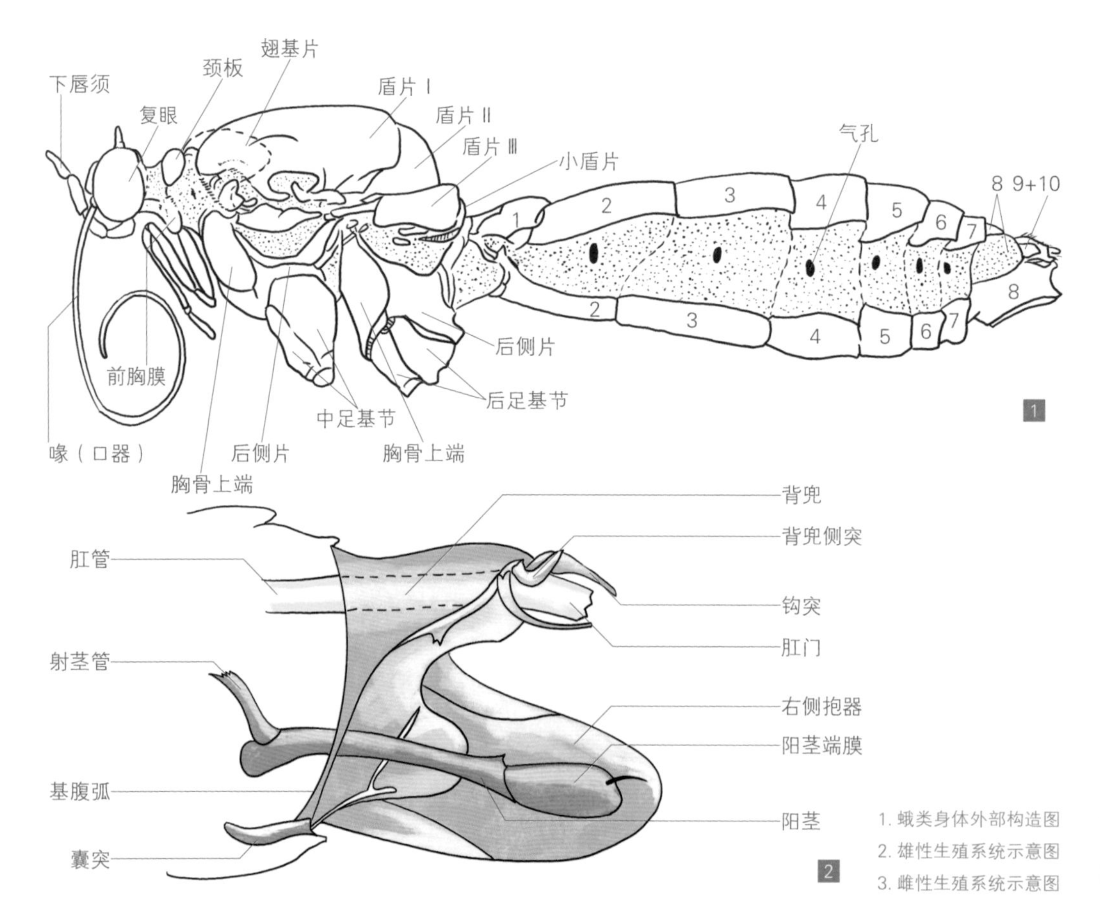

1. 蛾类身体外部构造图
2. 雄性生殖系统示意图
3. 雌性生殖系统示意图

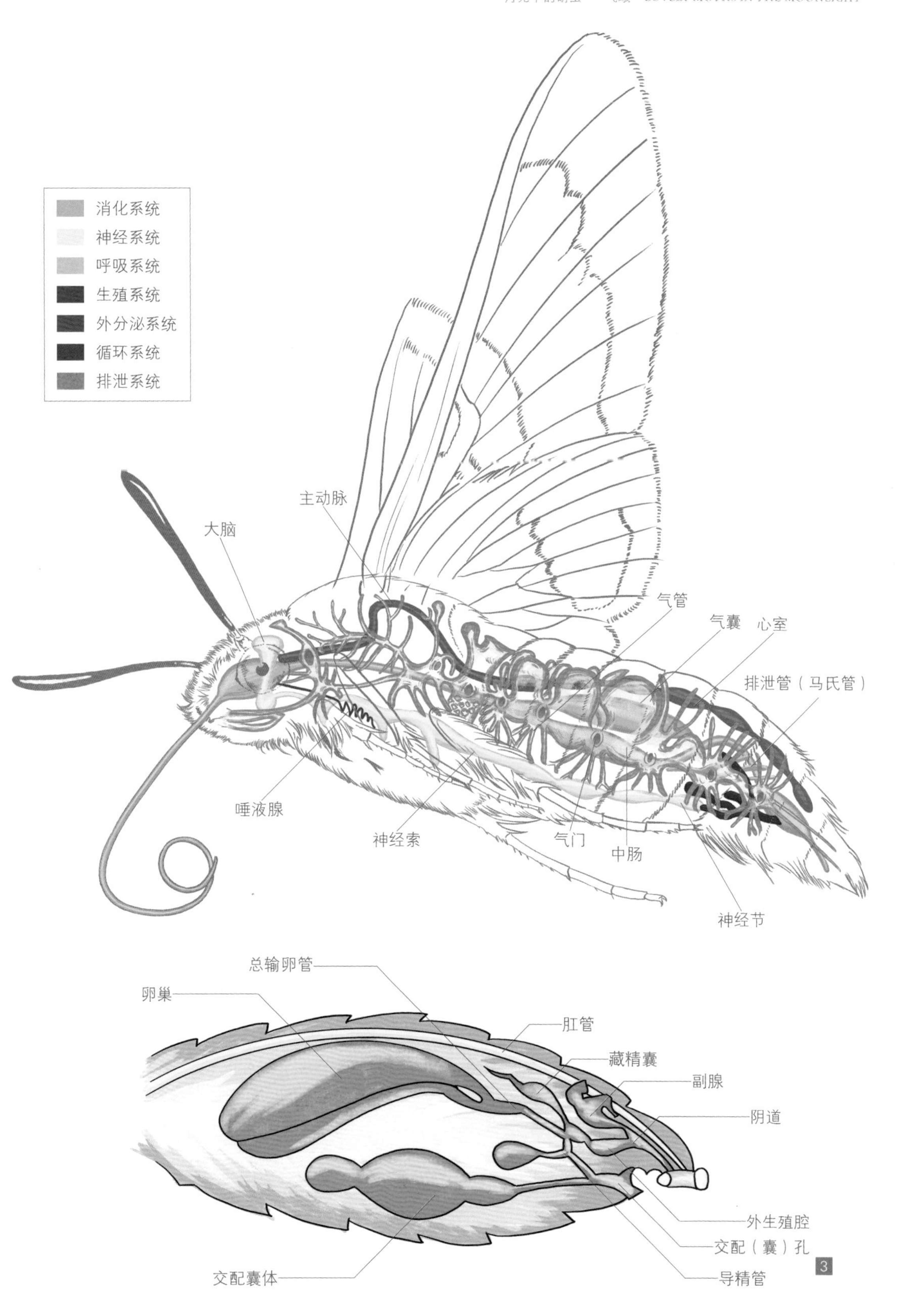
消化系统
神经系统
呼吸系统
生殖系统
外分泌系统
循环系统
排泄系统
主动脉
大脑
气管
气囊
心室
排泄管（马氏管）
唾液腺
神经索
气门
中肠
神经节
总输卵管
卵巢
肛管
藏精囊
副腺
阴道
外生殖腔
交配（囊）孔
交配囊体
导精管
3

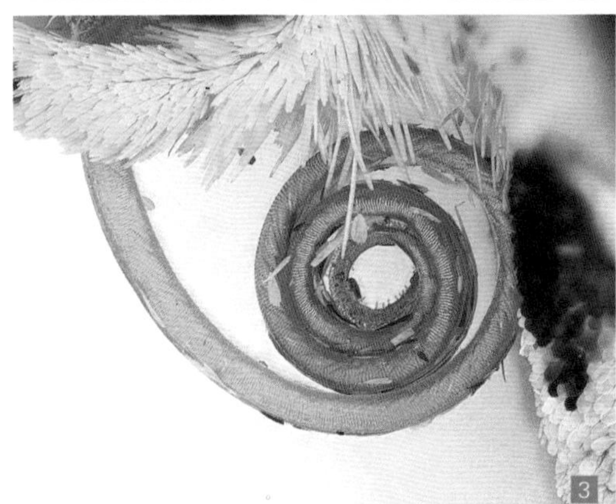

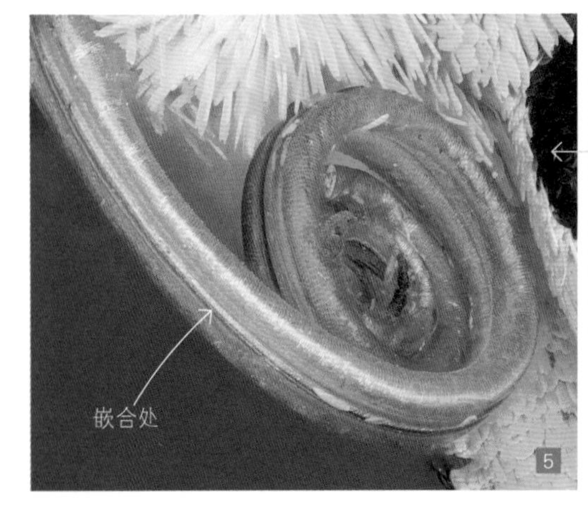

1. 头部具有触角、复眼、口器与下唇须

2-5. 不同倍率、角度拍摄口器

4-5. 口器通过放大镜观察后可发现为 1 对小颚须嵌合所构成

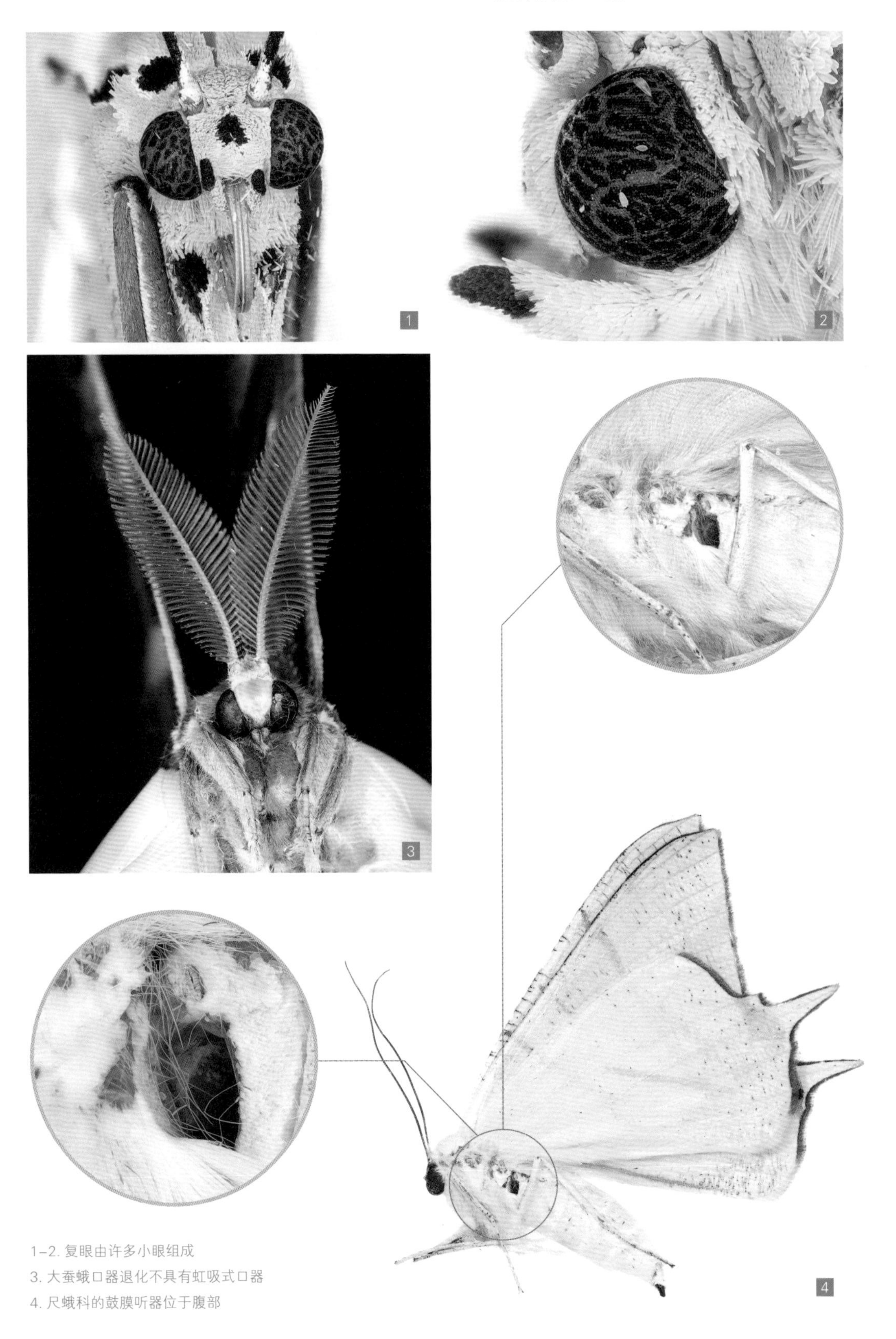

1-2. 复眼由许多小眼组成

3. 大蚕蛾口器退化不具有虹吸式口器

4. 尺蛾科的鼓膜听器位于腹部

蛾类的学名解读

生物的命名方式会依照国际公认的一套命名法规，主要是由拉丁文或拉丁化文字所组成，我们称呼为学名（或“科学名”，scientific name；也称为“物种名”或“种名”，species name）。不同国家或地区为了方便交流而各自使用地方性文字或语言所翻译成的名称，称为俗名（common name），中文名、英文名、日文名等都是俗名，中文名称也可能因为不同地区的喜好或习惯而不同，也就是说，一个物种的俗名可能有非常多个，但真正的学名只有一个，学名便于世界各国学者交流使用。学名基本上由拉丁文字依照二名法则构成，二名法则是由属名（generic name）加上种加名（specific name）所组成，属名有名词的特性，种加名有形容词的特性。学名位于前面的名字为属名，前缀需要大写，空格后接着是小种名，皆为小写，学名在文书或印刷上会以斜体表示，手写若不便表示斜体，则以正体字再画底线示意，而学名之后再加上命名者的姓氏和命名时间，亦是二名法的呈现方式。

Attacus atlas Linnaeus, 1758

俗名：中文名包括皇蛾、蛇头蛾、乌桕大蚕蛾；英文名 Atlas moth

Attacus 为属名，*atlas* 为小种名，同时有形容其巨大以及翅幅展开像地图之意。

Linnaeus 为命名者的姓氏（林奈，瑞典博学家），1758 为发表的年份。

Bombyx mori (Linnaeus, 1758)

俗名：中文名为“家蚕”，英文名 Domestic silk moth

学名在命名之后，随着研究发展会有新的分类证据与观点，因此不同分类学者对于属的看法不同而进行变更，属的变更之后，学术上会将命名者与时间放置于括号里，表示该学名发表后属名经过修订。家蚕学名最早是由林奈于 1758 年发表，发表当时的学名为 *Phalaena mori* Linnaeus, 1758。后来分类学者将其改置于 *Bombyx* 属底下。

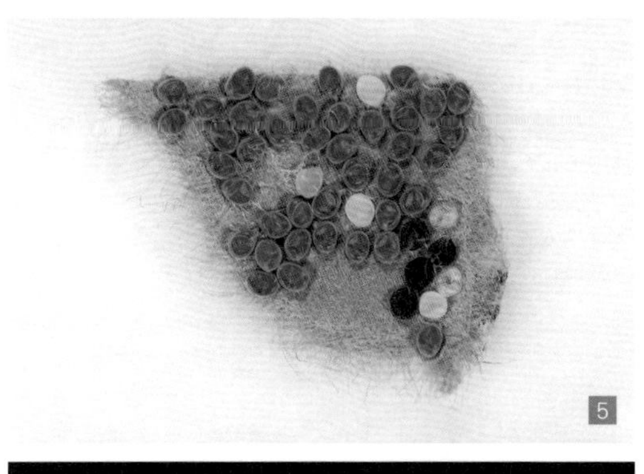

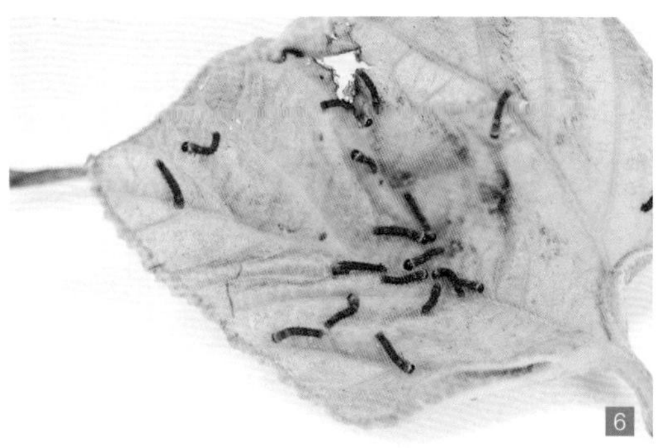

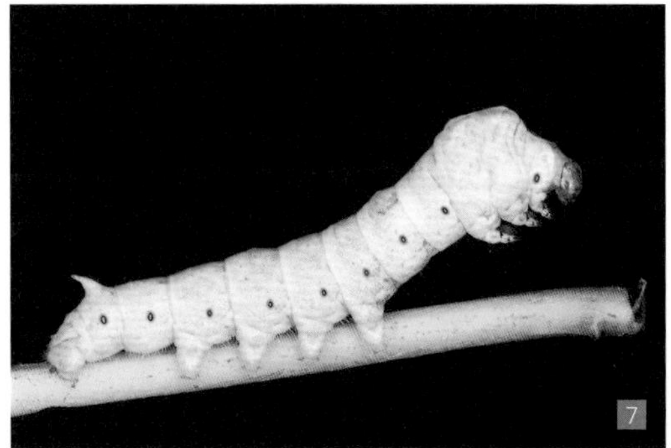

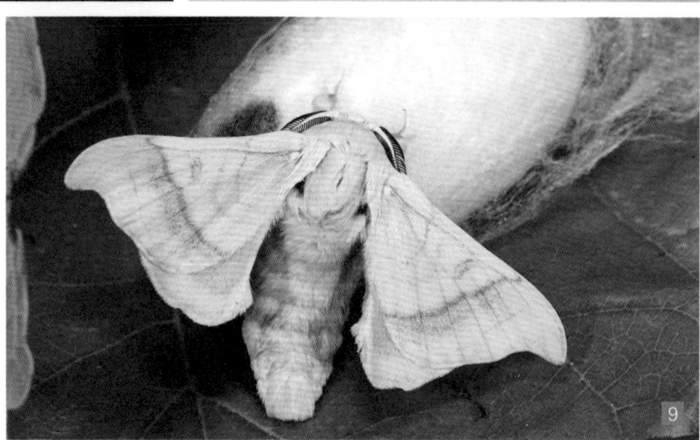

1. 皇蛾的卵
2. 皇蛾的终龄幼虫
3. 皇蛾的茧
4. 皇蛾成虫
5. 家蚕的卵
6. 家蚕的 1 龄幼虫
7. 家蚕的 3 龄幼虫
8. 家蚕的茧
9. 家蚕成虫

蛾类雌雄的鉴定

根据笔者野外活动经验，大家对蛾类最好奇的问题之一是："这是雄的还是雌的？"判断蛾类的雌雄是进行鳞翅目昆虫观察或研究的基础，除了在分类研究上能提供帮助，也有助于深入了解生殖行为和建立生活史生态数据，后续在农业和经济昆虫的研究上都有帮助。蛾类雌雄的辨别可视情况依据下列特征，包括生殖器外观、触角的形态差异、腹部外观、翅刺与翅缰、性标等。

辨别蛾类雌雄最准确的方式是看外生殖器构造，大多数蛾类雄性成虫的生殖系统和消化系统的开口在第 10 腹节后方，雄性生殖器在外观上具有抱器，呈左右两瓣；雌性生殖系统开口（产卵孔）在第 8 腹节下方。大多数的蛾类前翅与后翅的腹面基部具有互相联结的构造，飞行时借此构造前翅可以带动后翅，前翅的构造是一个突起的半环状称为"翅缰"，后翅是刺毛状称为"翅刺"，具有翅刺与翅缰的蛾类，雄性的翅刺主要为 1 根长刺毛，雌性通常为 3 根或 3 根以上并呈毛丛状。有些蛾类的雌雄触角形态不同，例如大蚕蛾科蛾类雄蛾的羽状触角宽而短，雌蛾则细而长。其他辅助判断的方式如腹部外观，蛾类雌成虫腹部各体节均匀宽阔丰满，在后半部至第 8 — 10 腹节多呈宽阔圆钝，雄成虫在腹部后半部常渐瘦并缩减呈钝状。有些蛾类有雌雄二型性或者雄性具有特殊性别标记，但这种性别差异通常只有专业人士较为熟悉。

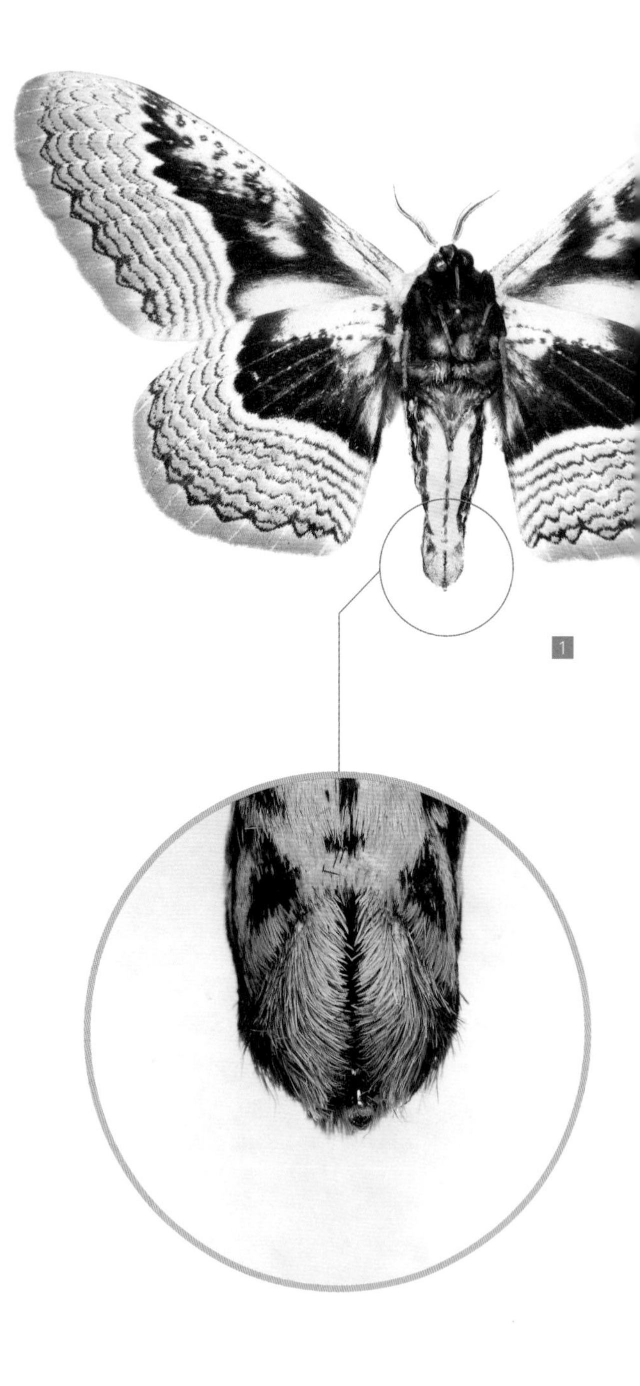

1. 抱器具有左右两瓣
2. 产卵器
3. 分别示意分开（左）与套叠（右）

2
产卵器
3
翅刺与翅缰
翅刺与翅缰
翅刺与翅缰

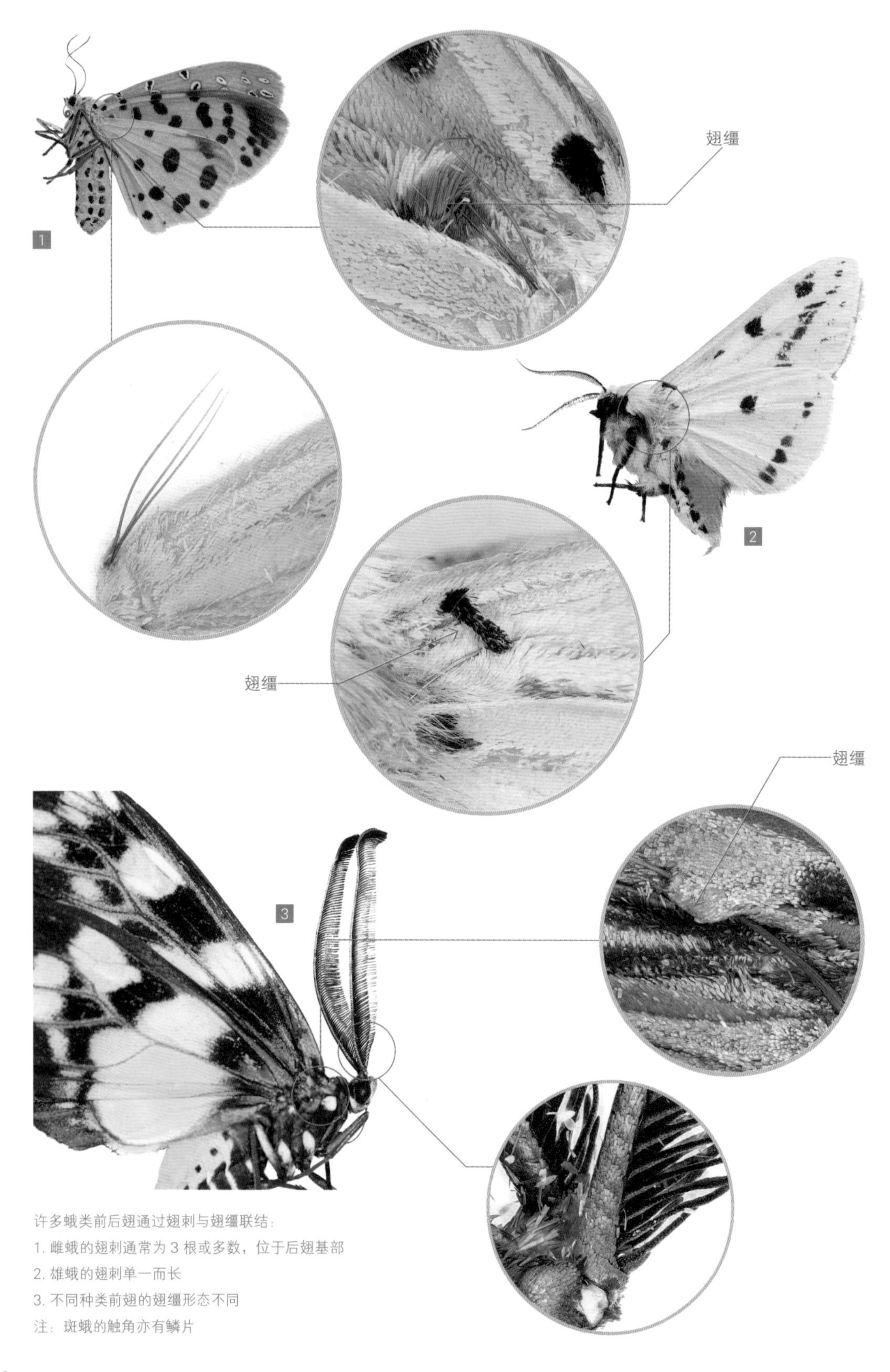

许多蛾类前后翅通过翅刺与翅缰联结：
1. 雌蛾的翅刺通常为 3 根或多数，位于后翅基部
2. 雄蛾的翅刺单一而长
3. 不同种类前翅的翅缰形态不同
注：斑蛾的触角亦有鳞片

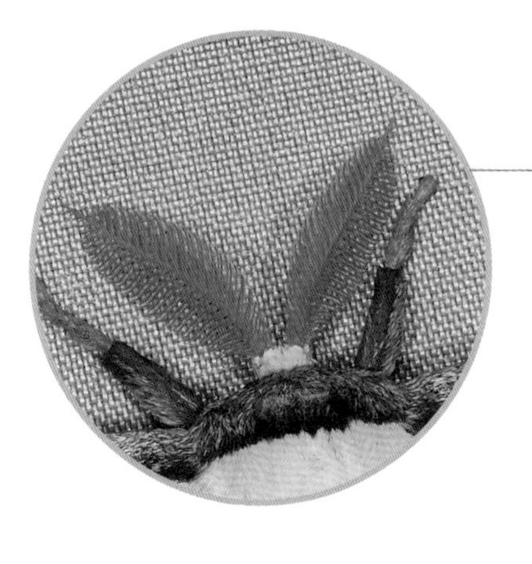

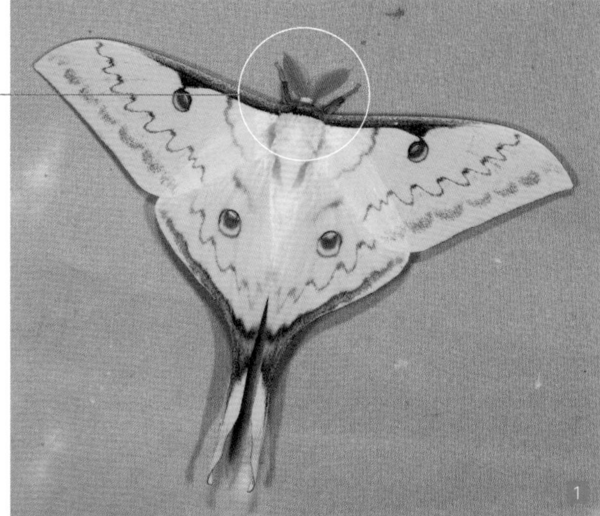

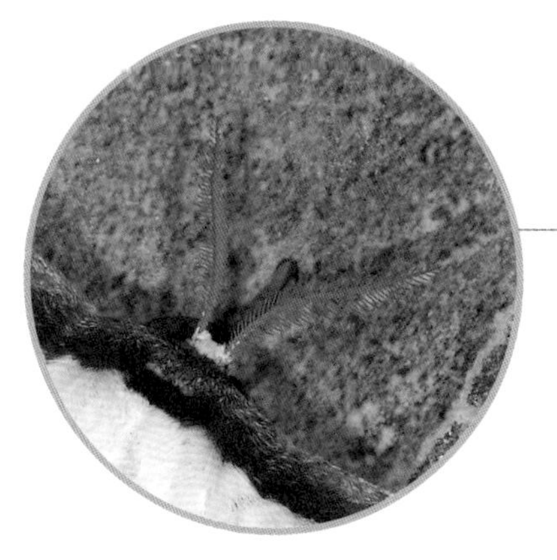

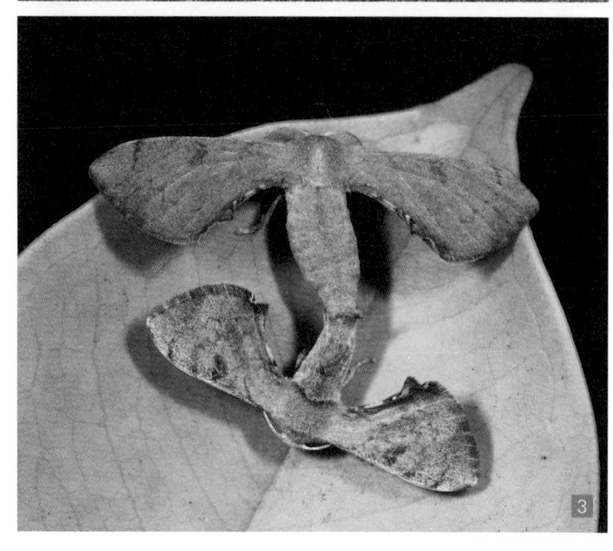

1-2. 华尾大蚕蛾雌雄体色不同：
1. 雄性触角宽短，翅底色为黄色
2. 雌性触角细长，翅底色为淡青色
3. 交尾中的三角斑褐蚕蛾，雌蛾腹部较雄蛾圆胖（上雌下雄）

鸱目大蚕蛾背面（雄）

鸱目大蚕蛾腹面（雄）

鸱目大蚕蛾背面（雌）

鸱目大蚕蛾腹面（雌）

1

2

1. 鸱目大蚕蛾雌雄色彩斑纹有差异
2. 著蕊尾舟蛾雄成虫腹部末端具有发达的毛丛

三　蛾类的发育过程

- ◉ 蛾类的生活史
- ◉ 蛾类的卵
- ◉ 蛾类幼虫
- ◉ 蛾类的蛹
- ◉ 蛾类成虫

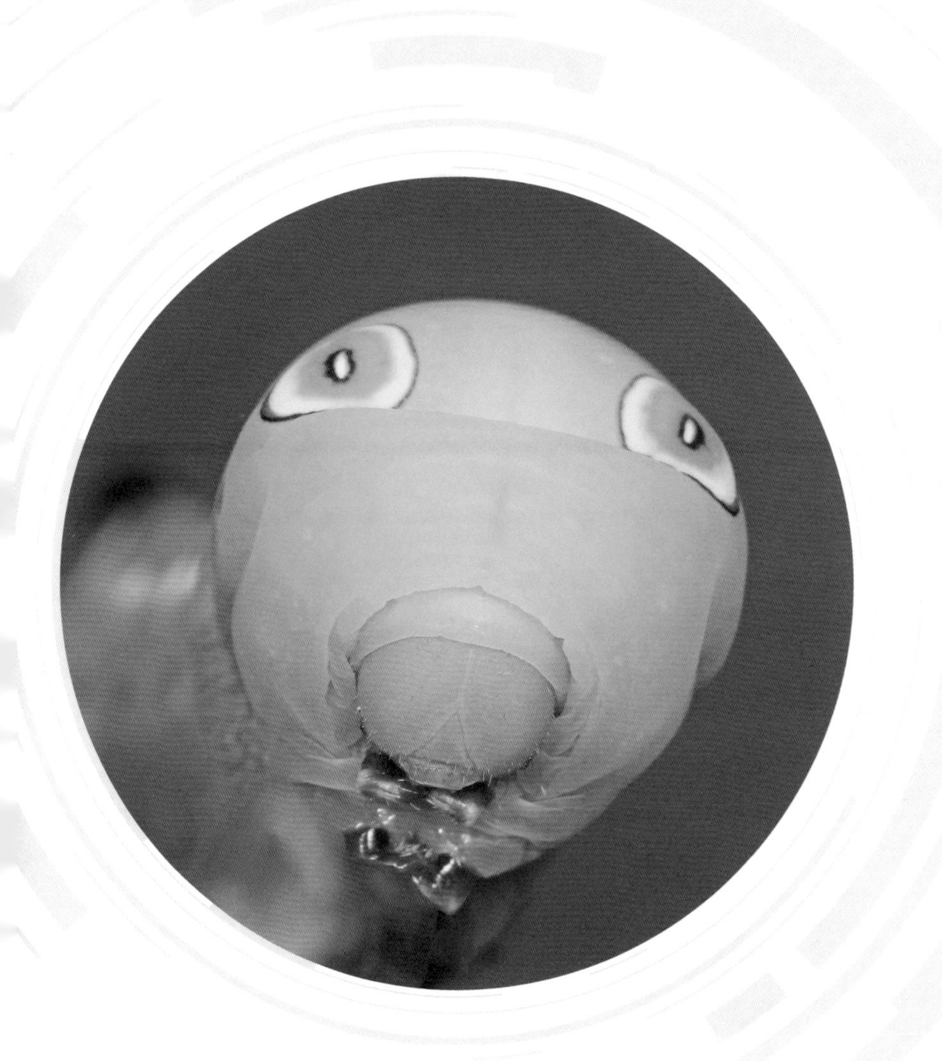

◉ 蛾类的生活史

蛾类是完全变态的昆虫，蛾的生活史周期分为4个时期，分别为卵、幼虫、蛹、成虫，完成这4个时期所花费的时间称为1个世代。蛾类的生活史周期长短会因为种类不同而不尽相同，生活史周期短的种类可在1个月之内完成1个世代，周期长的可能一年2个世代或一年仅1个世代，甚至有两年1个世代的案例。生活史周期短的蛾类一年可能有好几个世代，而且世代之间常常彼此会有重叠现象，因此在同一季节内野外常常可以同时观察到不同时期的存在；而一年1世代的种类（如图示黄蚕蛾生活史），特定季节通常只能观察到特定的时期。

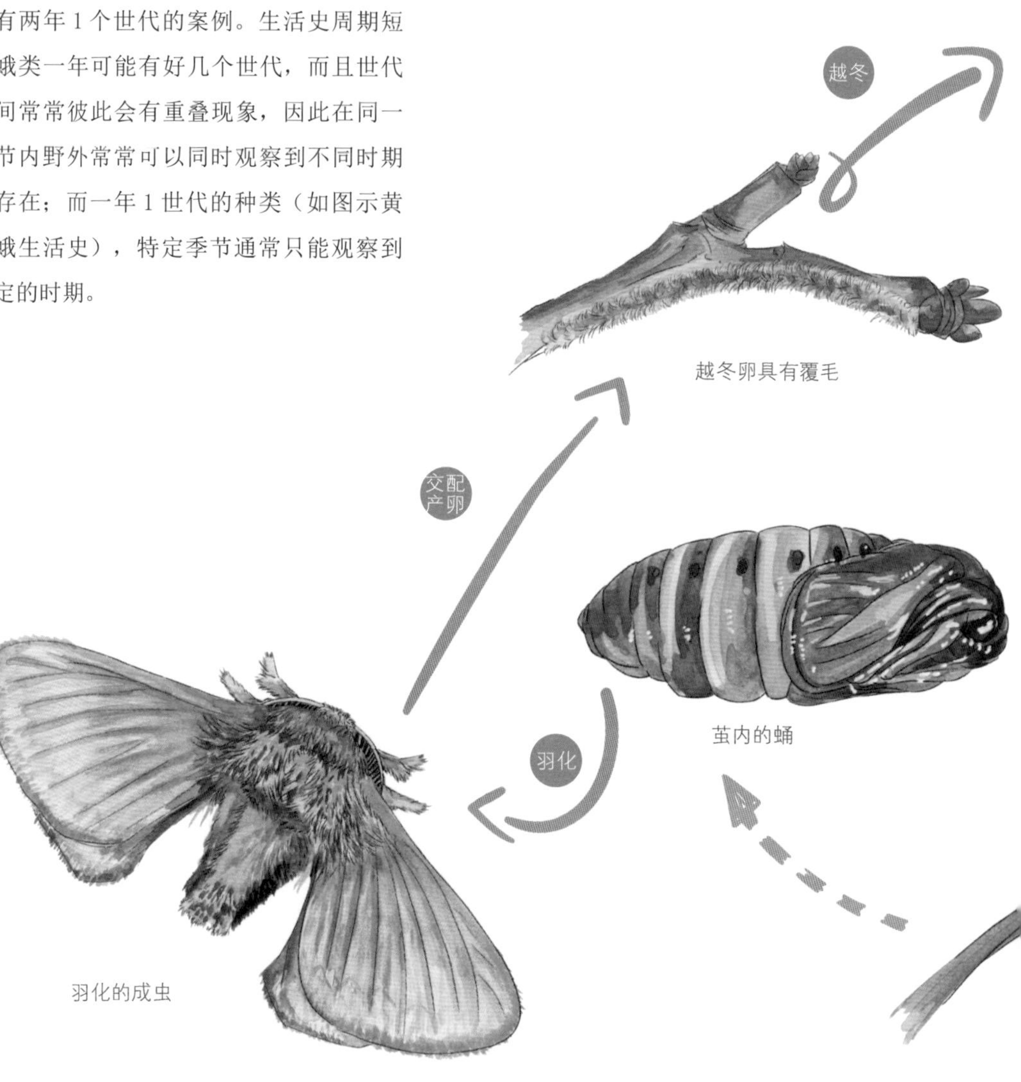

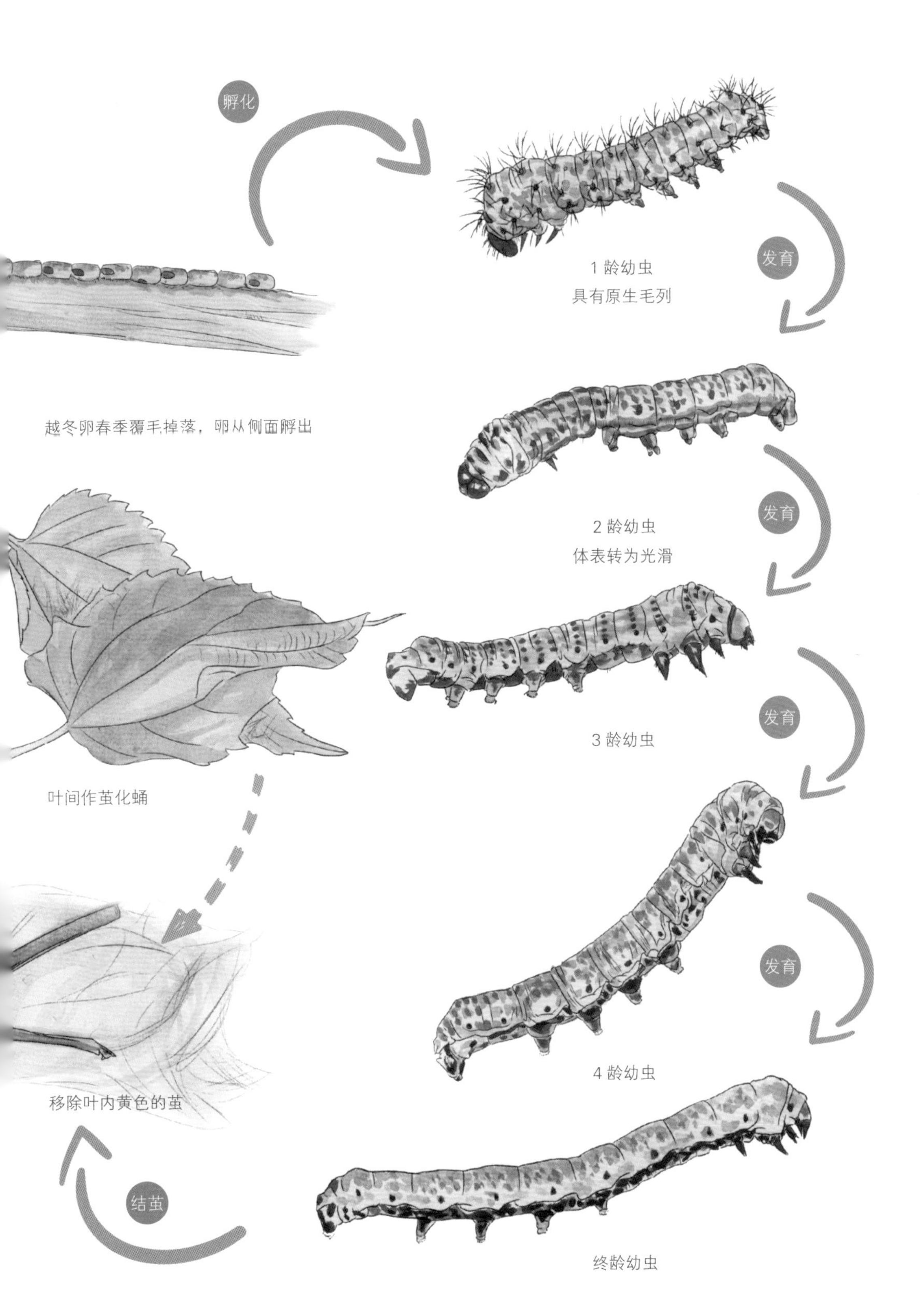
孵化
1 龄幼虫
具有原生毛列
发育
越冬卵春季覆毛掉落，卵从侧面孵出
2 龄幼虫
体表转为光滑
发育
3 龄幼虫
发育
叶间作茧化蛹
发育
4 龄幼虫
移除叶内黄色的茧
结茧
终龄幼虫

蛾类的卵

蛾类因不同种产卵习性不同。首先，产卵位置变化很大。大多是产在寄主植物上，有些雌蛾羽化后都在寄主植物附近活动，因此会在附近随机产，而有些蛾类如蝠蛾则在飞行中空投产卵。其次，产卵数量不同。蛾类觅得产卵位置后，有些种类单产，一次只产1颗卵粒，有些只产2颗，有些聚产，一次产下多颗卵粒。再者，卵粒形态及变化不同。有些雌蛾产完卵会分泌黏性物质以腹部末端的鳞片覆盖卵粒，也有些蛾产卵会将卵粒堆栈。不同科不同种类的蛾类，卵粒的颜色、形状、表面纹路都不相同，极具变化。蛾类与蝶类卵粒的受精作用主要发生在产卵过程，受精后的卵粒则在卵表形成受精孔，只是该特征通常要通过扫描电镜放大至1000倍以上才能观察到。

1. 单产的红蝉窗蛾卵，卵表面有脑状纹路
2. 单产于猕猴桃嫩叶上的天蛾卵
3. 只产 2 颗的枯球箩纹蛾卵
4. 卵粒发育过程中会有颜色转变现象（本种由黄色转为红色）
5. 只产 2 颗的长喙天蛾属卵

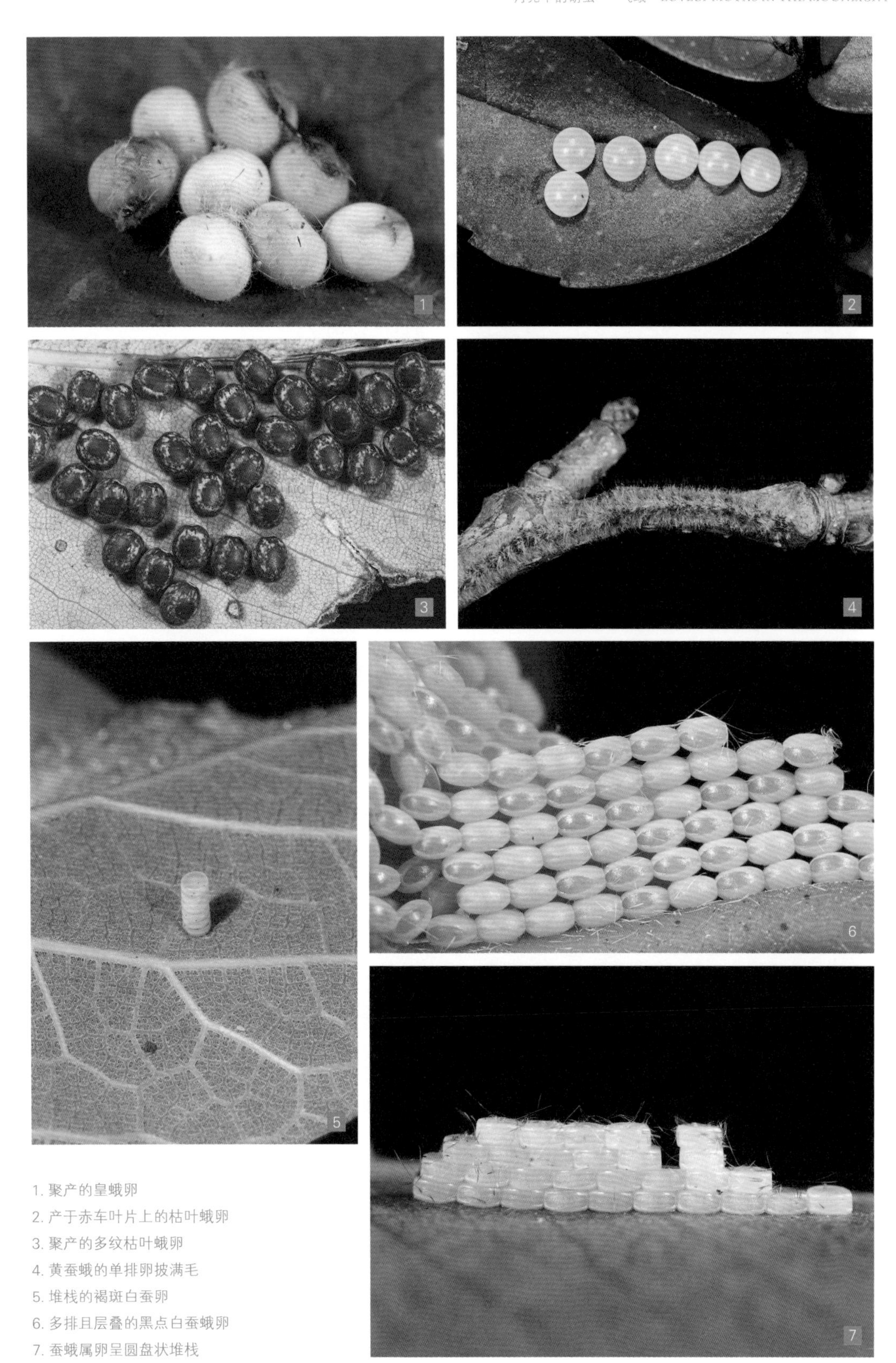

1. 聚产的皇蛾卵
2. 产于赤车叶片上的枯叶蛾卵
3. 聚产的多纹枯叶蛾卵
4. 黄蚕蛾的单排卵披满毛
5. 堆栈的褐斑白蚕卵
6. 多排且层叠的黑点白蚕蛾卵
7. 蚕蛾属卵呈圆盘状堆栈

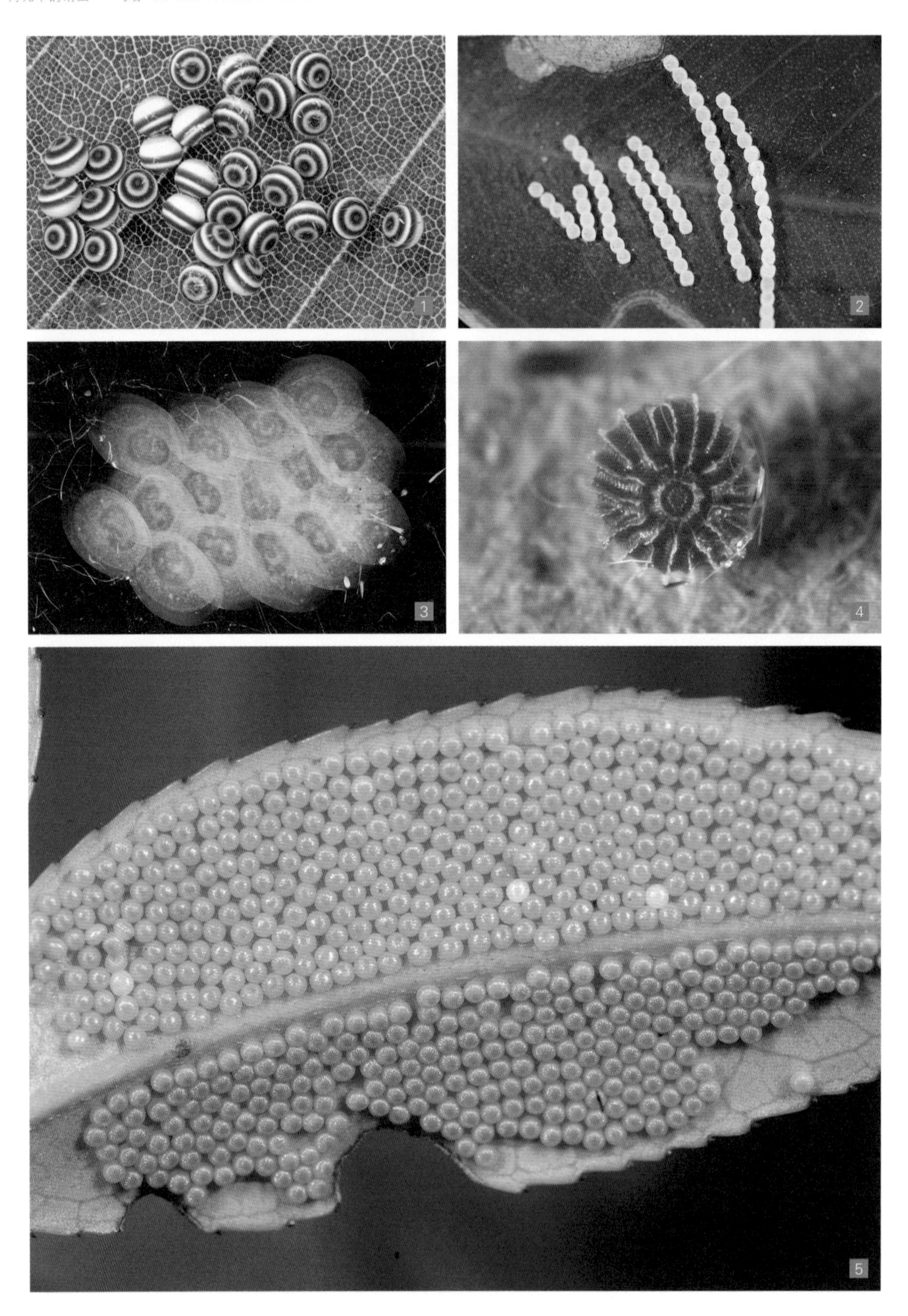

1. 波丽毒蛾散乱聚产的卵具有环 2. 蚕蛾属线状聚产的卵呈多排 3. 刺蛾卵扁平透明聚产 4. 圣女裳蛾单产的卵表面有突棱 5. 密集聚靠排列聚产的尺蛾卵

扫描电镜不同倍率下的受精卵：

1. 圣女裳蛾卵侧面（90 倍）　2. 圣女裳蛾卵正面（60 倍）　3. 圣女裳蛾卵正面（300 倍）　4. 圣女裳蛾受精孔（2500 倍）　5. 圣女裳蛾卵表突棱（700 倍）　6. 云雾裳蛾卵正面（60 倍）　7. 云雾裳蛾卵表（450 倍）　8. 云雾裳蛾受精孔（2500 倍）　9. 云雾裳蛾卵正面（300 倍）

蛾类幼虫

幼虫孵化之后，因种类而异，有些会取食卵壳，有些则不会。刚从卵中孵化后的幼虫称为1龄幼虫，1龄幼虫成长到一段时间后会进入一个静止时期，此一静止的时期称为眠期，1龄幼虫进入的眠期称为“第1眠期”，进入2龄幼虫后继续取食成长，接着进入“第2眠期”，以此类推，进入眠期的幼虫会慢慢蜕皮，新的头壳形成并将旧头壳往前推，此时可见两个头壳形状， 最后一个龄期称为终龄幼虫，不同种类的幼虫龄期数不同，大多数蛾类幼虫发育的总龄期数基本上是固定的，例如家蚕的幼虫有5个龄期，只有部分种类因为生长环境温度变化造成总龄期可能会增加一些。

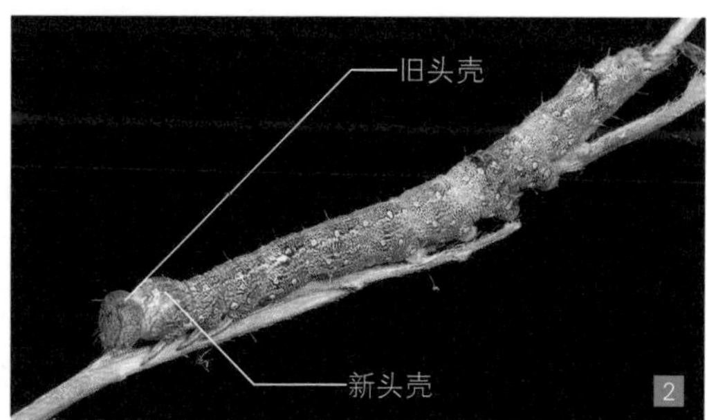

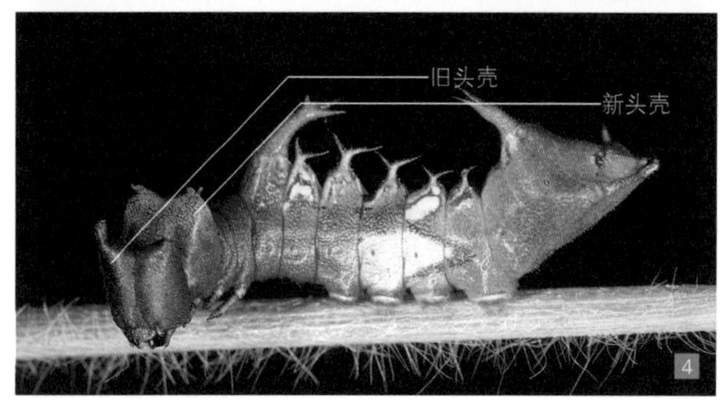

1. 幼虫孵化时取食部分的卵壳
2. 蜕皮的圣女裳蛾幼虫形成新头壳，将旧头壳往前推
3. 处于眠期正准备进入终龄的云雾裳蛾幼虫
4. 即将蜕下旧头壳的栎枝背舟蛾
5. 咖啡透翅天蛾幼虫气门橘色有白斑
6. 红目大蚕蛾幼虫常以腹部原足握枝条停栖
7. 幼虫分头部、胸部、腹部（无纹红裙杂夜蛾幼虫）

幼虫与成虫同样分为头部、胸部、腹部 3 个部分。头部分左右两个半球，左右两个半球之间与前额区之间的缝线明显呈倒“Y”形，这是辨别鳞翅目幼虫与其他完全变态昆虫幼虫的区别之一。幼虫的头部左右半球通常各有 6 个单眼、1 对触角及咀嚼式的大颚，单眼功用主要为感应光线强弱明暗，幼虫因为不具有复眼，不像成虫可以形成视觉影像，因此不难理解在野外观察时常看见毛毛虫爬行时头部会左右摇摆，这是为了增加单眼感应光线的范围。除此之外，幼虫头部具有丝腺，由于幼虫不具成像视觉，除了造茧之外，吐丝在幼虫的日常活动及生存中扮演着重要的角色。

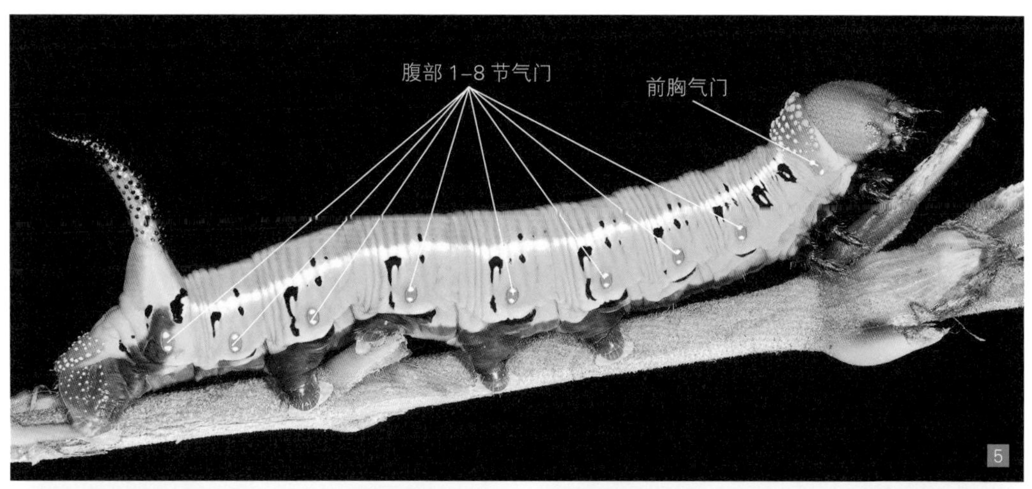

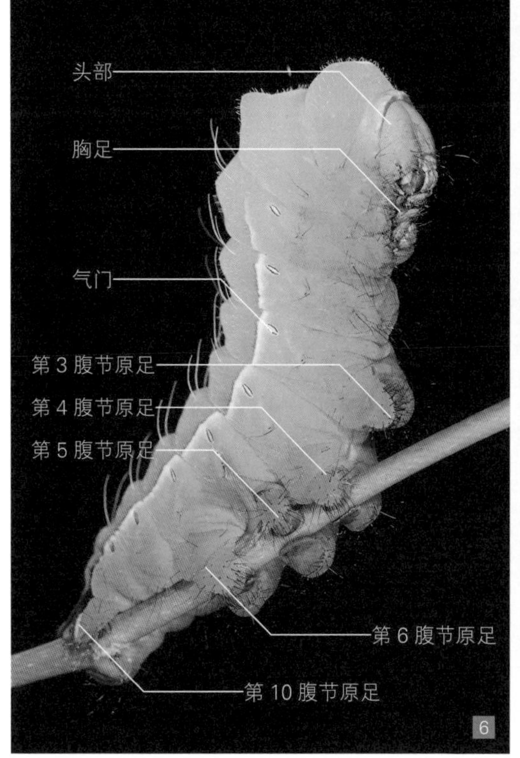

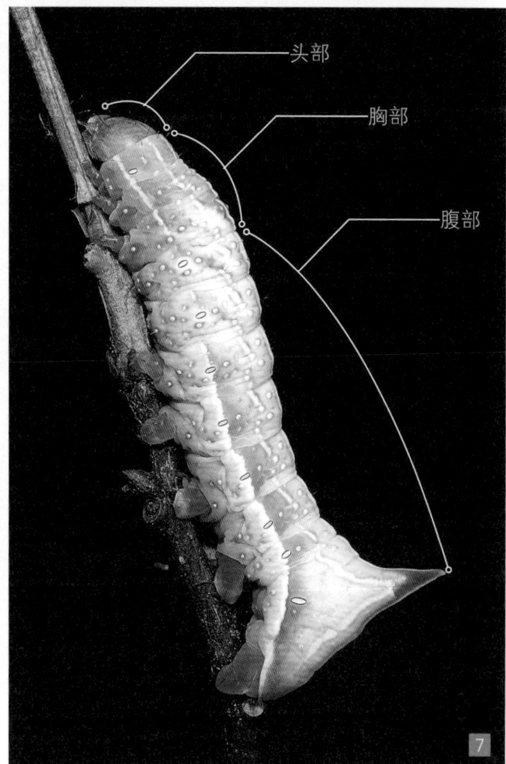

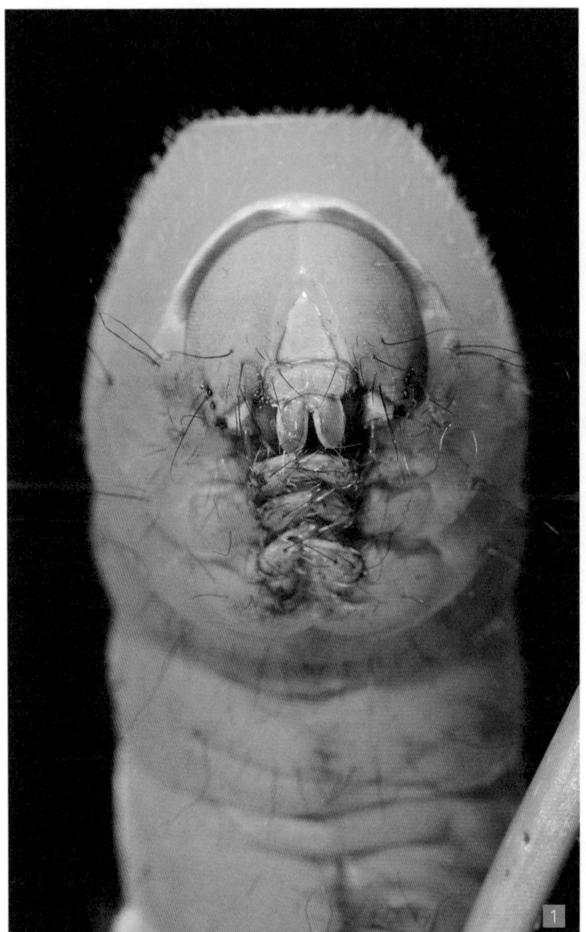

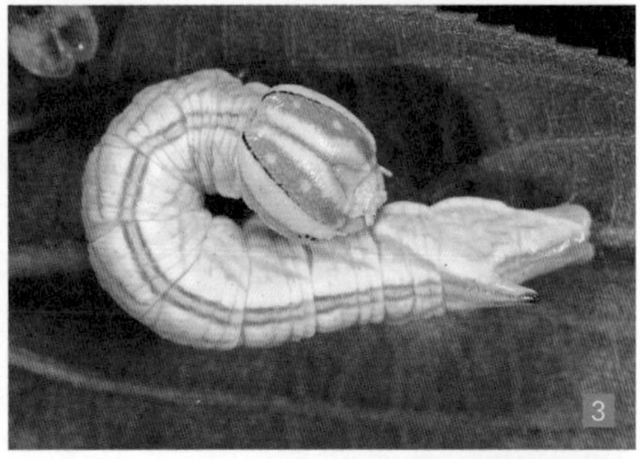

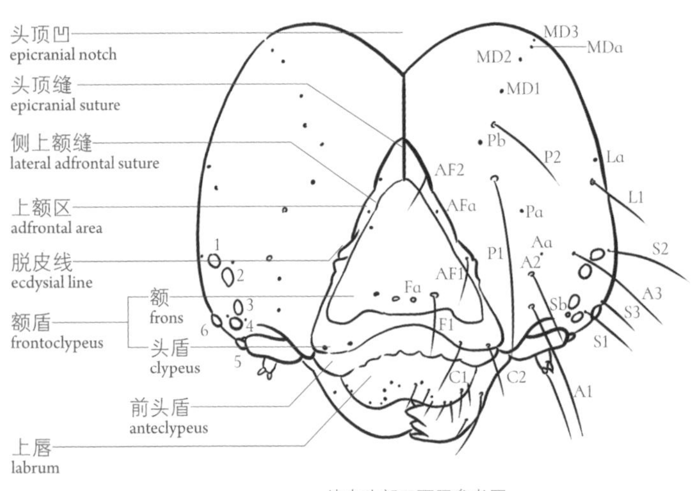

幼虫头部正面照参考图

1–4. 幼虫头部左右两半球与前额区之间的缝线呈倒“Y”形

5. 幼虫的头部具有触角、单眼及大颚

6. 幼虫的头部具有丝腺

7. 幼虫腹面各部位图示例

8–10. 幼虫前胸的左右两侧各有 1 个气门

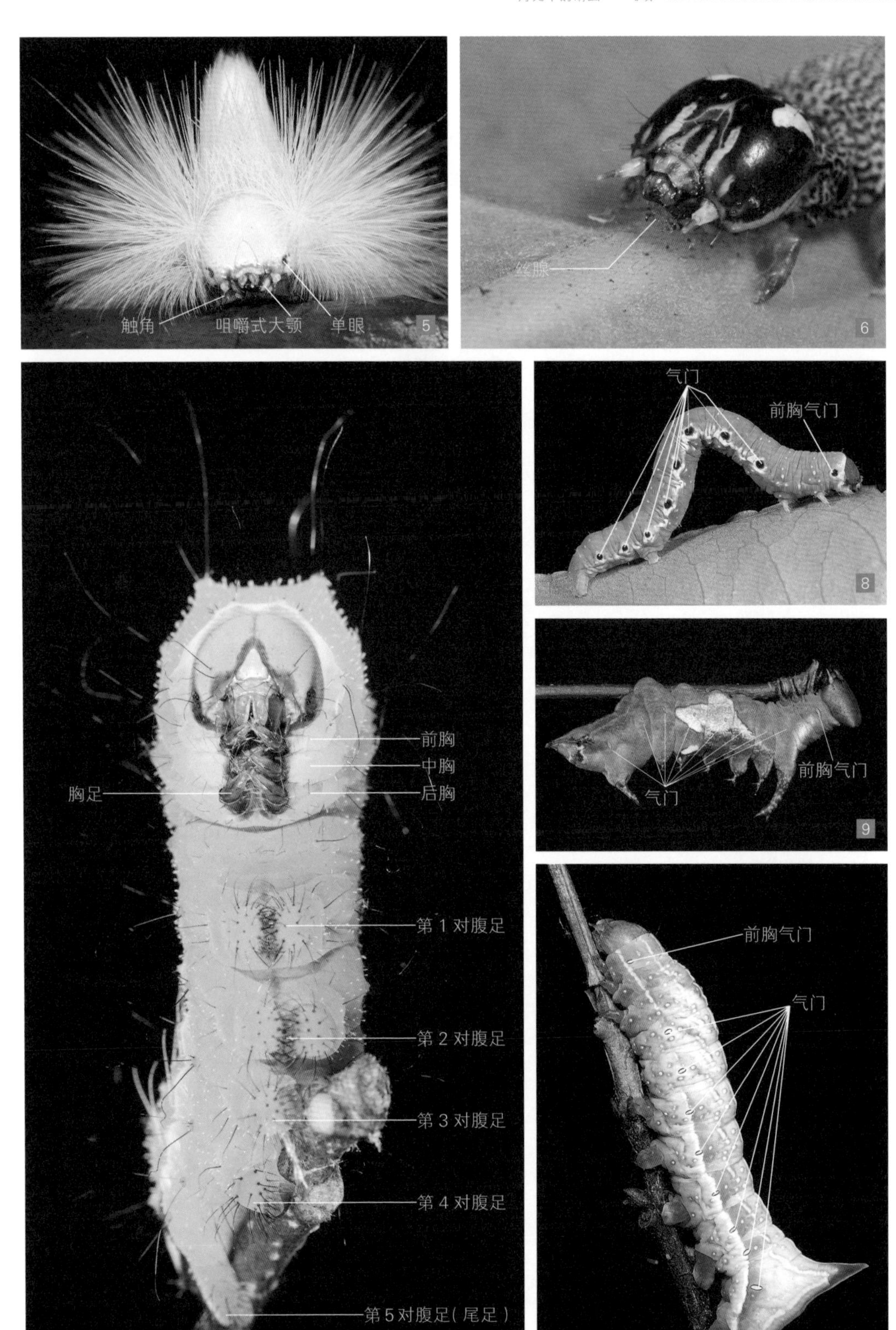
触角
咀嚼式大颚
单眼
5
丝腺
6
前胸
中胸
后胸
胸足
第 1 对腹足
第 2 对腹足
第 3 对腹足
第 4 对腹足
第 5 对腹足（尾足）
7
气门
前胸气门
8
前胸气门
气门
9
前胸气门
气门
10

幼虫胸部同样分 3 节，前胸、中胸、后胸分别着生 1 对胸足：前足、中足及后足。前胸在左右两侧各有 1 个气门（气孔），中、后胸则无气门。蛾类幼虫的腹部一共分 10 节，第 3 － 6 节与第 10 腹节具有 1 对腹足，第 10 腹节的腹足因为位于身体尾端，所以也常被大家称为尾足。鳞翅目具有许多不同的科别，有些科别的幼虫腹部某些体节的腹足退化消失，因此腹足少于或等于 5 对是鉴别鳞翅目幼虫与其他昆虫幼虫（大于 5 对腹足）的常用特征之一。幼虫在第 1 － 8 腹节两侧各有 1 个气门，有时候第 8 － 10 腹节会有一定程度的愈合，我们可依据第 8 腹节的气门或第 10 腹节的腹足了解愈合后的相对位置。

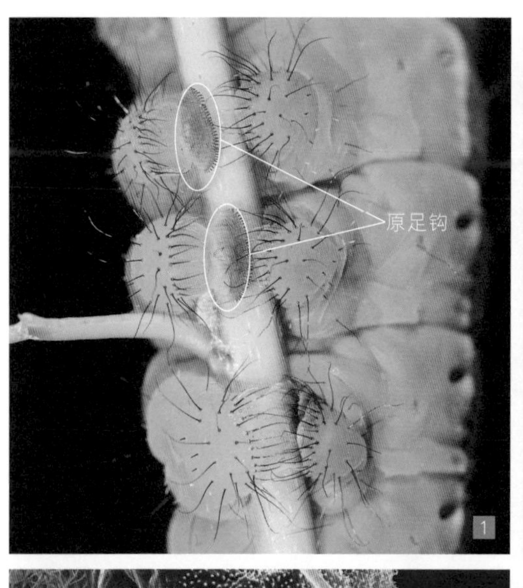

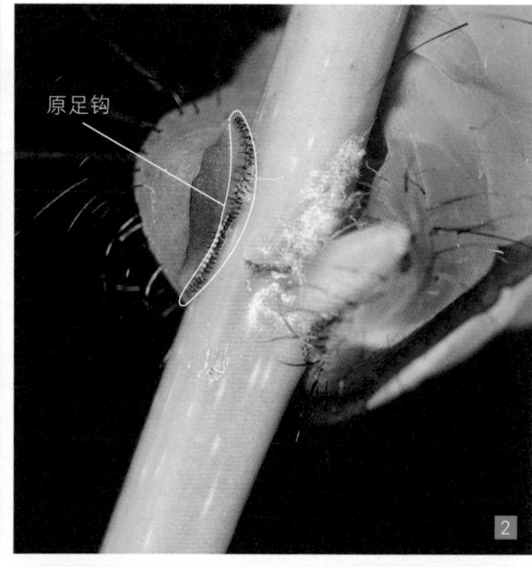

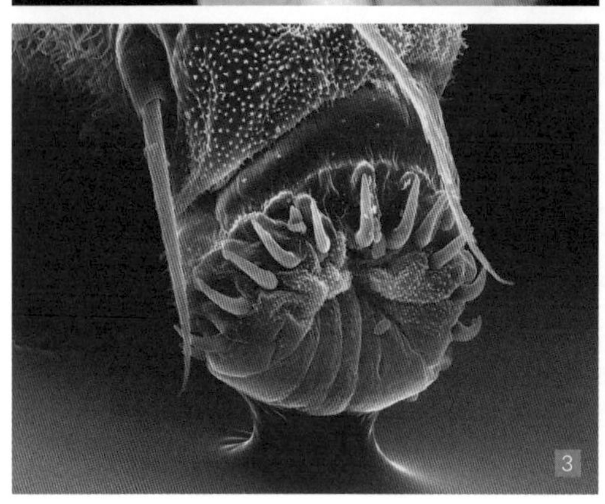

具有完全变态的昆虫，原本在幼虫时期腹部的腹足，经过完全变态过程在成虫时期便不再可见，所以腹足又称原足。鳞翅目幼虫的原足上着生有钩状构造，称之为原足钩，这是鉴别鳞翅目幼虫与其他目幼虫的重要依据之一，除了少数原足特化成吸盘不具原足钩的类群，大部分鳞翅目幼虫都有原足钩。原足钩与幼虫吐于植物表面的丝之间，原理就类似魔术贴的两面，幼虫可以通过吐的丝与原足钩配合，进行日常活动、移动觅食、固着或定位、感应震动、垂丝攀爬避敌等。

蛾类幼虫外形变化丰富，每个科的幼虫都有其独特的形态特征，甚至有些科不同属的幼虫外观上都有很大的差别。

1–2. 鳞翅目幼虫的原足钩　3. 扫描电镜下白蚕蛾的原足钩（1000 倍）　4. 扫描电镜下黄蚕蛾的原足钩（1000 倍）
5. 台鹿舟蛾幼虫背部具有支状突起　6. 褐绿间翅舟蛾幼虫后胸背部两侧具有角突

1. 苹掌舟蛾幼虫具有黄色细长的次生毛

2.*Tinolius* 属幼虫与尺蛾幼虫极其相似，背部具有特殊带状毛

3. 长尾大蚕蛾幼虫背部有发达角突

4. 热带刺蛾全身密布绒毛

5. 刺蛾幼虫肉棘上具有毒刚毛

6. 扫描电镜下的云雾裳蛾 1 龄幼虫的原生毛列（50 倍）

7. 扫描电镜下的黄蚕蛾 1 龄幼虫的原生毛列（50 倍）

4

5

幼虫的躯体主要为长圆筒状或长扁平状，表面光滑或布满刚毛，刚毛的类型与密集程度因不同种类极具变化。刚孵化的 1 龄幼虫，体表看似光滑，但在高倍率观察下头胸腹特定部位都着生有特定排列方式的毛，称为原生毛列，随着蜕皮成长至 2 龄幼虫后衍生为次生毛列，视不同类群而异，幼虫的次生毛列可能与原生毛列之间没有差异，或在不同龄期发展成长短、排列、数量、形态都不同的刚毛，而有些幼虫的体表也可能在龄期成长过程中，会有颜色、突起、膨大或特殊器官发育上的改变。

6

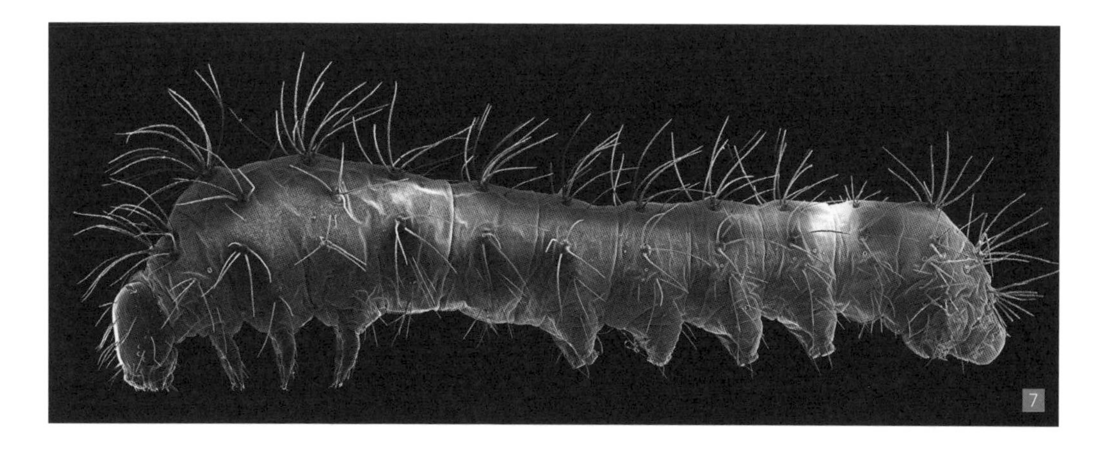
7

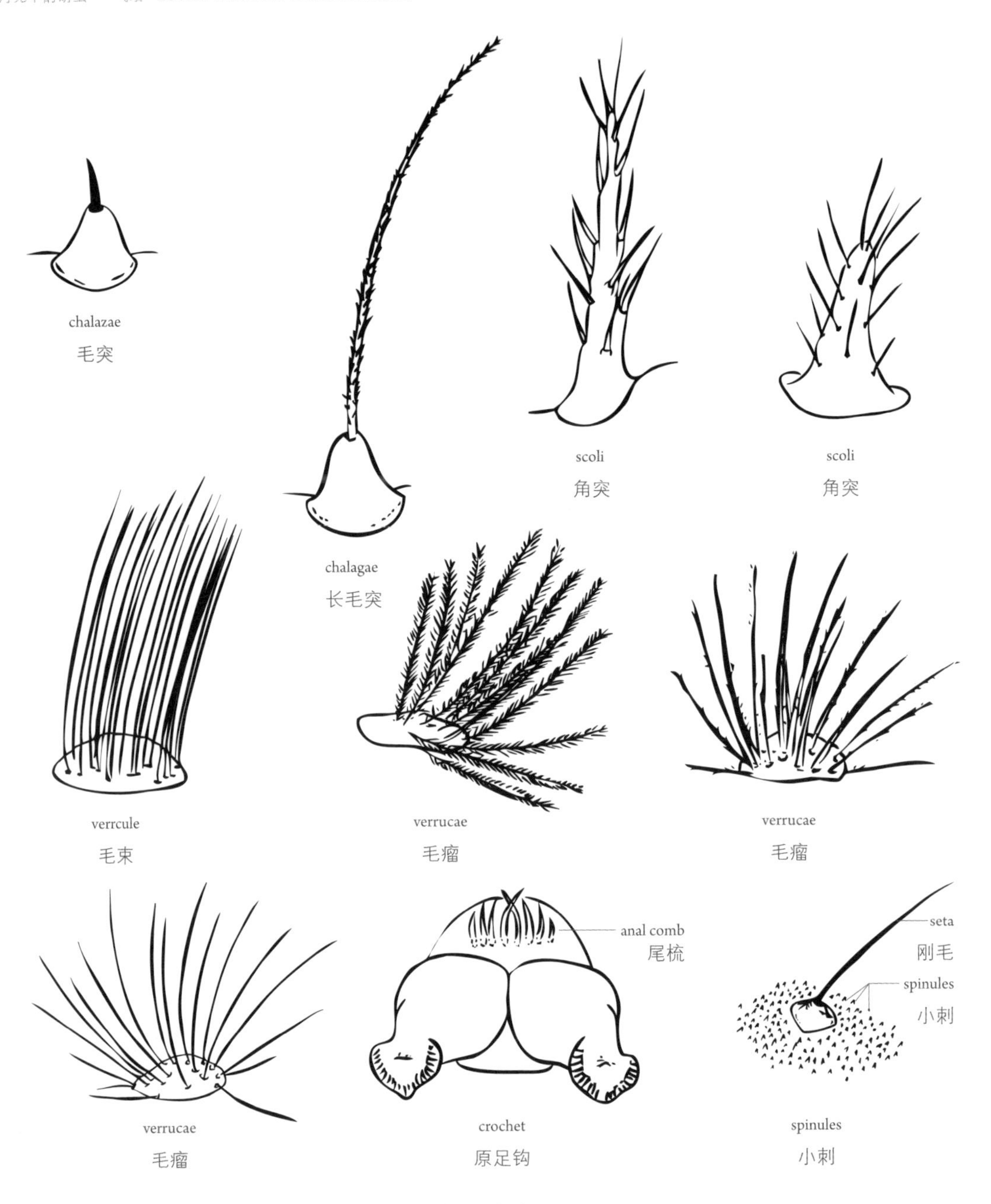

蛾类不同类型的刚毛

由于蛾类幼虫的形态复杂且多样性很高，因此我们可以通过气门、胸足和腹足协助判断不同体节位置，精确地描述区别不同种幼虫身上的毛列、色彩斑纹、身体突起、腺体等特征的分布差异。举例来说，“甲、乙两种蛾类幼虫腹部侧面都具有红斑”此一描述并无法看出甲、乙两种幼虫的差异，但通过更精确的描述，我们可能得到下列结果：“甲种蛾类幼虫腹部第 2 节侧面气门上方具有红斑”“乙种蛾类幼虫腹部第 3 节侧面气门下方具有红斑”，则可以区别甲、乙两种幼虫。

蛾类的蛹

终龄幼虫成长后，准备进入蛹期。终龄幼虫在化蛹的前期会呈现缓慢静止的状态，称为前蛹期，此时体内生理反应都是为了化蛹做准备。蛾类化蛹前有些种类会吐丝造茧，有些不会。蛾类吐丝所造的茧可能掺有枝条、苔藓、土壤，甚至是将终龄幼虫身上的刚毛布置于茧体上。有些种类的茧形式简单仅供固定支撑，有些呈网状镂空，有些则极为致密甚至坚硬。化蛹造茧的位置可能是地面的枯枝落叶间、地表石缝裂隙、石头表面、植物体枝或叶间。

蛹体在外观上多为褐色系，大部分的种类蛹体头部呈圆筒状，腹部渐尖。蛹体在腹部末端具有垂悬器，主要是由幼虫第10腹节与原足特化而成，因此垂悬器具有钩状构造，可将蛹体固定于终龄幼虫化蛹前所吐的丝线、丝座或茧上。

1. 银杏珠大蚕蛾蛹被包裹在网状镂空的茧里
2. 极为致密坚硬的黄刺蛾茧

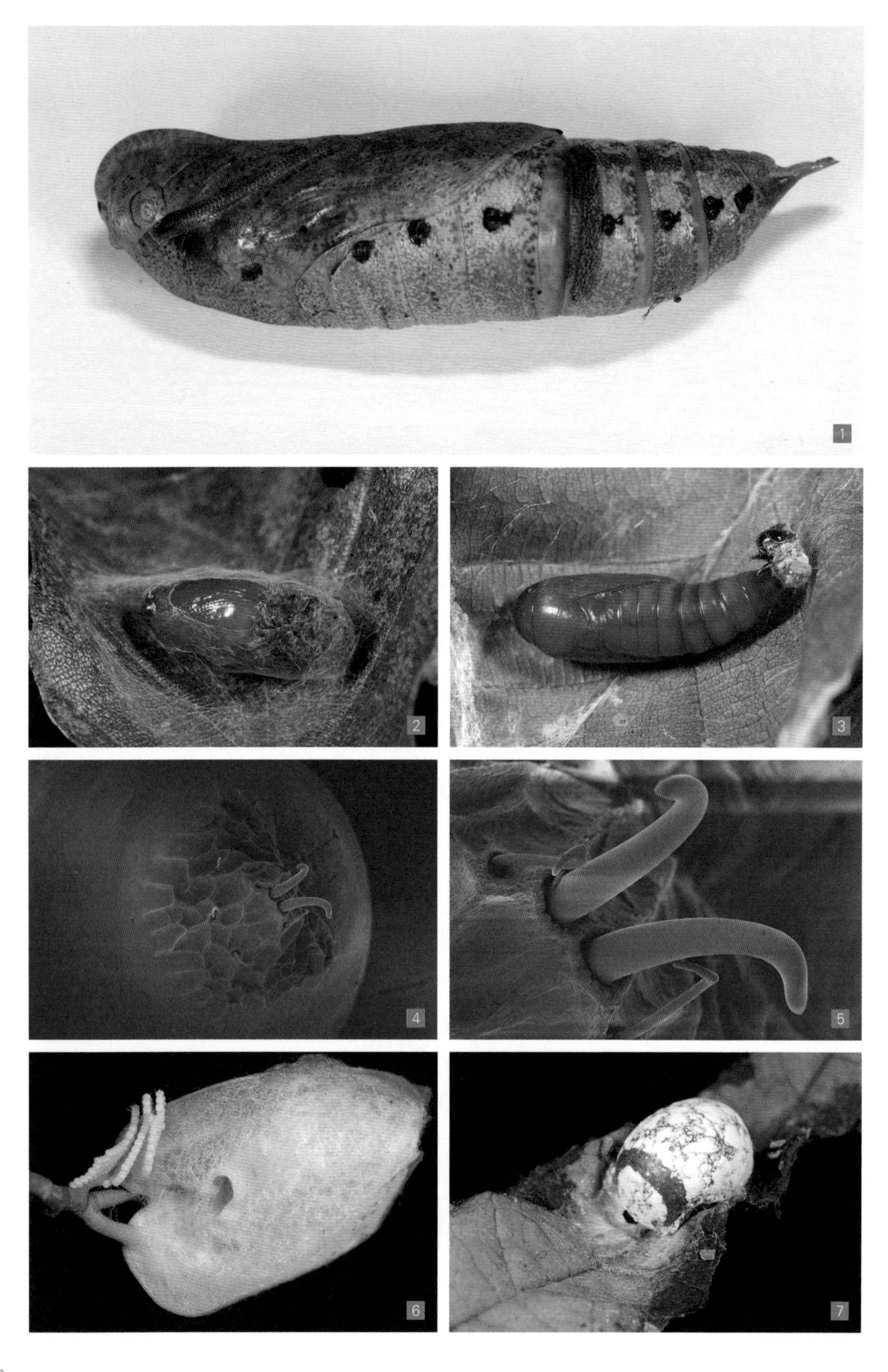
1
2
3
4
5
6
7

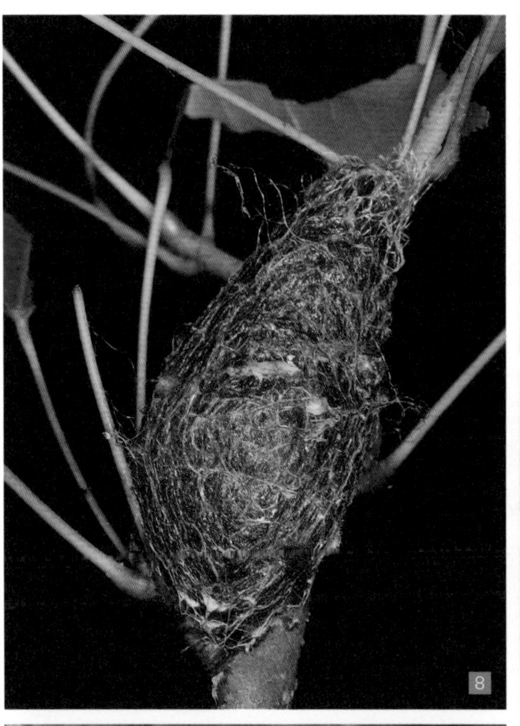

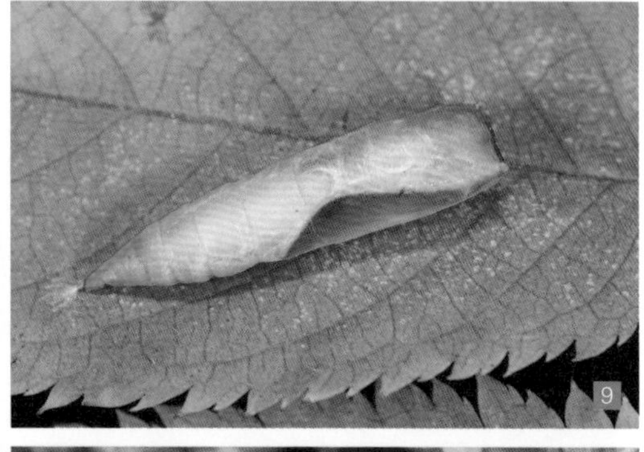

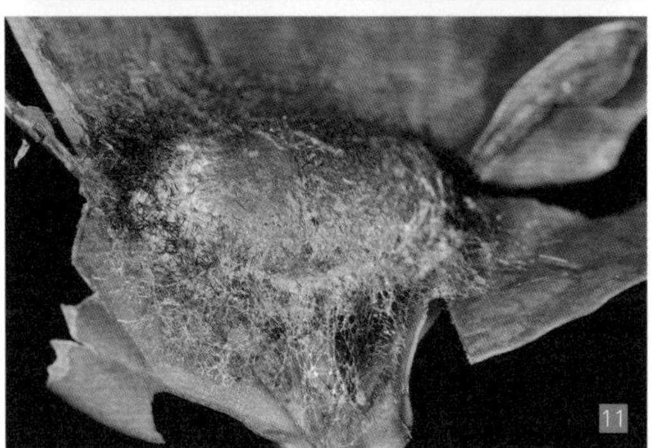

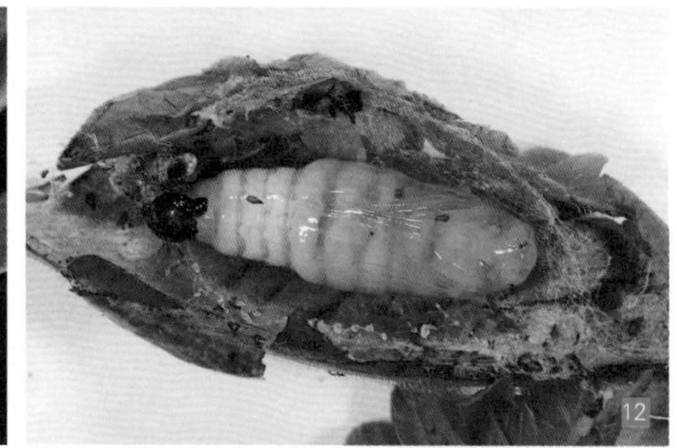

1. 天蛾的蛹常化于地表并裸露着
2–3. 褐色系的毒蛾与夜蛾的蛹，头部呈圆筒状，腹部渐尖
4–5. 扫描电镜下云雾裳蛾的蛹体腹部末端垂悬器
6. 黑点白蚕蛾茧化于叶脊处
7. 刺蛾的茧致密
8. 樟大蚕蛾于枝条上作茧化蛹
9. 尺蛾的蛹裸露着
10. 野蚕蛾冬季茧包覆于枯叶内，挂于树枝上过冬
11. 球须刺蛾致密的茧外部有丝状
12. 锚纹蛾于蕨类叶包覆化蛹
13. 银杏珠大蚕蛾于叶间作网状茧

◉ 蛾类成虫

蛾类作为鳞翅目中丰富多样的一员，其成虫的主要构造在前文已经有许多描述。下文着重于一般读者、自然爱好者及研究入门者最常接触到的蛾类成虫形态，包括成虫自然停栖时的外观轮廓样式，以及在辨识上的重要依据之一“翅膀斑纹”，进行简单概要的图文介绍。

蛾类成虫翅纹

蛾类翅膀的分区情况如图所示。大多数的鳞翅目蝶蛾类制作成展翅标本后，前翅略呈三角形，在三角形的三个角当中，靠近躯体与胸部着生的部位称为翅基，另两个角在前端者称顶角或翅端，靠后端者称为臀角，后翅的用法亦相同。三角形的三个边当中，向前的斜边称为前缘，向外侧的一边为外缘，向后的称后缘，后翅亦然。翅膀上的线状纹路在描述方式上，纵贯翅膀正中间与身体轴同方向的纵线称为中线，中线两侧的纹路，靠中线外侧者为外中线，靠身体一侧者为内中线。沿着翅外缘紧贴的线称外缘线，外缘线靠身体内侧的纵向线条称亚外缘线。靠近并在翅基外侧的线称为亚基线。翅膀纹路的描述上，带 (band) 可以说是相对较宽的线 (line)，其相对位置的描述方法与线相同。翅上的斑状纹路描述上，斑点 (spot) 在面积上相对较小，斑块 (patch) 通常用在面积相对较大的区块。

蛾类翅纹的描述方式，除了有一些研究学者提出的翅纹发育系统可以参考，在斑纹的位置描述上，尚有翅脉脉相的系统可作为位置的参考依据。不同目的昆虫、不同科别的蛾类，甚至不同属的蛾都可能有其特定的翅脉，读者若使用不同的蝶蛾类书籍，想要进一步了解翅纹描述时，建议先了解不同书籍所提供的参考翅脉图，并了解不同书籍的作者对翅纹描述的参考依据可能不同，才不会有所误解。

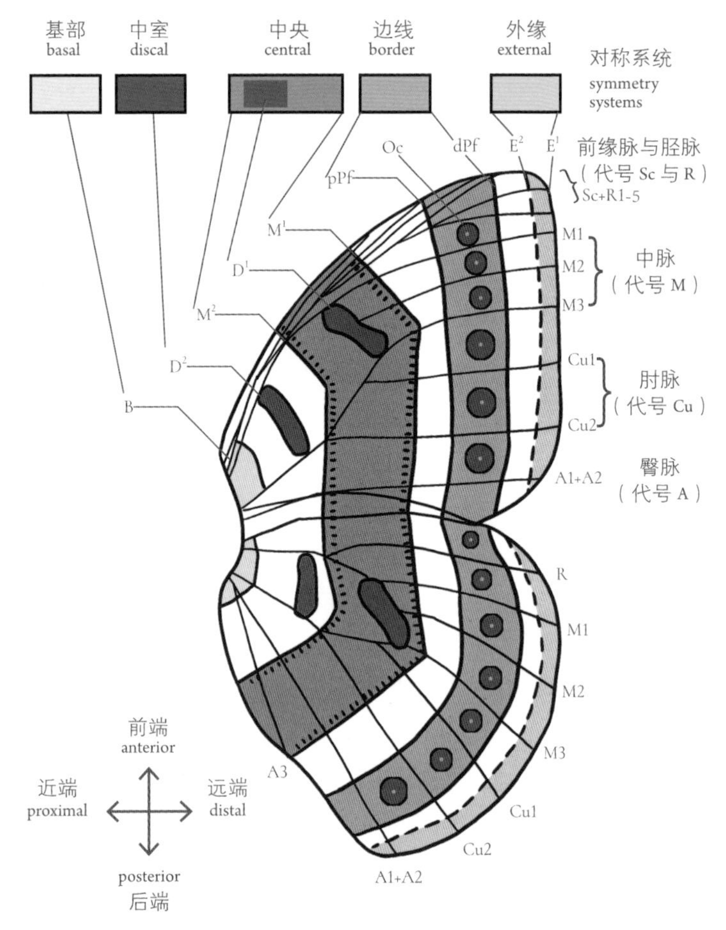

鳞翅目昆虫翅脉名称代号与斑纹位置参考图

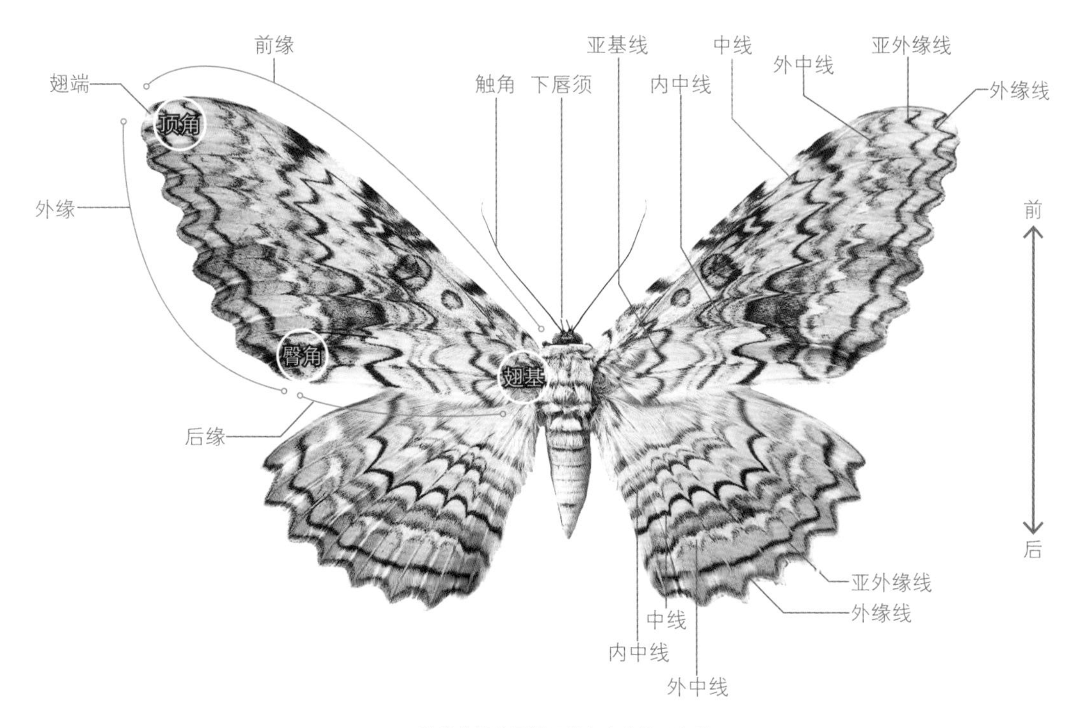

蛾类的翅膀区域及线条斑纹位置名称

灯蛾亚科翅脉图

灯蛾亚科

天蛾科翅脉图

天蛾科

注：不同科别翅脉形式不同，进行斑纹比对或描述时应参考正确科别的脉相图

蛾类成虫停栖样式

不同类群的蛾类在自然停栖静止时，整体的轮廓外观常常有特定的样式，影响这些轮廓外观的因素包括前后翅摆放的角度、前后翅互相交叠的方式、翅与翅互相叠合的范围大小、翅膀本身有无折叠后收纳、胸足站立的方式与摆放的习性等等。以下我们介绍一些常见的蛾类成虫停栖样式。

箭头型

前翅狭长向后摆放，后翅相对短小几乎收于前翅底下，躯干与前翅整体呈现↑样式。

平展型

停栖时将前后翅明显分开，后翅只有前缘被前翅覆盖一小部分，并且左右翅维持在同一个平面。

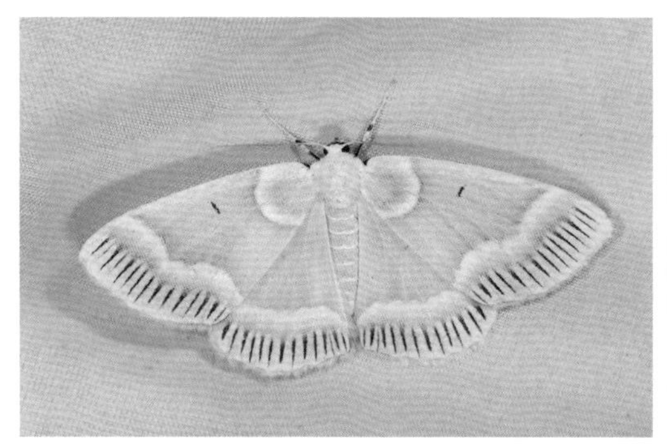

尾凸型

与平展型相似，但后翅有长尾突。

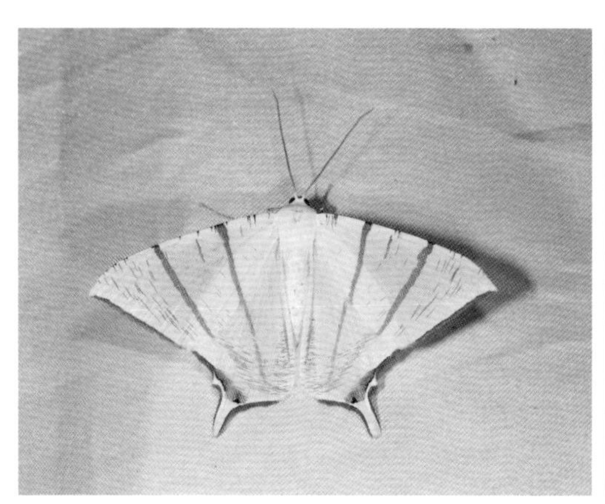

平展带钩型

与平展型相似，但前翅顶角（翅端）向外突起成钩状。

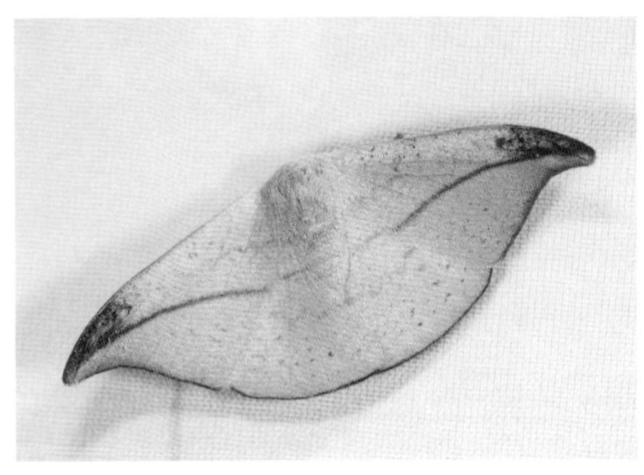

“T”字型

本种停栖样式是将躯干作为“T”字的纵线，双翅交叠为横线（右图）。或者前翅为横线，后翅贴齐躯干两侧作为“T”字的纵线。

蚊型

双翅、躯体及胸足都呈纤细状。

蝶型

停栖时双翅合拢竖立于躯体背面，如常见的蝴蝶停栖样式。

斜立型

停栖时躯体很明显呈斜立状态，翅膀可能呈贴齐腹部、平展或屋脊型。

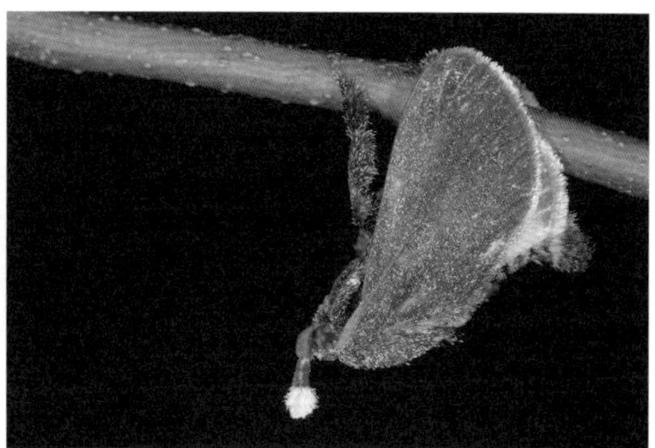

屋脊型

将左右前翅沿身体两侧摆放，并拢于背面互不交叠，并且后翅完全收于前翅底下，从正面看有如“屋脊”一般。

折叠型

停栖时左右前翅互相交错，后翅完全收于前翅底下。

前掠型（盾型）

前翅与屋脊型相似，但后翅前缘向前凸出于前翅。

蜂型

体型、体色及停栖样式外观近似于蜂类。

四 蛾类的分类（传统与近代）

- ◉ 蛾类的分类依据
- ◉ 蛾的多样性与主要类群

蛾类的分类依据

中国古代文字一开始仅有“蛾”字，并无蝶蛾之区分，直至汉代《乐府诗集》《蛱蝶行》方出现“蝶”字，从语言学角度来看，中原古音、客家语、闽南语等都没有蛾与蝶之分，后来随着观察两者有日夜习性差异，人们把在白天活动的“飞蛾”另外以“蝶”称之。拉丁文中最早是以*Papilio*指称蝶蛾等鳞翅目昆虫；德文最早使用falter指称“鳞翅目昆虫”或“蝴蝶”，而在falter前方加上nacht（夜晚）代表蛾(nachtfalter)，而后演变至蝶(schmitterling)与蛾(motte)的习惯用法。

蛾类在分类学上所属的鳞翅目Lepidoptera一词，最早于1758年由瑞典分类学家卡尔·林奈Carl Linnaeus在他的分类学巨著《自然系统Systema Naturae》第10版正式出现，当时林奈在鳞翅目底下仅分3个属，即*Papilio*，包含当时已描述的所有蝴蝶200多种；*Sphinx*，包含所有鹰蛾类约38种；*Phalaena*，包含其他所有鹰蛾以外的蛾类300多种。此时的林奈系统尚未使用分科的概念。

最早人们对于自然万物的分类，常主观选择少数特性当作分群的依据，分群之后再选其他特征继续细分，这种分群的方式被称作“演绎法”，例如用日行性与夜行性区分蝶与蛾。英国昆虫学家John Obadiah Westwood则根据是否为棍棒状触角而区别锤角亚目Rhopalocera（即现今大多数的蝴蝶）与异角亚目Heterocera（即蝴蝶以外的所有蛾类），其中蛾类又因体型大小的差异常被分为小蛾类micro-moths与大蛾类macro-moths。

18世纪以来分类学快速发展，随着更多蛾类种类被记载命名，许多特征陆续被发现并使用于分类分群，此一复杂过程逐渐发展至现行广泛采用的鳞翅目分类系统。有些原始特征用来界定鳞翅目底下的不同亚目与下目，例如轭翅（图1）（前后翅飞行时的连锁方式是前翅基部有一叶状突起，伸至后翅基部下方夹持后翅），无旋喙且具有颚（成虫具有大颚、无旋喙口器）。

1

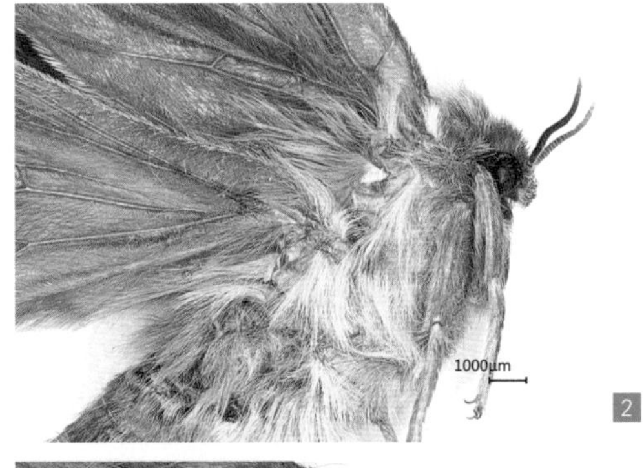

2

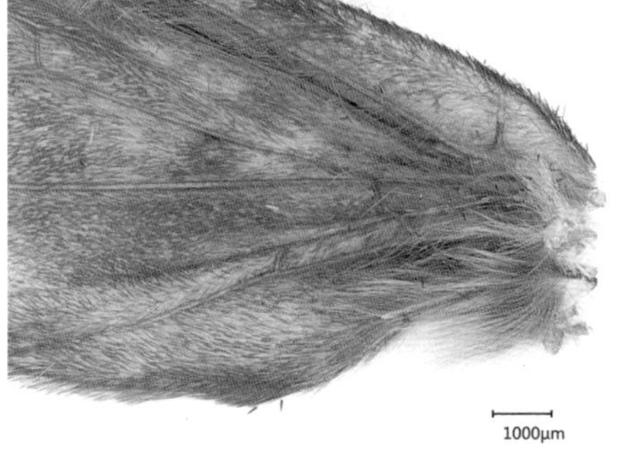

3

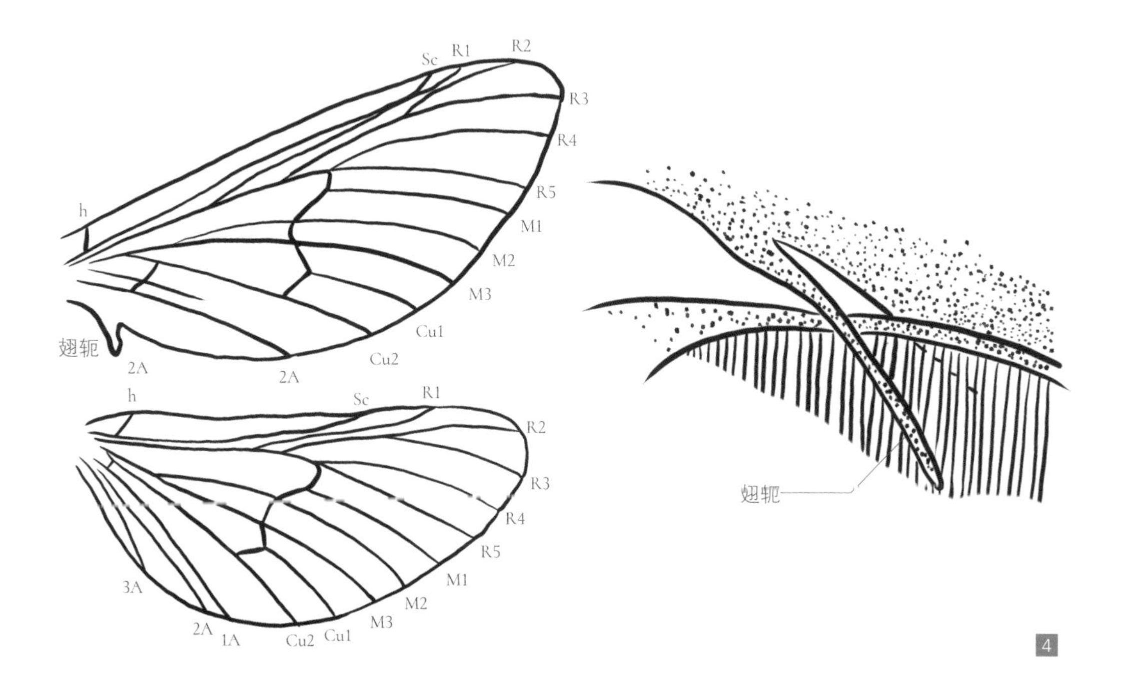

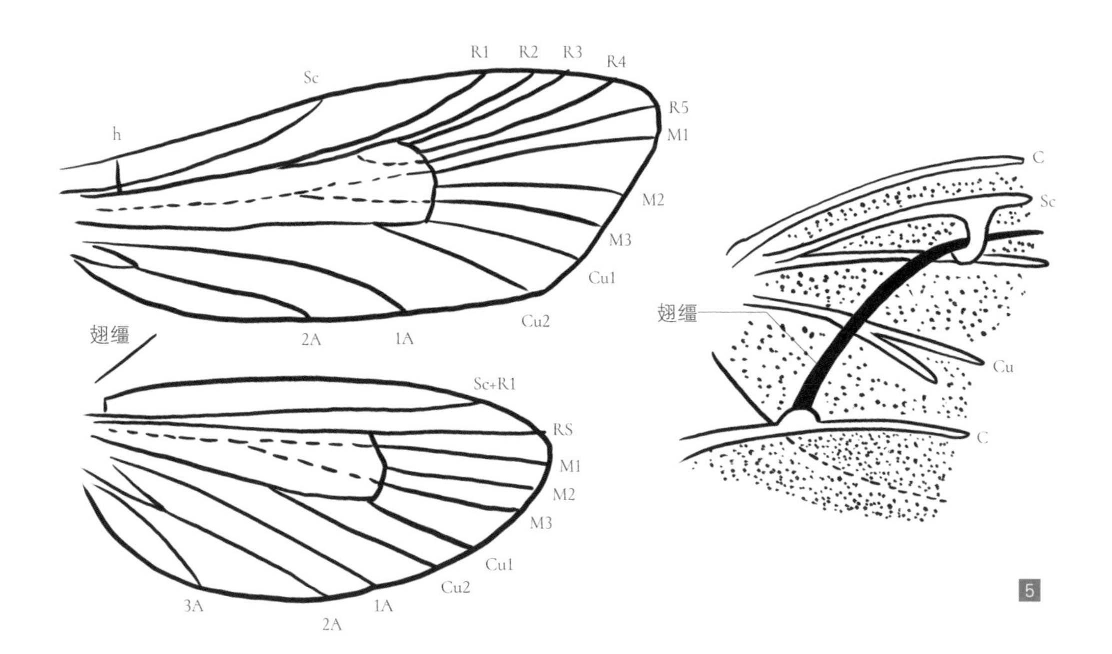

1. 蝠蛾成虫（左雌右雄）
2-3. 蝠蛾前翅具翅轭
4. 翅的联结方式——轭翅是较原始的特征
5. 翅的联结方式——缰翅是较进化的特征

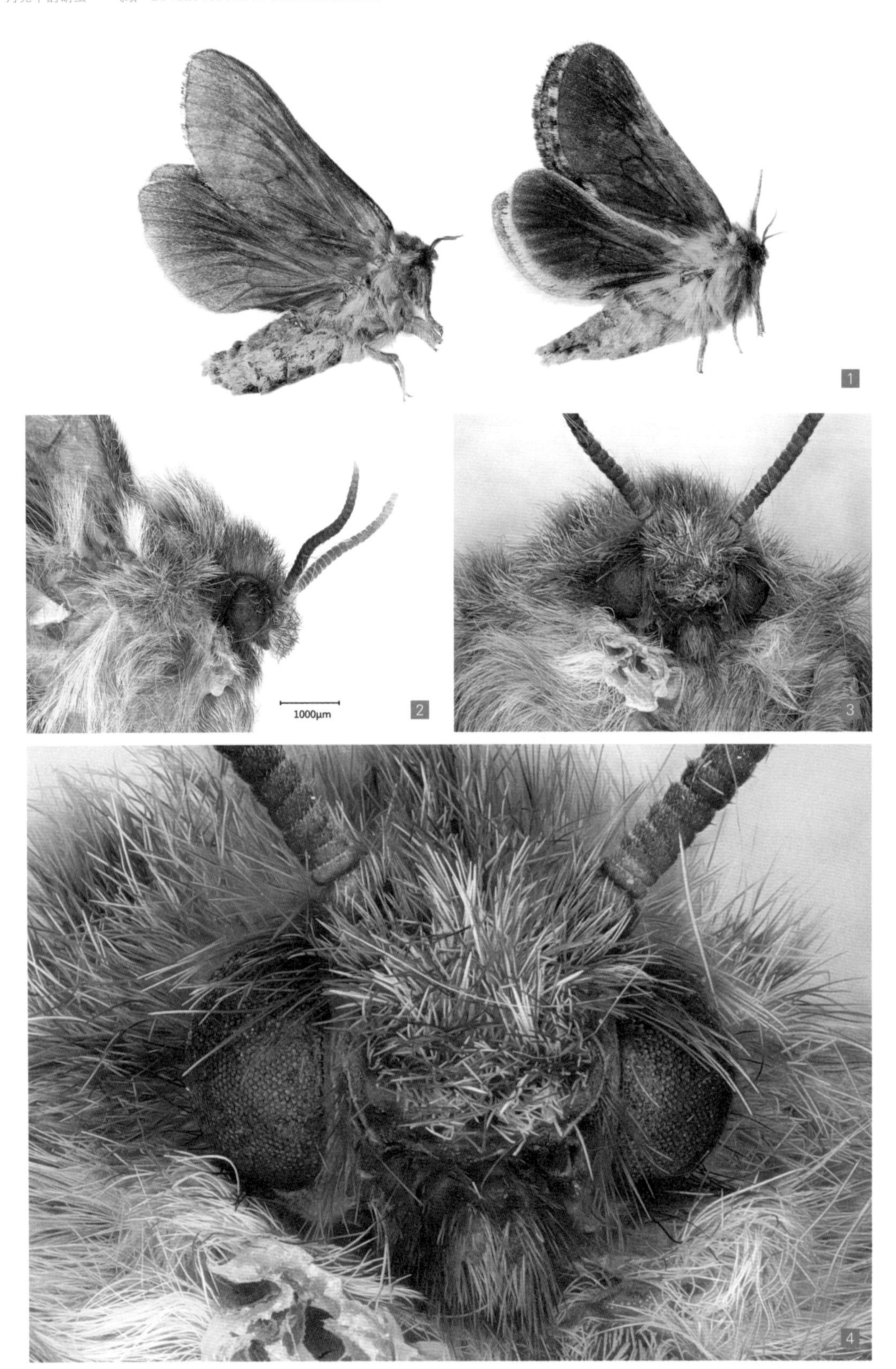
1
1000μm
2
3
4

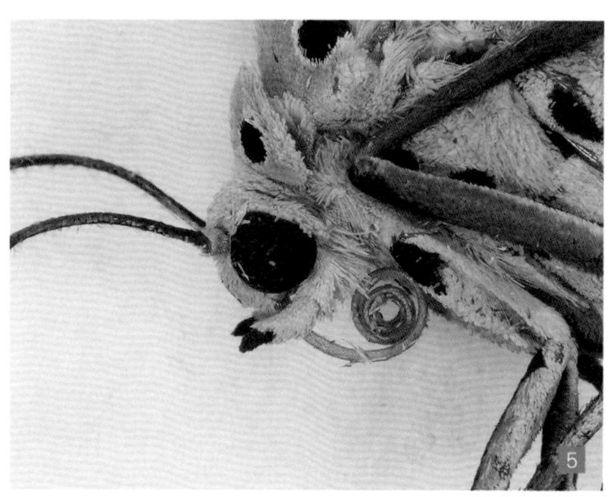

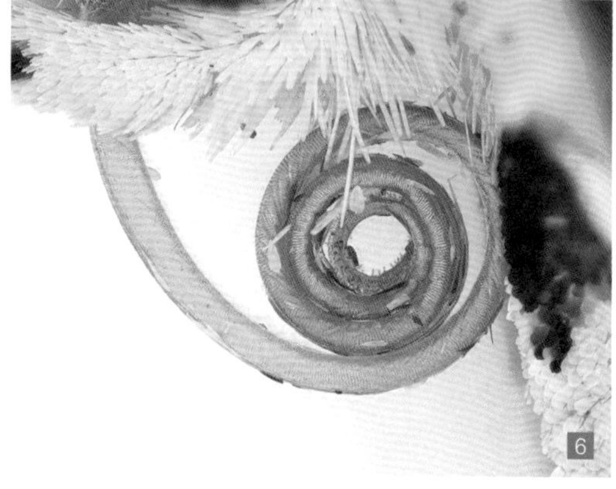

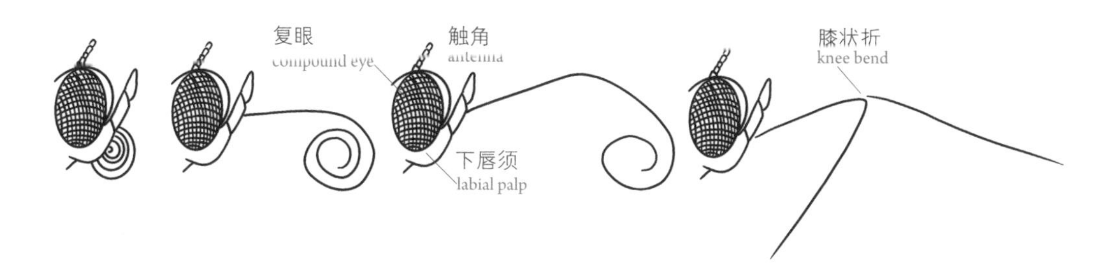

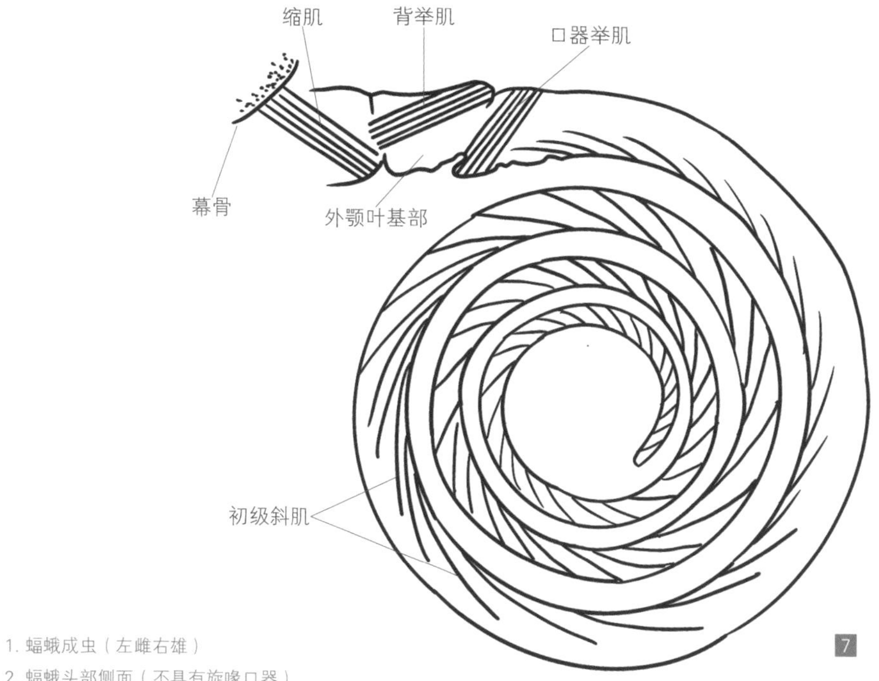

1. 蝠蛾成虫（左雌右雄）
2. 蝠蛾头部侧面（不具有旋喙口器）
3–4. 蝠蛾头部正面（不具有旋喙口器）
5–6. 蛾类旋喙口器
7. 旋喙口器示意图

同脉（前后翅的脉相相同没有分化）、颚蛹（蛹具明显发达的大颚）、外孔（不具泄殖腔，精子不是由导精管引导至卵子，而是从体外沟引导到交尾囊孔），这便是现今鳞翅目分为4个亚目（轭翅亚目、无旋喙亚目、异石蛾亚目、旋喙亚目），而旋喙亚目又分5个下目（颚蛹下目、冠蛾下目、卵翅蛾下目、外孔下目、异脉下目）的依据。其中异脉下目以外的蛾类，称为原始鳞翅类，而99%的蝶蛾都是属于异脉下目的成员。

1

2

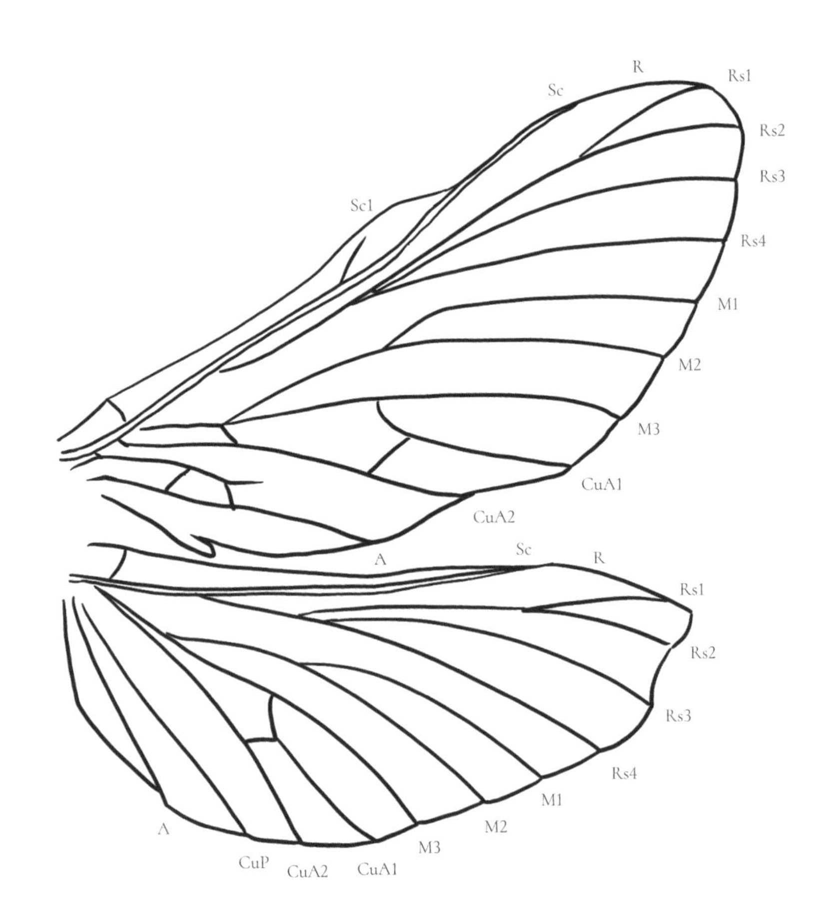

3

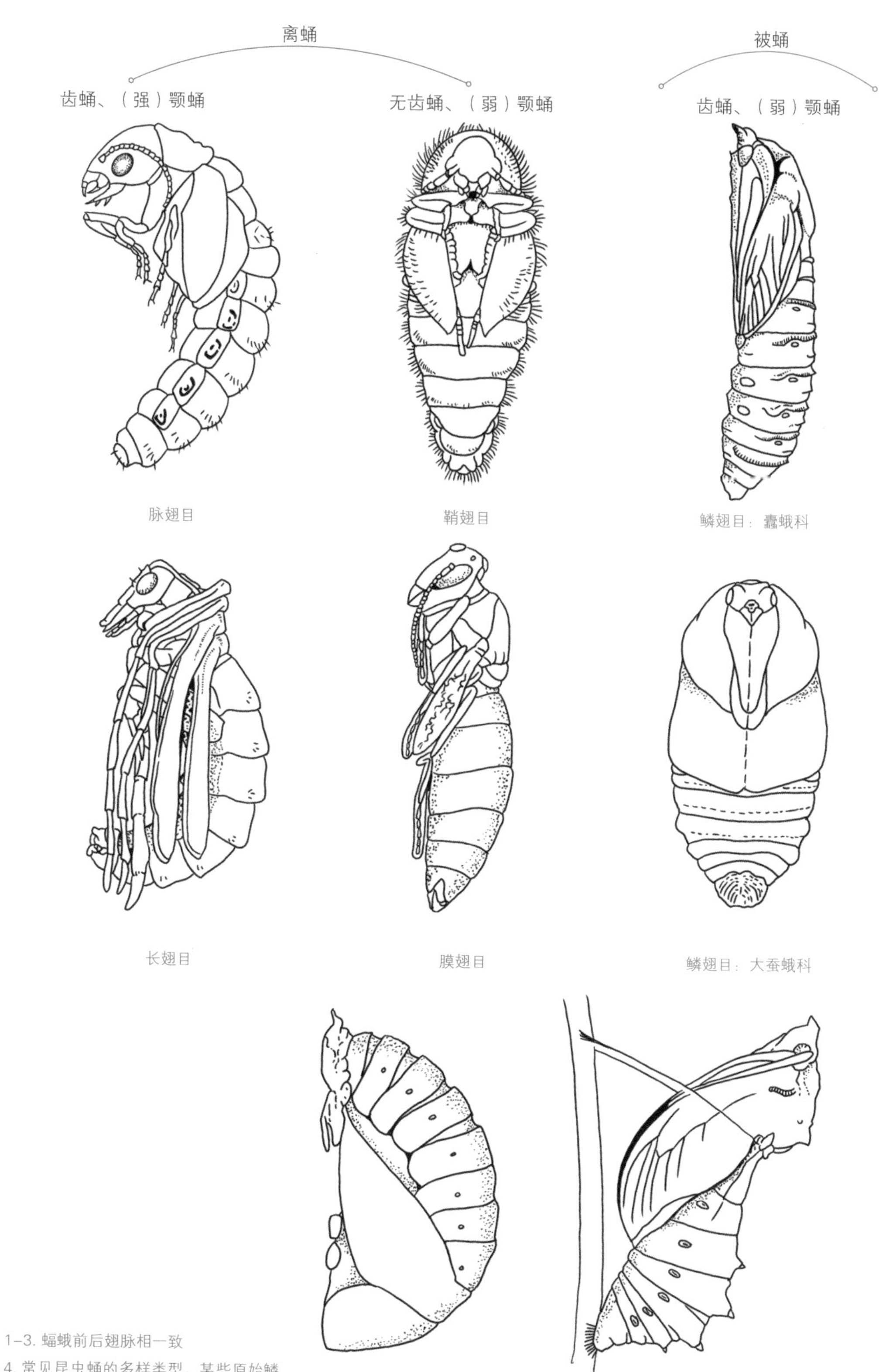

1-3. 蝠蛾前后翅脉相一致

4. 常见昆虫蛹的多样类型，某些原始鳞翅类具有颚蛹的类型特征

异脉下目又分为2个部：单孔部、双孔部。双孔指的是雌性有2个生殖系统开口，一个为交配孔，一个为产卵孔；单孔指的是生殖系统中交配与产卵为同一个开口。传统的大蛾类或大鳞翅类*macro lepidopteran*指的就是一群相对较高等的双孔类成员，一般来说至少包括米马隆蛾总科、枯叶蛾总科、蚕蛾总科、夜蛾总科、钩蛾总科、尺蛾总科、地中海蛾总科、锚纹蛾总科、丝角蝶总科及凤蝶总科(蛾类科群繁多，特征相近的科被归纳放在同一个总科)。根据最新研究，丝角蝶总科已经并入凤蝶总科中，丝角蝶总科与凤蝶总科即我们所谓的蝶类，包含这两个总科的广义凤蝶总科称为“真蝶总科”，就是属于高等双孔类的大鳞翅类。随着分子生物技术的推陈出新，许多不同科与其所属的总科之间的关系，即使在本书付梓后也仍然持续变动中。本书附上鳞翅目演化亲缘关系图。

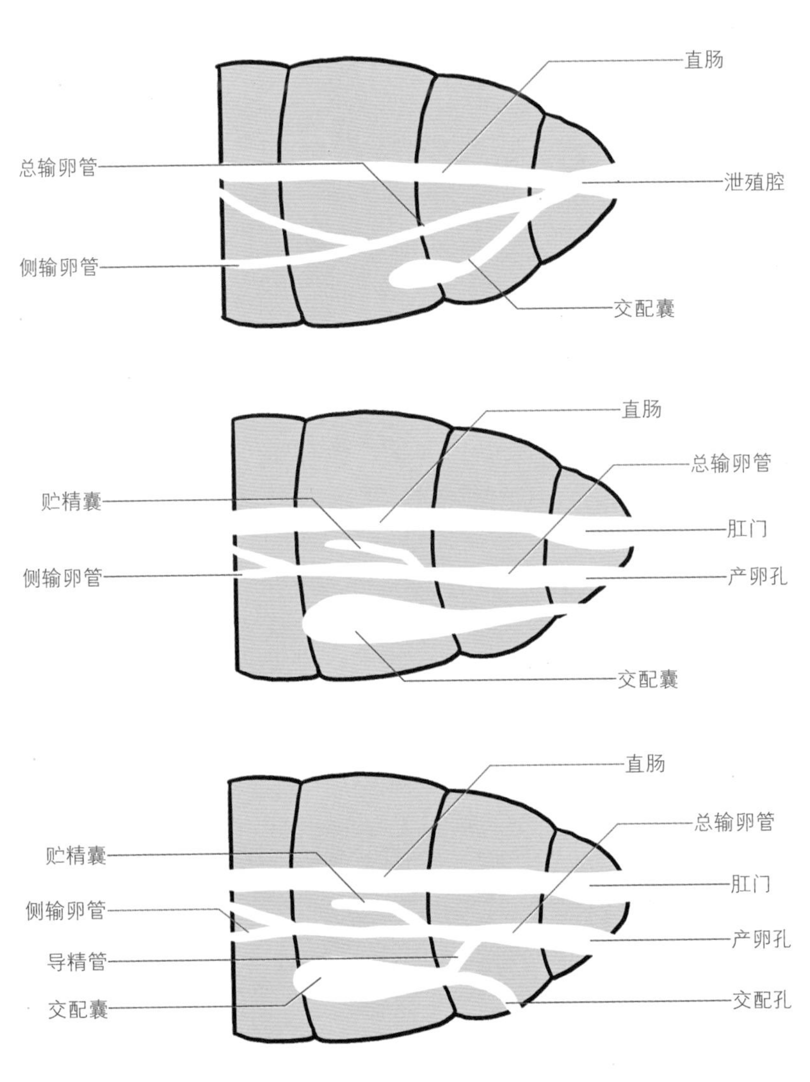

单孔（上）外孔（中）双孔（下）示意图

蛾类进化表

成虫具有大颚口器
取食被子植物
出现旋喙口器
雌性交配及产卵器官分化
蝴蝶
大蛾类
小翅蛾总科、贝壳杉蛾总科、异石蛾总科
毛顶蛾总科、蛉蛾总科
冠蛾总科、蝠蛾总科
微蛾总科
长角蛾总科
始蛾总科、帝氏蛾总科
谷蛾总科
细蛾总科、巢蛾总科
拟卷叶蛾总科、长腹蛾总科
蜂蛾总科、卷蛾总科
透翅蛾总科（透翅蛾）
斑蛾总科（斑蛾、刺蛾）
木蠹蛾总科（木蠹蛾）
真蝶总科（蝴蝶）
旋蛾总科（旋蛾、织蛾、筛蛾、展足蛾）
多羽蛾总科、羽蛾总科（多羽蛾、羽蛾）
锚纹蛾总科、网蛾总科（锚纹蛾、网蛾、窗蛾）
螟蛾总科（螟蛾、草螟蛾）
米马隆蛾总科
钩蛾总科（钩蛾）
夜蛾总科（舟蛾、瘤蛾、毒蛾、鹿蛾、灯蛾、裳蛾、夜蛾）
尺蛾总科（尺蛾）
枯叶蛾总科（枯叶蛾）
蚕蛾总科（大蚕蛾、天蛾、蚕蛾）
石炭纪 二叠纪 三叠纪 侏罗纪 白垩纪 古近纪 新世纪 第四纪
过去 300 250 200 150 100 50 0
3亿年前 2亿5千万年前 2亿年前 1亿5千万年前 1亿年前 5千万年前 现今
1 2 3 4 5 6 7
1. 大异角类（大蛾类） 2. 大鳞翅类
3. 短突双孔类 4. 双孔亚目
5. 缰翅下目 6. 有喙亚目
7. 被子植物取食群
蛉蛾总科
细蛾总科
卷蛾总科
真蝶总科
螟蛾总科
夜蛾总科
蚕蛾总科

蛾的多样性与主要类群

蛾类家族相当庞杂，现行分类系统下蛾类多达 128 科，其中我国有 70 个科以上，无法一一详细介绍。以下概要介绍蝴蝶以外的一些高等双孔类的大鳞翅类科群，并尽可能提供或推算目前我国已知的种类数量。

带蛾科 Eupterotidae 

成虫停栖时呈“平展型”，一年1至多代，成虫夜行性并趋光。幼虫密布毛簇或毛束并掺有尖锐刺毛。老熟幼虫于地表枝叶或石缝作茧化蛹。全世界约有300种。

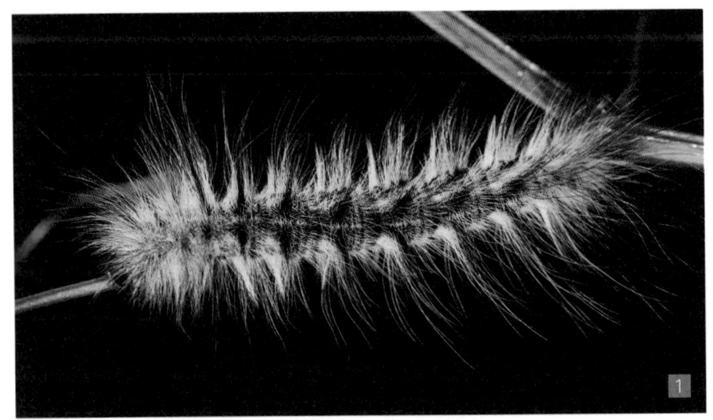

1. 褐带蛾幼虫
2. 灰纹带蛾
3. 褐带蛾属
4. 云南云斑带蛾
5. 斑带蛾属
6-10. 各式各样毛色缤纷的带蛾幼虫

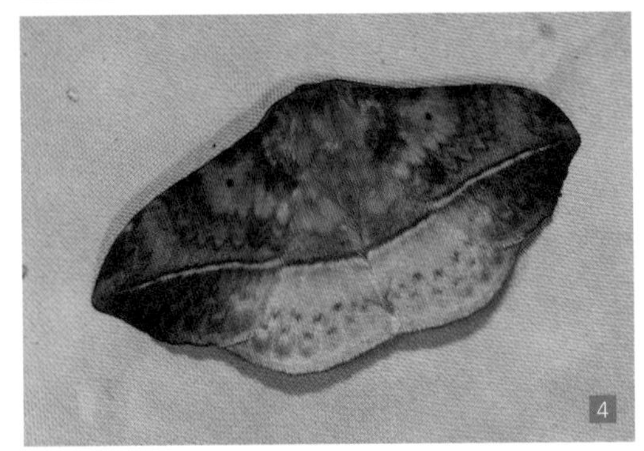

6
7
8
9
10

钩蛾科 Drepanidae

前翅顶角外突常呈钩状，停栖样式为“平展带钩型”，故称“钩蛾”。波纹蛾亚科的成员停栖样式为“屋脊型”。一年多代为主，成虫夜行性并趋光。幼虫尾足常退化，停栖时腹部末端提起悬空。幼虫食性专一。幼虫常吐丝化蛹或卷叶作茧，波纹蛾亚科成员多在地面枯枝叶间吐丝化蛹。全世界约有 660 种，《中国动物志》记载我国已知约有 250 种。

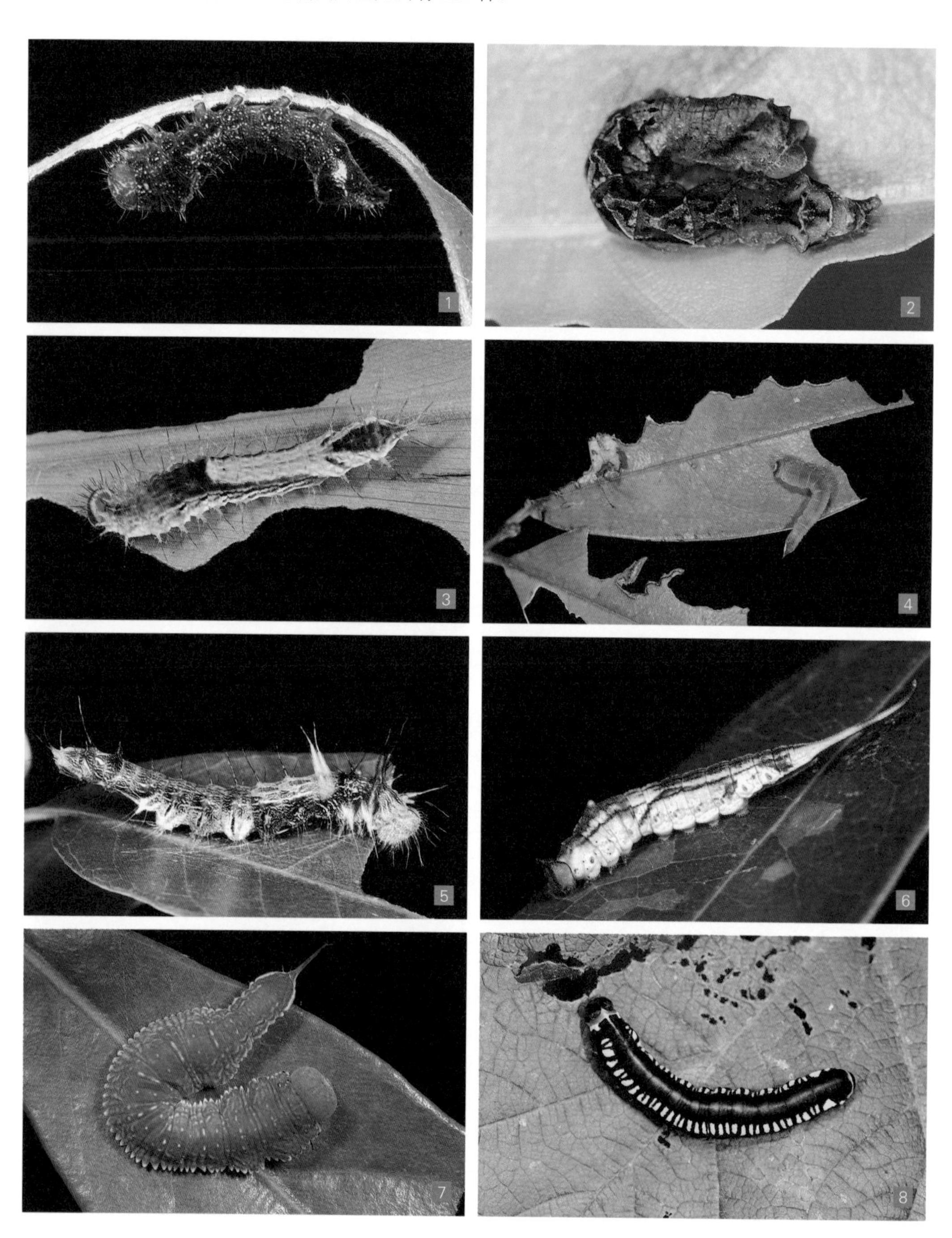

1-2. 大斑波纹蛾幼虫　3. 细纹黄钩蛾幼虫　4. 波带白钩蛾幼虫　5. 铃钩蛾属幼虫　6. 交让木钩蛾幼虫
7. 黑点双带钩蛾幼虫　8. 大钩蛾幼虫　9. 交让木钩蛾　10. 哑铃钩蛾　11. 仲黑缘黄钩蛾　12. 大斑波纹蛾
13. 印华波纹蛾　14. 大窗钩蛾　15. 黄斜带钩蛾　16. 洋麻圆钩蛾（大钩蛾）

枯叶蛾科 Lasiocampidae

成虫停栖时常呈“屋脊型”或“前掠型（盾型）”，体色以棕褐色为主，外观犹如枯叶而得名。英文科名由“lasio”（毛茸茸）与“campa”（幼虫）组成，幼虫密布各式刚毛，胸部常有毛瘤及长毛束，躯体两侧常有平展的长毛，背部有短刚毛或亦脱落的细刺毛用以防御。成虫一年1代或多代，夜行性且趋光。老熟幼虫于枝叶间作茧化蛹，茧常以叶片包覆，有时掺有刺毛。全世界约有2000种，我国已知约有220种。

1. 青黄枯叶蛾幼虫
2. 大斑丫枯叶蛾幼虫
3. 大斑丫枯叶蛾幼虫群聚
4. 竹纹枯叶蛾
5. 青黄枯叶蛾
6. 波纹杂枯叶蛾（深色个体）
7. 大灰枯叶蛾（旱季型）
8. 波纹杂枯叶蛾（浅色个体）
9. 大斑丫枯叶蛾
10. 大灰枯叶蛾
11. 交配中的锯缘枯叶蛾

箩纹蛾科 Brahmaeidae

成虫体硕大，停栖时呈“平展型”，翅膀上具有深浅对比鲜明的细纹，貌似箩筐而得名，别称水蜡蛾，一年 1 代，夜行性且趋光。小幼虫背部有 3 对细长肉质突起，分别位于中、后胸及第 8 腹节，并在终龄之后消失。全世界约有 40 种，不考虑分类争议者我国已知至少有 6 种。

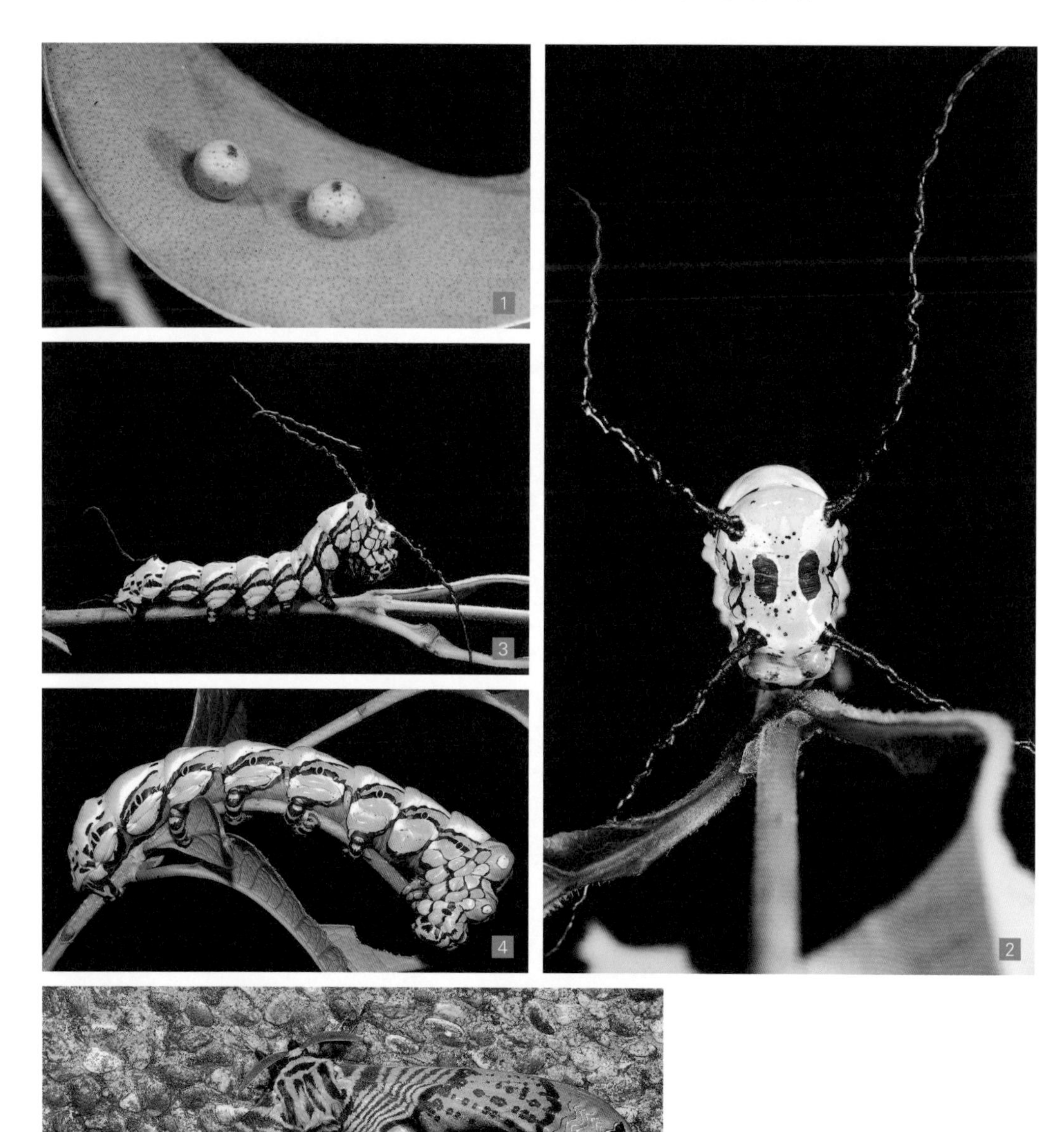

1. 枯球箩纹蛾卵
2–3. 枯球箩纹蛾 4 龄幼虫
4. 枯球箩纹蛾终龄虫长肉棘消失
5. 枯球箩纹蛾
6. 青球箩纹蛾 4 龄幼虫
7. 青球箩纹蛾终龄幼虫
8. 青球箩纹蛾
9. 紫光箩纹蛾

6

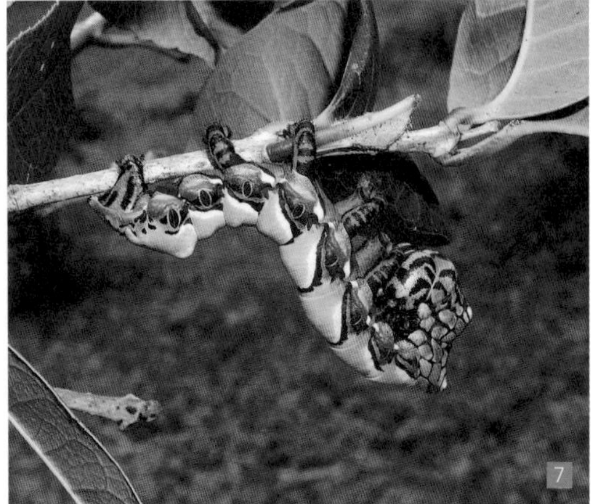
7

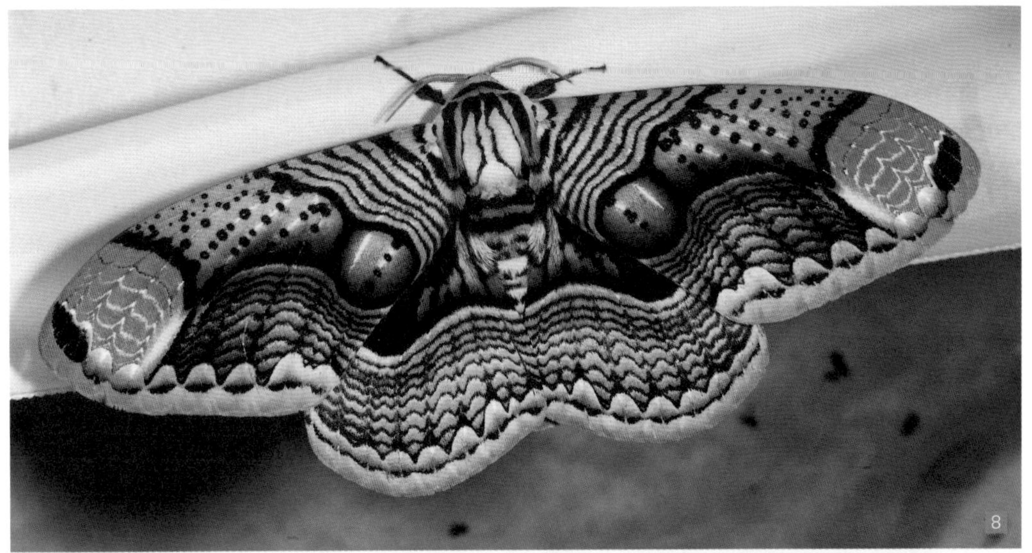
8

9

蚕蛾科 Bombycidae

成虫前翅翅端常突出，停栖时前翅及前缘平展，后翅与前翅交叠收于其下，翅与躯体呈“T”字型，本科成员家蚕 *Bombyx mori* 极负盛名，英文以 silkworm 称之，蚕蛾多为一年多代，成虫口器退化不进食，夜行性且趋光。卵多为聚产，幼虫圆筒状，大多数种类第 8 腹节背面有一短尾突。老熟幼虫于枝叶间作茧化蛹，茧色以白色、黄色为主，偶有绿色。全世界约有 150 种，我国已知约有 29 种。

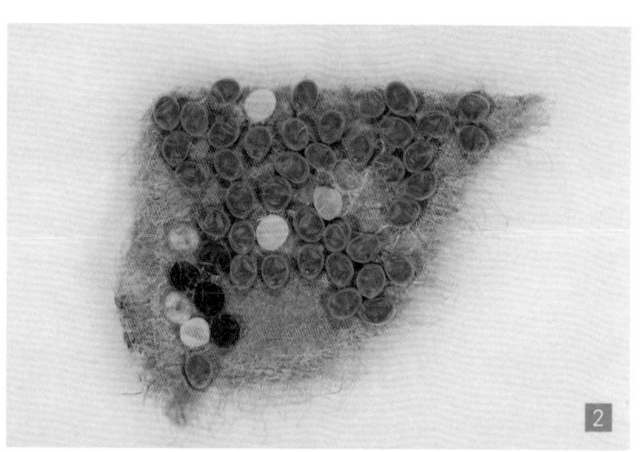

1. 黑点白蚕蛾卵群
2. 家蚕卵
3. 群产在树枝上的野蚕卵
4. 黄蚕蛾终龄幼虫
5. 停栖在小叶桑上的野蚕小龄期幼虫
6. 家蚕 5 龄虫
7. 褐斑白蚕成虫
8. 野蚕蛾——中华家蚕
9. 毛带蚕蛾
10. 雌性黑点白蚕蛾
11. 黄蚕蛾雌虫
12. 家蚕成虫

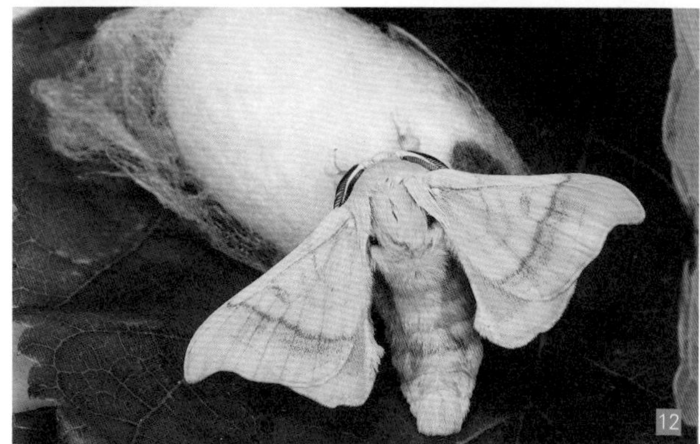

桦蛾科 Endromidae

本科成虫外观与蚕蛾相似，停栖时呈“T”字型，过去部份种类被置于蚕蛾科，通过最新的分子证据研究后，从蚕蛾科移出，成为独立的一科。本科某些属的幼虫于后胸及腹部两侧常有翼状突起，且第 8 腹节背面有突起，有些属则呈圆柱状，没有这些突起的特征。老熟幼虫于地面枝叶间作茧化蛹。我国已知约有 16 属 50 种。

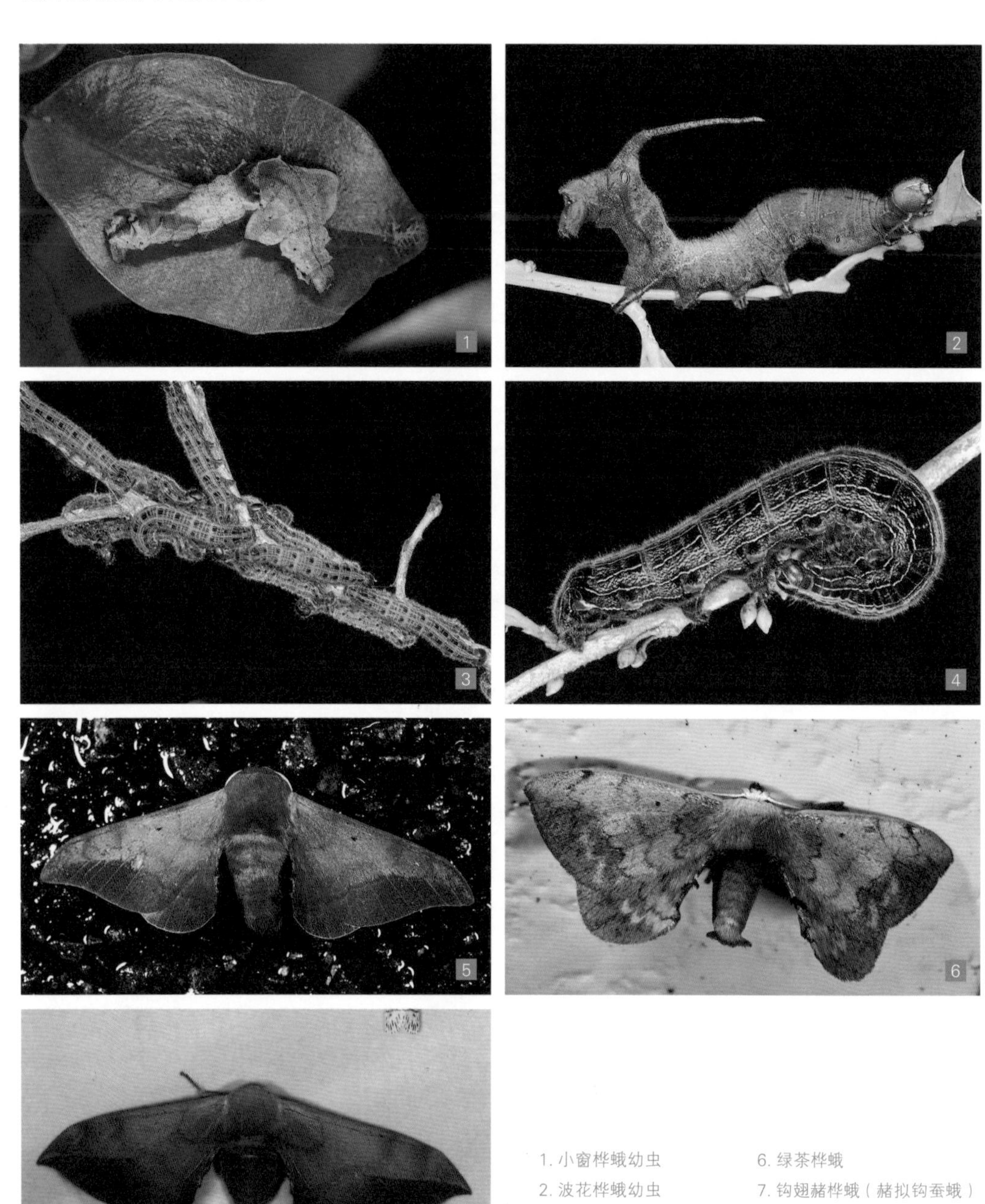

1. 小窗桦蛾幼虫
2. 波花桦蛾幼虫
3. 群居的茶蚕蛾幼虫
4. 茶蚕蛾终龄幼虫
5. 台湾钩翅赭桦蛾
6. 绿茶桦蛾
7. 钩翅赭桦蛾（赭拟钩蚕蛾）
8. 小窗桦蛾
9. 一点钩翅赭桦蛾
10. 赭桦蛾

8

9

10

大蚕蛾科 Saturniidae

本科成员体硕大、翅幅宽广，有些具大型眼纹或窗斑，或前翅端呈钩状，或后翅具有长尾突，色彩缤纷令人惊艳，停栖样式主要为“平展型”及“尾凸型”。成虫口器退化，翅不具有翅刺与翅钩，翅膀的联结以交叠方式产生连锁带动的效果。触角双栉齿状且雄虫明显长于雌虫。幼虫躯体粗壮呈圆柱状，体表多布毛瘤及刚毛，常具有鲜艳的斑纹。老熟幼虫于枝叶间作茧化蛹，大多数种类的茧厚实致密而坚固，少数呈网状。全世界约有 2300 种，我国已知约有 100 种。

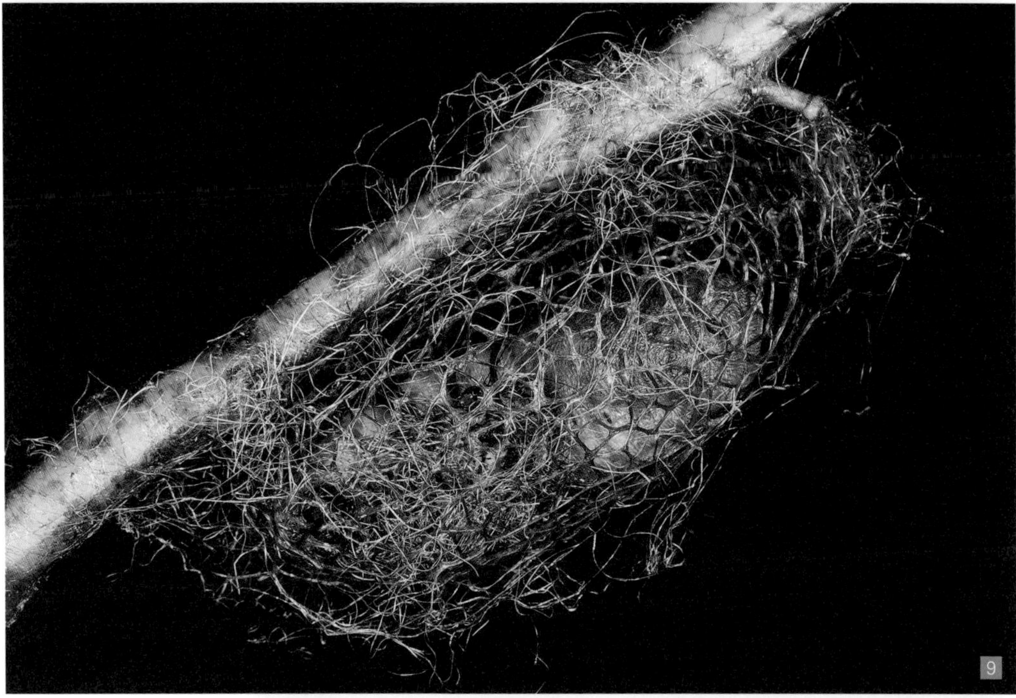

1. 华尾大蚕蛾台湾亚种
2. 皇蛾幼虫
3. 藏珠大蚕蛾台湾亚种幼虫
4. 王氏樗蚕蛾幼虫
5. 樟大蚕蛾幼虫
6. 台湾柞大蚕蛾幼虫
7. 台湾豹大蚕蛾幼虫
8. 银杏珠大蚕蛾台湾亚种幼虫
9. 银杏珠大蚕蛾台湾亚种茧
10. 银杏珠大蚕蛾台湾亚种

1

2

3

4

5

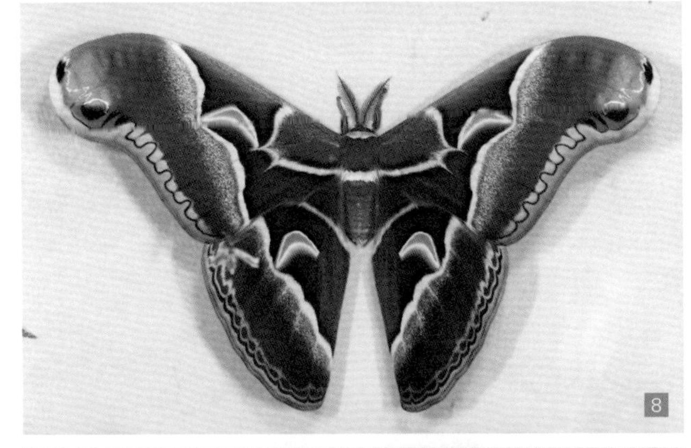

1. 华尾大蚕蛾台湾亚种（雄）
2. 华尾大蚕蛾台湾亚种（雌）
3. 交配中的王氏樗蚕蛾
4. 皇蛾
5. 绿尾大蚕蛾台湾亚种
6. 红目大蚕蛾
7. 长尾大蚕蛾雄蛾
8. 角斑樗蚕蛾
9. 大尾大蚕蛾
10. 台湾豹大蚕蛾
11. 长尾大蚕蛾（雌）

天蛾科 Sphingidae

成虫前翅狭长、后翅相对小，停栖时前翅平展向后斜摆与躯体呈“箭头型”，外观犹如三角形的战斗机。具有快速且优良的飞行技巧，英文中以“鹰”——hawk moths来形容天蛾。天蛾的口器发达，大部分种类口器长度超过体长。成虫以夜行性为主，日行性的种类如长喙天蛾属*Macroglossum*常于日间访花，并具有空中定点飞行能力而被误认为是蜂鸟，又称蜂鸟鹰蛾。一年多代，幼虫圆筒形且第8腹节背面具有尾突犹如“天线”一般，英文称hornworms，化蛹于地表枝叶或土壤中。全世界约有1600种，《中国动物志》记载我国有187种，不考虑分类争议者最新统计至少有270种。

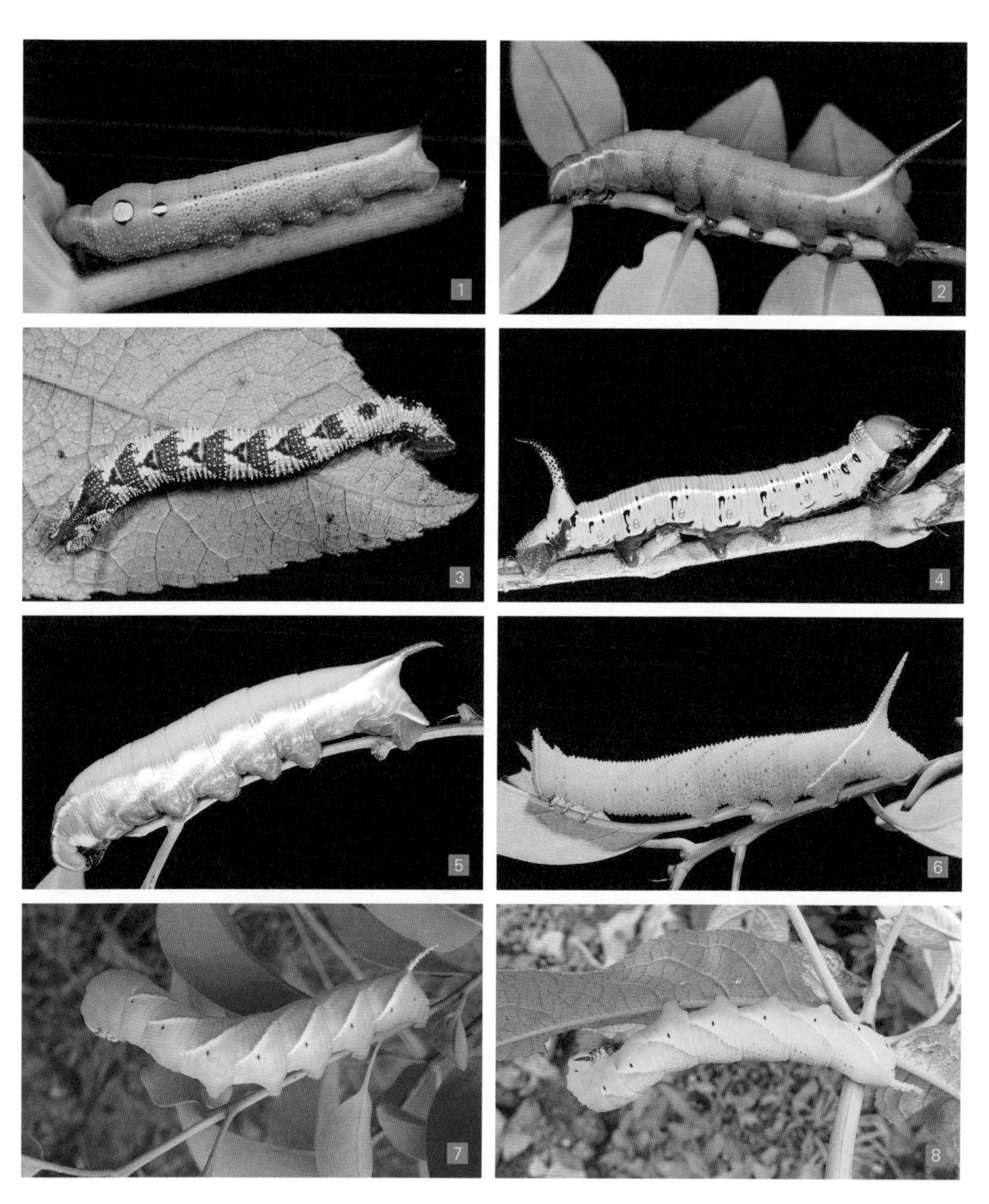

1. 斜纹天蛾幼虫
2. 膝带长喙天蛾幼虫
3. 枫天蛾幼虫
4. 咖啡透翅天蛾幼虫
5. 井上氏绒毛天蛾幼虫
6. 栎六点天蛾幼虫
7. 丁香天蛾幼虫
8. 鬼脸天蛾幼虫
9. 豆天蛾幼虫
10. 鬼脸天蛾幼虫（黄色型）
11. 长喙天蛾访花
12. 丁香天蛾停于树干有良好的伪装色彩

1. 枫天蛾
2. 团角锤天蛾
3. 曲线蓝目天蛾
4. 斜绿天蛾
5. 鬼脸天蛾
6. 盾天蛾
7. 裂斑鹰翅天蛾

凤蛾科 Epicopeiidae 

成虫停栖呈“平展型”，本科成员虽然种类少，却存在着极有趣的进化生物学现象，是一群拟态（见蛾的习性）多种有毒蝴蝶和有毒蛾类的昆虫，不同属的成员拟态的对象不同，包括麝凤蝶 *Atrophaneura*、艳粉蝶 *Delias*、绢粉蝶 *Aporia*、豹尺蛾 *Dysphania*、蚬蝶 *Stiboges* 等。成虫日行性，且习性隐秘在野外，罕见。幼虫体表披覆有发达的白色蜡粉。本科成员只产于东北亚和东南亚，全世界仅有 10 属 26 种，我国已知约有 20 种。

1. 松村氏浅翅凤蛾幼虫体表多披蜡质
2. 浅翅凤蛾
3. 吸粪中的蚬蝶凤蛾
4. 榆凤蛾
5. 后翅白斑发达的浅翅凤蛾
6. 松村氏浅翅凤蛾

燕蛾科 Uraniidae

成虫停栖呈“平展型”，双尾蛾亚科成员则后翅紧贴腹部两侧而呈“T”字型。本科于热带地区有较高的多样性，大多为中小型蛾类，大型种类中的太阳蛾*Chrysiridia rhipheus*，因具有鲜艳色彩而极具盛名(见趣味蛾类)。本科成员多为一年多代，夜行性并趋光，少数日行性如太阳蛾。全世界约有700种。

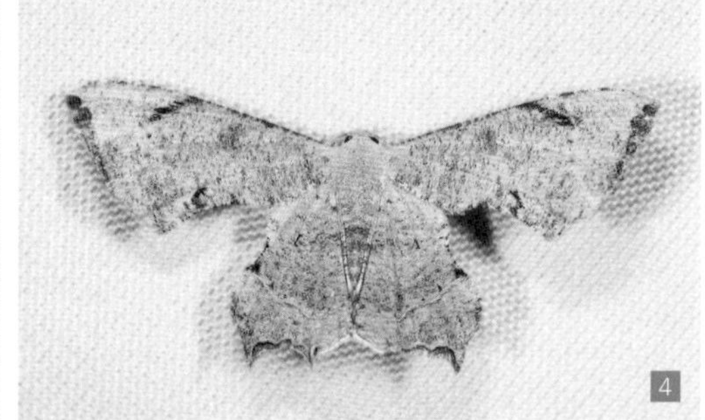

1. L纹双尾蛾
2. 水社寮双尾蛾
3. 黑斑双尾蛾
4. 四点双尾蛾
5. 大燕蛾
6. 阿里山双尾蛾

尺蛾科 Geometridae 

成虫停栖样式多为“平展型”，翅纹变化复杂多样，易于融入环境。幼虫即俗称尺蠖，由于第3－5腹足退化，移动时前方胸足先抵一点，后方第6、第10腹足再向前靠上，如此交替犹如在丈量地表，中国古代以线条状的尺进行测量时动作也如同尺蠖移动，因此中、英文科名“尺”蛾科及“geo-”（地球）及“metir-”（丈量）皆是因此而来。一年多代，少部分一年1代，成虫多夜行性且趋光，也有日行性访花的种类。幼虫体色以绿色、褐色两大常见色调为主，具良好伪装能力。食性相对专一性高，常取食特定科属或种的寄主植物，甚至特定部位，亦有广食性种类。作茧化蛹位置样式多且复杂。全世界约有23000种，我国虽没有正式统计资料，但物种多样性非常高，有超过2000种。

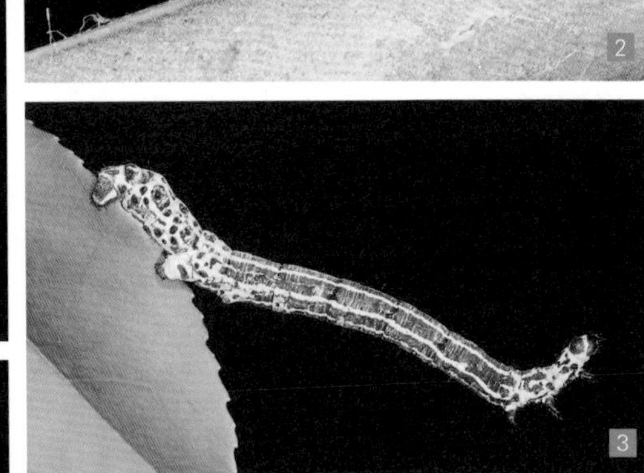

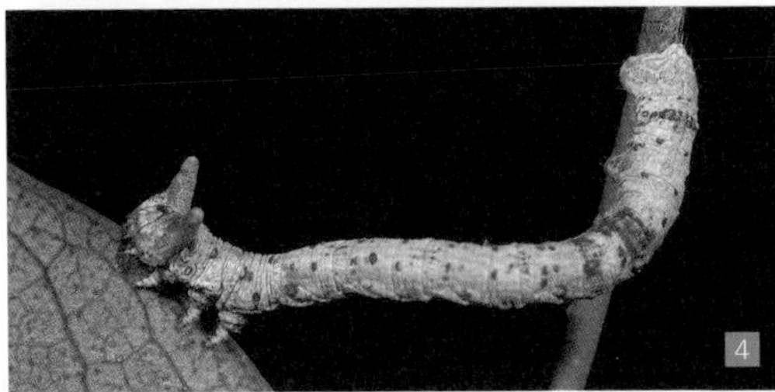

1. 橙带蓝尺蛾幼虫
2. 尺蛾幼虫伪装
3. 豹纹尺蛾属幼虫
4. 黑线黄尺蛾幼虫
5. 灰星尺蛾

1. 黄大齿尺蛾幼虫
2. 白波缘尺蛾幼虫
3. 褐枯尺蛾幼虫
4. 金星尺蛾
5. 木理弭尺蛾
6. 小缺口青尺蛾
7. 金带霓虹尺蛾
8. 璃尺蛾属
9. 青辐射尺蛾
10. 中国枯叶尺蛾
11. 阿里山绒波尺蛾
12. 豹纹尺蛾
13. 川匀点尺蛾
14. 中国虎尺蛾

8
9
10
11
12
13
14

舟蛾科 Notodontidae

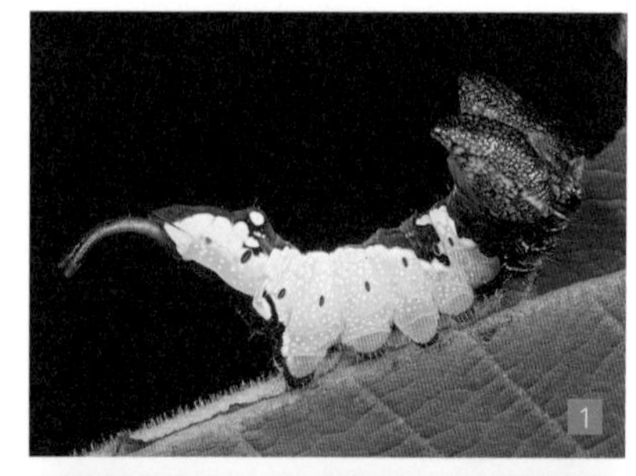

成虫停栖样式常呈“屋脊状”。幼虫停栖时常头尾翘起，以腹部腹足抓握栖息于枝叶上，外观如“舟”而得名。成虫外观近似夜蛾，触角通常雌雄相异，雄虫多为双栉齿状，雌虫为丝状。体色多为暗淡的褐色及灰色调，易于融入环境。本科多为一年多代，夜行性且趋光。舟蛾幼虫头部圆大，不同属的幼虫变化多端，大多体表光滑，少部分全身有长柔毛。有些种类腹部背面有长棘、角状突起或隆起，少部分种类尾足特化成角状或长管状。大多数的幼虫仅利用单一科或属的寄主植物，食性专一。老熟幼虫在地面作茧化蛹或在枝叶间化蛹。全世界约有3800种，《中国动物志》记载我国已知约有516种。

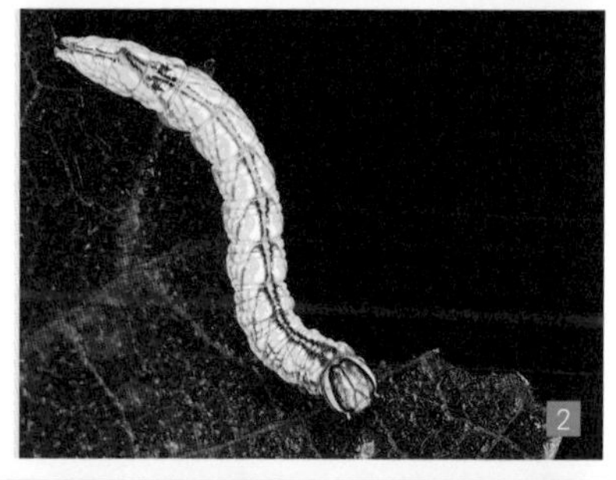

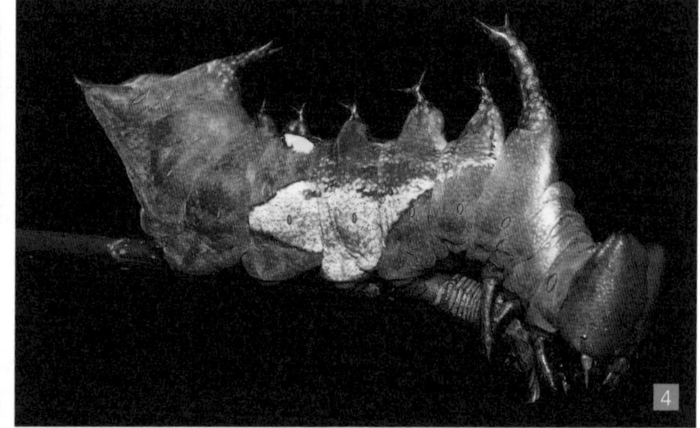

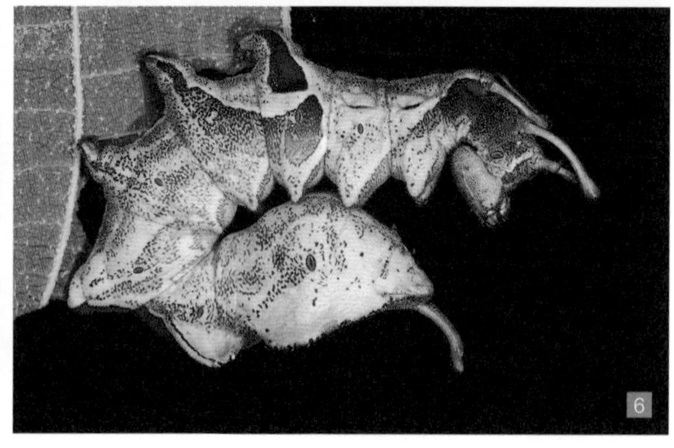

1. 双色舟蛾幼虫
2. 紫线黄舟蛾幼虫
3. 苹掌舟蛾幼虫
4. 栎枝背舟蛾幼虫
5. 灰胯白舟蛾幼虫
6. 龙眼蚁舟蛾幼虫
7. 卵斑娓舟蛾幼虫
8. 皮霭舟蛾幼虫
9. 尖回舟蛾幼虫
10. 黑蕊尾舟蛾
11. 顶斑圆掌舟蛾
12. 锦舟蛾
13. 日本银斑舟蛾
14. 双色舟蛾
15. 梭舟蛾
16. 云舟蛾
17. 怪舟蛾属

8
9
10
11
12
13
14
15
16
17

裳蛾科 Erebidae  

成虫躯体多粗壮，触角一般为丝状，翅宽阔，前翅略呈三角形，色彩丰富，停栖样式多为“平展型”或“屋脊型”。自从新的分类处理将传统的灯蛾科、毒蛾科及部分夜蛾科成员置于裳蛾科，本科便成为鳞翅目中种类数最多的一科。由于种类繁多，形态及习性也多样，目前仅在翅脉上有共同的特征，除了少数类群，前翅及后翅的中区属于“四叉脉型”。多为一年多代的种类，成虫夜行性为主且趋光，少部分日行性或晨昏活动，部分有访花或吸食腐果的行为。卵形态多样，一般产于寄主植物上，部分毒蛾亚科及灯蛾亚科的成员会随机产卵于光源附近。除了毒蛾亚科及灯蛾亚科幼虫多密布刚毛，其余以光滑为主。大多数于地面枝叶间化蛹，毒蛾及灯蛾则于隐秘遮蔽物背面作茧化蛹。全世界约有25000种，我国尚未有精确统计但应超过2000种。

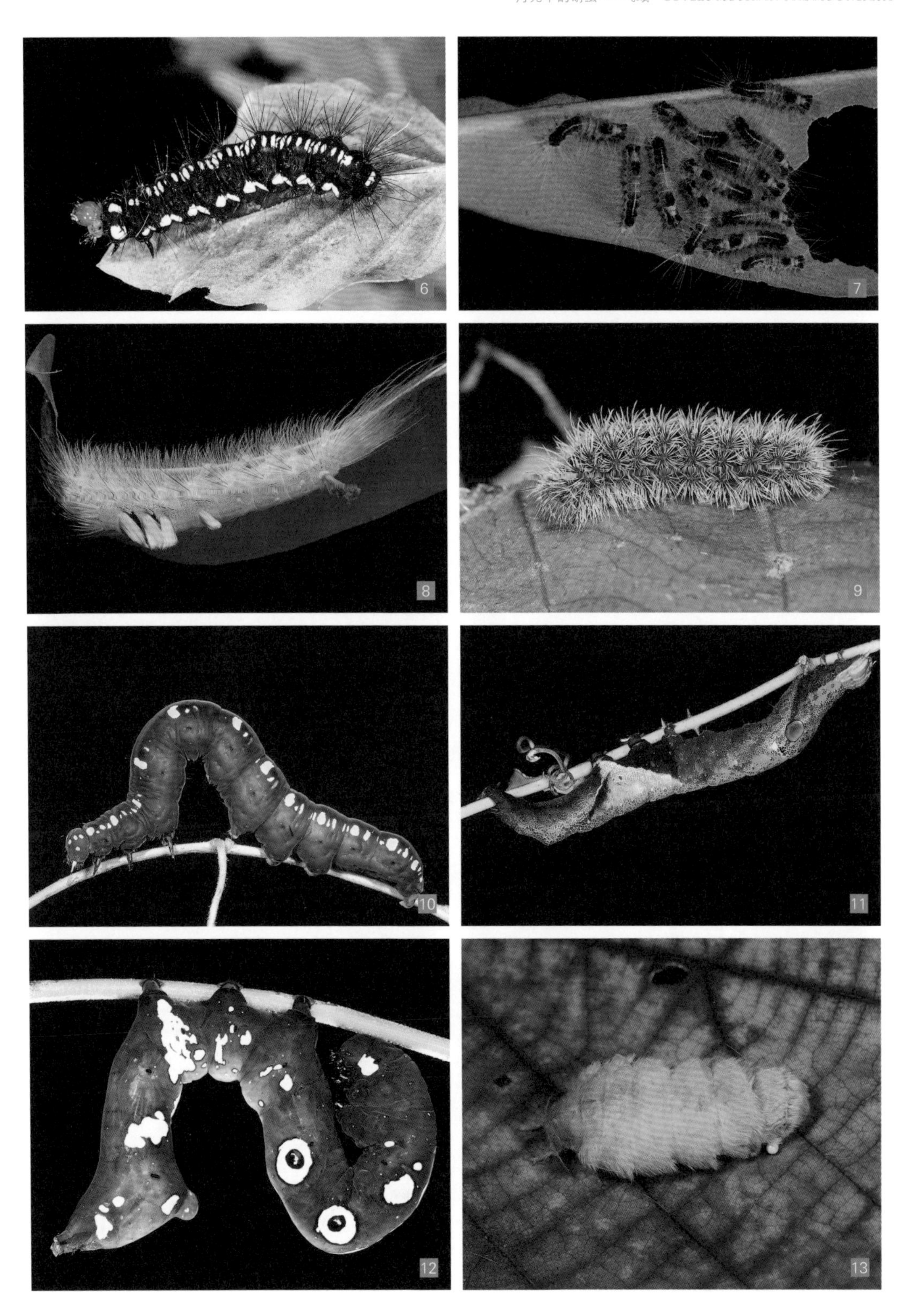

1. 闪光苔蛾幼虫 2. 疖角壶裳蛾幼虫 3. 小白纹毒蛾幼虫 4-5. 长斑拟灯蛾幼虫 6. 粉蝶灯蛾幼虫 7. 菱带黄毒蛾幼虫
8. 褐斑毒蛾幼虫 9. 鹿蛾属幼虫 10. 鸟嘴壶裳蛾幼虫 11. 魔目裳蛾幼虫 12. 镶落叶裳蛾幼虫 13. 小白纹毒蛾雌成虫，翅退化

1. 之美苔蛾
2. 闪光苔蛾
3. 圆端拟灯蛾
4. 巨网灯蛾
5. 毛胫蝶灯蛾
6. 乳白灯蛾
7. 黑翅黄毒蛾
8. 黄带拟叶裳蛾
9. 细纹黄毒蛾
10. 魔目裳蛾
11. 枯叶裳蛾
12. 庸肖毛翅裳蛾
13. 旋目裳蛾
14. 榕透翅毒蛾

8
9
10
11
12
13
14

尾夜蛾科 Euteliidae 

中小型蛾类，停栖时前翅及后翅如折扇般有一定程度的折叠，后翅收于前翅下方，腹部弯曲向上抬起，外观如同干枯皱缩的枝叶且呈“T”字型。某些种类的幼虫外观似鸟粪，有些则有收集枯屑物堆栈于身上伪装的习性。我国已知约有 110 种。

锚纹蛾科 Callidulidae 

成虫停栖时翅膀合拢于背上呈“蝶型”，可通过丝状触角来与体型小的蝶类区分。前翅腹面翅纹复杂，常有明显橘色锚纹或斜带。一年多代，成虫日行性且访花，喜好阴暗潮湿的环境。幼虫以蕨类植物为寄主，并具有造巢的习性。全世界约有 60 种，我国已知约有 4 种。

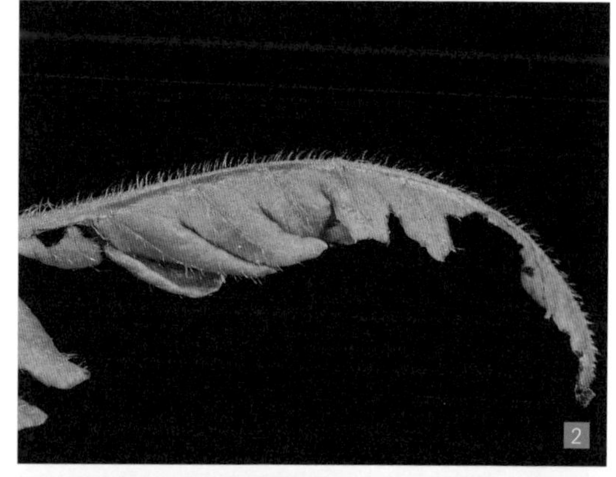

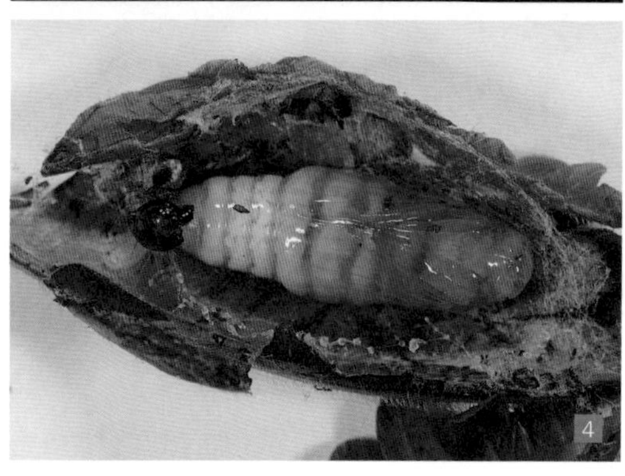

1. 长角殿尾夜蛾
2. 带锚纹蛾的巢
3. 带锚纹蛾幼虫
4. 带锚纹蛾巢内的蛹
5. 带锚纹蛾

瘤蛾科 Nolidae 

成虫体粗壮，前翅略呈四边形，后翅圆阔，停栖样式呈“屋脊型”，翅纹颜色多元，亦有色彩鲜艳的种类。整体外观与夜蛾相似，与夜蛾的差异之一是茧具有一道纵向细缝可供蛹羽化时钻出。瘤蛾的茧概分为二型，一型外观修长呈扁平纺锤状，于枝干、石面作茧，以丝和植物碎屑等构造组成；另一型由致密的丝构成，外观呈军舰状或僧帽状，底部有柄或上端有细长突出物。一年多代为主，成虫夜行性并趋光。幼虫食性专一。全世界约有 1400 种，我国已知约有 370 种。

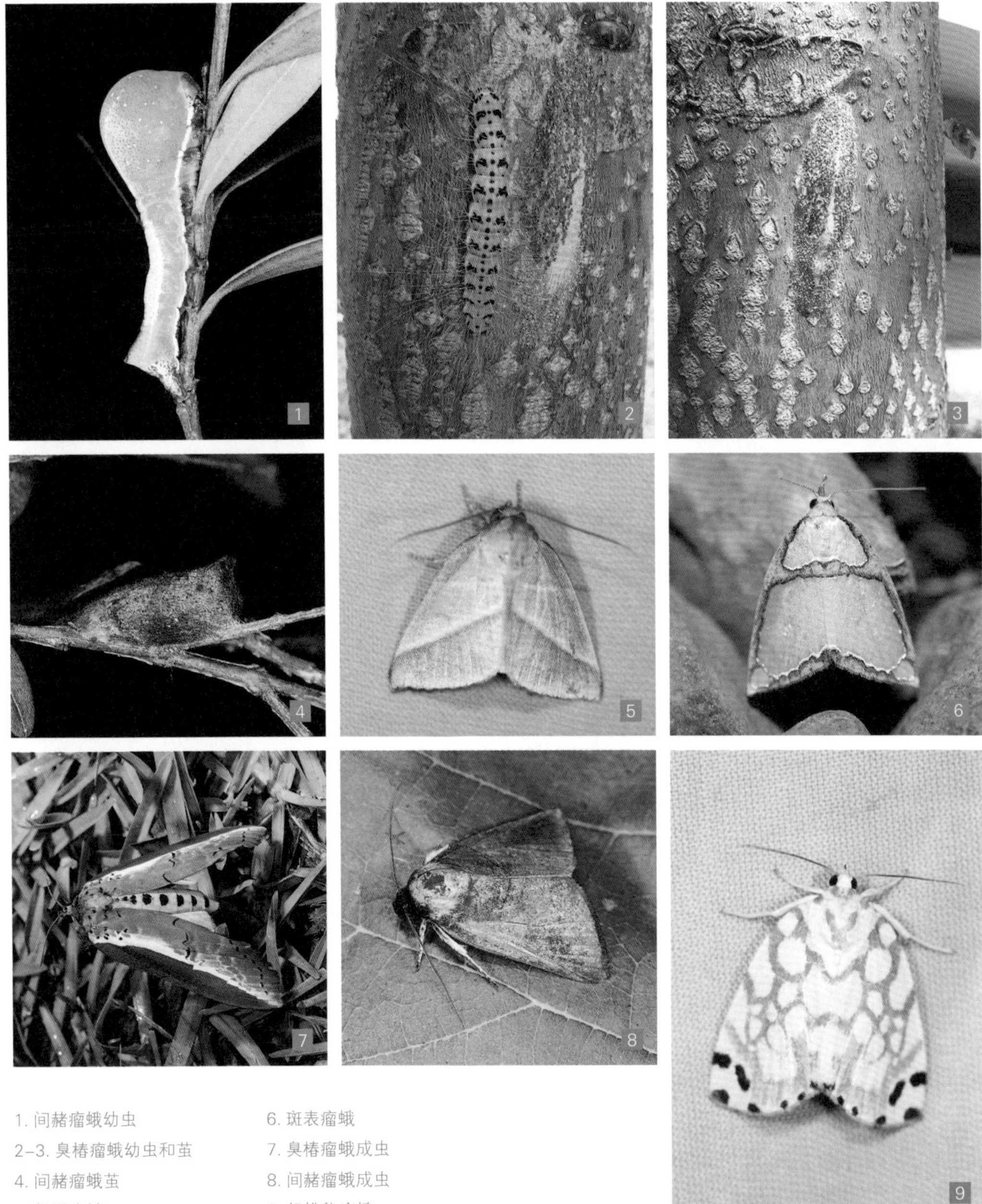

1. 间赭瘤蛾幼虫
2–3. 臭椿瘤蛾幼虫和茧
4. 间赭瘤蛾茧
5. 粉翠瘤蛾
6. 斑表瘤蛾
7. 臭椿瘤蛾成虫
8. 间赭瘤蛾成虫
9. 胡桃豹瘤蛾

夜蛾科 Noctuidae

中型蛾类，体粗壮，触角一般为丝状，体色多为棕色、褐色及黑色等暗淡色调，少部分有鲜艳斑纹，前翅较狭窄略呈长方形，停栖样式多呈“屋脊型”或“平展型”。夜蛾科原是蛾类种类最多的家族，近年分子证据的应用使得传统夜蛾科在分类上有诸多变动，部分种类已移至裳蛾科而使本科种类大幅减少，目前夜蛾总科底下各科及亚科的关系已有初步界定。一年 1 代或多代，一般为夜行性并趋光，日行性或部分夜行性种类会访花。成虫有鼓膜听器，可侦测到蝙蝠的超声波而进行躲避。某些亚科的幼虫腹部仅有 3 对腹足位于第 5、第 6 及第 10 腹节，行走时类似尺蠖。有些夜蛾幼虫食性广泛，取食多种植物的叶、花或果实，甚至危害经济作物，如知名害虫斜纹夜蛾 *Spodoptera litura*。老熟幼虫多于地面枝叶间或钻土作土茧化蛹，少部分于枝叶间作茧。全世界约有 11772 种，我国已知约有 1180 种。

1. 苎麻夜蛾幼虫 2. 斜线关夜蛾幼虫 3. 金弧夜蛾幼虫 4. 中金翅夜蛾幼虫 5. 彩虎蛾属幼虫 6. 五斑虎蛾幼虫 7. 雅夜蛾属 8. 中金翅夜蛾 9. 金掌夜蛾 10. 选彩虎蛾 11. 修虎蛾属 12. 东洋散纹夜蛾 13. 丹日明夜蛾 14. 银灰夜蛾属

菜蛾科 Plutellidae 

中小型蛾类，翅展 0.7 － 5.5 厘米，前翅狭长，缘毛排列呈镰刀状，后翅具有长缘毛，停栖时向躯体后靠拢呈“屋脊型”。成虫夜行性或黄昏活动，幼虫取食寄主植物的叶表面，多以十字花科为主食，著名的农业害虫小菜蛾 *Plutella xylostella* 即为本科成员。全世界约有 100 种，我国已知约有 10 种。

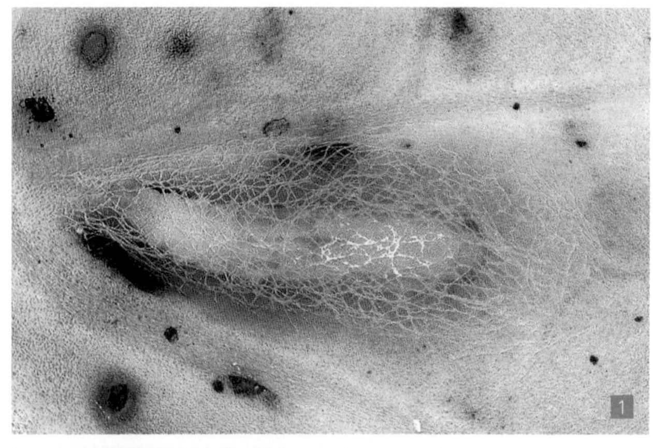

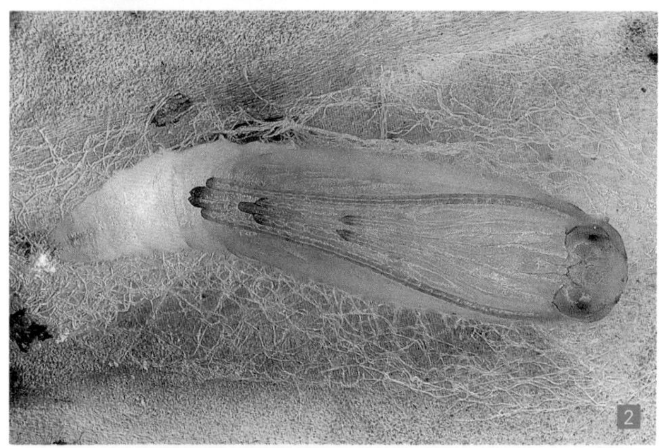

1. 小菜蛾茧
2. 小菜蛾蛹腹面
3. 小菜蛾成虫（侧面）

斑蛾科 Zygaenidae

中小型蛾类，触角为双栉齿状，前翅狭长，后翅较短略呈三角形，常具有鲜艳的斑块和带状纹，停栖时前翅后缘部分交叠覆盖于背面呈“折叠型”。大部分成虫为日行性，具访花习性，少部分种类夜间会趋光。本科成员大多可自行合成氰化物而具有毒性，成虫具有鲜艳的警戒色彩，可免遭天敌攻击。幼虫食性通常专一，躯体短且宽阔，常有明显毛瘤，并着生少数刚毛，有些种类会从毛瘤顶端分泌含有氰化物的毒液。老熟幼虫于叶间作茧化蛹，茧致密，外观多呈扁平长椭圆形。全世界约有1000种，我国已知约有250种。

1. 蓝纹小斑蛾幼虫群聚

2–5. 斑蛾幼虫分泌含有氰化物的毒液

2. 蓬莱茶斑蛾

3–5. 斑蛾幼虫常具有明显毛瘤

1. 铜腹透翅斑蛾幼虫
2. 云南锦斑蛾幼虫
3. 狭翅山龙眼荧斑蛾幼虫
4. 杜鹃斑蛾幼虫
5. 凤斑蛾
6. 豹点锦斑蛾
7. 蓬莱茶斑蛾
8. 茶斑蛾
9. 交配中的杜鹃斑蛾
10. 华西拖尾锦斑蛾
11. 薄翅斑蛾属
12. 鹿斑蛾属

7
8
9
10
11
12

1. 海南禾斑蛾（七黄斑蛾）
2. 赤眉锦斑蛾成虫
3. 黄角红颈斑蛾
4. 狭翅萤斑蛾属
5. 狭翅山龙眼萤斑蛾
6. 星点薄翅锦斑蛾
7. 云南旭锦斑蛾

刺蛾科 Limacodiidae

翅短宽且以暗淡的棕褐色为主，停栖样式呈“屋脊型”，部分种类会斜立或腹部上举。口器退化，雄虫触角多为双栉齿状，雌虫为丝状。幼虫头部与斑蛾幼虫一样，常内缩藏于躯体的前胸下方，原足特化成吸盘状构造，辅以液态的“丝”协助前进。幼虫大多具中空刺毛，并与毒液囊相接，刺毛刺入天敌皮肤时如同针筒般可将毒液注入。部分种类体表无刺毛，对人体无害。刺蛾茧呈圆球状，由丝及草酸钙构成，质地非常坚硬。羽化时蛹从茧一端预留的圆形开口挤出后羽化。英文称 slug moths 或 cup moths，前者形容幼虫外观似蛞蝓，后者形容成虫破茧羽化后茧的圆形开口酷似杯子。全世界约有 1000 种，我国已知约有 235 种。

1. 角斑栗刺蛾为少数无毒刺种类
2. 刺蛾幼虫的头部隐藏于背板下方（圈处）
3–4. 刺蛾幼虫多扁平，如蛞蝓状且移动缓慢而有“蛞蝓蛾”之称
5. 某些小龄期刺蛾幼虫有聚集性

1-2. 某些小龄期刺蛾幼虫有聚集性

3. 刺蛾破茧开口酷似杯子而有“杯蛾”之称

4. 白丽刺蛾

5. 迹斑绿刺蛾

6. 丽星刺蛾

7. 肖媚绿刺蛾

8. 显脉球须刺蛾

透翅蛾科 Sesiidae

停栖时外观呈“蜂型”，外形高度拟态膜翅目的蜂类，包括胡蜂、土蜂、蜜蜂等。前后翅常有大面积的透明窗格，英文称 clearwing moth。成虫日行性，具访花性，但很少见于野外。幼虫食性通常专一，蛀食特定植物的茎干、根或果实，取食行为常造成植物不正常组织增生，是造瘿昆虫的其中一类，由于取食特性容易造成植物生长衰弱或感染其他病而死亡，因此不少种类为农林业害虫。幼虫于植物内部化蛹，蛹常具有剪状构造，羽化前蛹体前半部分钻出植物体，羽化后留下空蛹壳。全世界约有 1300 种，我国已知约有 180 种。

1. 三叉斗透翅蛾
2. 帕透翅蛾
3. 金蜂透翅蛾
4. 交配中的金蜂透翅蛾
5. 葡萄透翅蛾属
6. 异透翅蛾属
7. 亦透翅蛾属

蝠蛾科 Hepialidae

成虫飞行能力强，常出现后又如同幽灵般迅速消失，英文称之为 swift moths 或 ghost moths。蝠蛾科在小鳞翅类中是相对原始的类群，因缺乏口器与翅刺、前后翅脉相一致、不具有导精管进行精子引导等特征而与大多数小鳞翅类不同。由于体型变化大，翅展从不足 1 厘米至 25 厘米都有，有时被当做大鳞翅类的“荣誉成员”看待。具有雌雄二型性，雄虫体型较小，喜于晨昏活动，具有聚集成求偶场 (lek) 的行为，雄性会散发出性外激素吸引雌性前来以达到交配的目的。雌虫产卵时是在飞行中直接批量撒卵，有些种类产卵数高达 29000 个。幼虫习性多样，吐丝在各种基质上制成通道，有些种类取食叶屑、真菌、苔藓、腐烂植物、蕨类和种子植物等，有些于地底蛀根或钻茎干蛀食。著名中药“冬虫夏草”便是蝠蛾幼虫被虫草属真菌寄生死后，虫尸与真菌子座的综合体。全世界约有 500 种，我国已知约有 85 种。

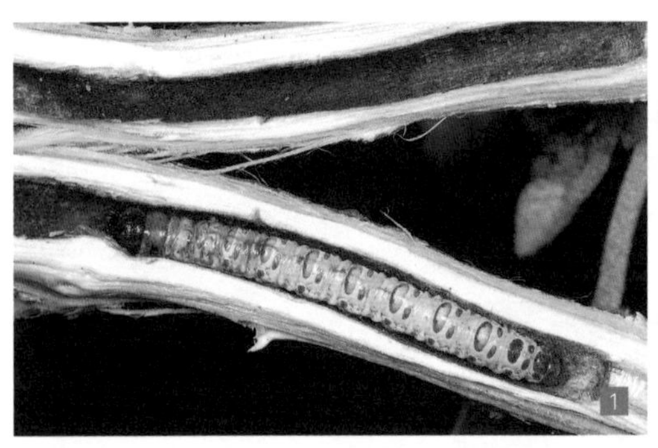

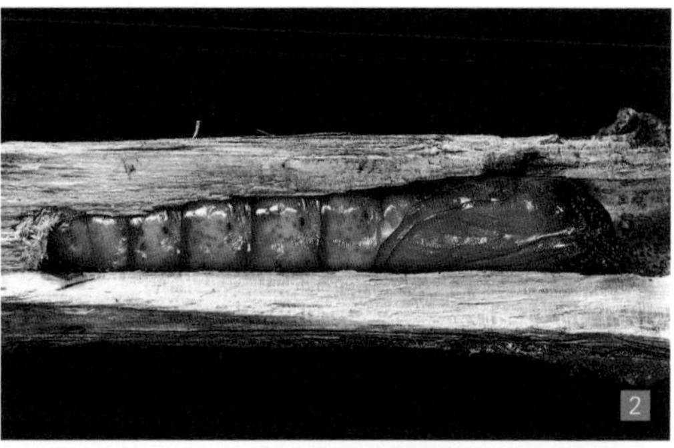

1. 中华蝠蛾幼虫
2. 中华蝠蛾蛹
3. 中华蝠蛾
4. 交配中的蝠蛾属成虫，雌性个体明显大于雄性

螟蛾科 Pyralidae

小型蛾类，翅狭长略呈三角形，停栖时翅膀平展呈“斜立型”或“屋脊型”，种类繁多且外观多元，触角为丝状，腹部具有鼓膜听器。成虫夜行性且趋光，部分种类有访花行为。本科成员幼虫为专食性或广食性，取食寄主植物叶片、茎或果实，亦有以谷类干粮为食的种类，常被视为农业害虫。幼虫体型修长，具有吐丝缀叶做虫巢的习性，老熟幼虫于地表枝叶或寄主植物上化蛹。全世界约有 6000 种。

1. 白带网丛螟
2. 金双斑螟蛾
3. 柞褐叶螟
4. 朱硕螟
5. 短须螟
6. 黑脉厚须螟

草螟科 Crambidae 

中小型蛾类，停栖时翅膀平展呈“斜立型”，在旧的分类系统中被置于螟蛾科底下的一个亚科，但两者的听器结构不同：草螟腹部听器的结膜与鼓膜不在同一平面，螟蛾则在同一平面；草螟两膜之间有骨状构造，螟蛾则无；加上两者幼虫第8腹节毛列的样式不同，因而从螟蛾科独立出来成科。幼虫多为专食性种类，取食寄主植物叶片、茎或果实，有些种类为知名农业害虫，如二化螟、黄野螟。全世界有10000种以上。

7

8

9

10

11

12

13

1. 虎纹蛀野螟
2. 黑缘暗野螟蛾
3. 桃蛀野螟蛾
4. 四斑绢野螟
5. 水螟蛾属
6. 白斑翅野螟蛾
7. 棉卷叶野螟
8. 白纱野螟蛾
9. 连斑水螟蛾
10. 纹野螟
11. 黄黑纹野螟蛾
12. 双点绢野螟蛾
13. 水螟蛾属
14. 黄野螟蛾

14

网蛾科 Thyrididae

小型蛾类，停栖时翅膀呈“平展型”，体色多为暗淡的褐色系，少数种类有鲜艳外观，翅纹多呈网状而得名，此外部分种类翅膀具有透明窗格，亦有“窗蛾”之称。一年多代，部分种类夜行性且趋光，亦有少数日行性的种类。幼虫多呈红、黄、白半透明状，常啃食寄主植物叶缘并吐丝缀叶做漏斗状虫巢，食性通常专一，老熟幼虫于巢内化蛹。全世界约有600种，我国已知约有70种。

1–3. 铃木窗蛾叶巢和幼虫
4. 红蝉窗蛾幼虫
5. 红蝉窗蛾成虫（雌）
6. 金盏窗蛾
7. 铃木窗蛾
8. 杉谷窗蛾

卷蛾科 Tortricidae 

小型蛾类，翅展小于3厘米，前翅狭长略呈长方形，典型的停栖样式为两翅后向交叠呈“折叠型”，并且包覆躯体呈圆弧轮廓，体色多为暗淡且斑驳的褐色调，但某些日行性种类具有鲜明的色彩。本科成员又称卷叶蛾，常见的卷蛾亚科成员幼虫会将寄主植物叶片卷起造巢，尚有其他亚科成员幼虫主要蛀食茎、根、花苞及种子，有许多成员都是著名的农业经济害虫，例如苹果蠹蛾*Cydia pomonella*、云杉卷叶蛾*Choristoneura* spp.、东方果蛾(梨小食心虫)*Grapholita molesta*、欧洲葡萄藤蛾*Lobesia botrana*等。全世界超过10350种。

1. 白衬裳卷叶蛾
2. 小黄卷叶蛾
3. 勐同卷叶蛾
4. 焰驼蛾幼虫
5. 焰驼蛾

驼蛾科 Hyblaeidae 

中小型蛾类，成虫体壮硕，触角为丝状，前翅狭窄略呈长方形，停栖时呈扁平“屋脊型”。本科成种为一年多代，日行性并有访花行为。幼虫有在寄主植物叶片上筑巢的习性。全世界仅有 18 种，我国已知约有 4 种。

舞蛾科 Choreutidae

停栖时前翅呈“平展型”，后翅隐藏于前翅下，前翅外缘会向上掀起，并伴随旋转晃动等动作，因此亦称“舞蛾”，翅膀常有鲜艳斑纹，部分种类因具有金属光泽而被称 metalmark moth。一年多代，成虫多为日行性，有访花行为。幼虫食性专一，具有吐丝覆盖一部分寄主植物叶表面做巢的习性，并于巢内取食叶片。全世界约有 400 种。

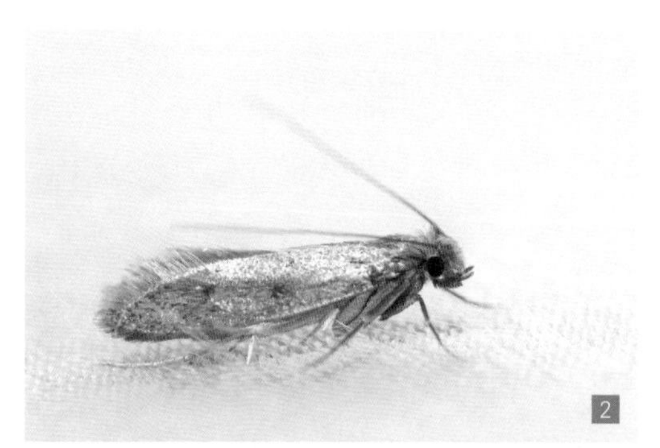

谷蛾科 Tineidae

小型蛾类，停栖样式呈“屋脊型”，大多数成员的幼虫有着特殊的取食习性，包括吃真菌、地衣或其他生物体脱落或死亡的碎屑及有机物，如皮毛、毛发、鸟羽、骨骸、角质蛋白、龟壳、枯枝落叶等，仅极少数取食活体植物。最为常见的居家害虫衣蛾 *Tinea pellionella* 即是本科成员，其幼虫主要取食动物性毛，以收集有机碎屑。全世界约超过 3000 种，我国已知约有 100 种。

1. 基纹桑舞蛾
2. 衣蛾
3. 印度毛胫蕈蛾

羽蛾科 Pterophoridae

小型蛾类，停栖时前后翅重叠与躯体呈"T"字型，由于身体小而纤细，足细长且后足紧贴腹部两侧或微上举，乍看似蚊虫，因而亦称为"蚊型"。大部分种类翅膀具有深裂，前翅通常深裂成二小羽支，后翅则多为三羽支，羽支边密布缘毛，外观如同羽毛般，因此也被称为"鸟羽蛾"。成虫日行性，会访花，夜间偶尔趋光。幼虫常为专食性，取食寄主植物叶片或茎等特定部位，部分种类会钻茎造瘿。全世界约有1190种，我国已知约有140种。

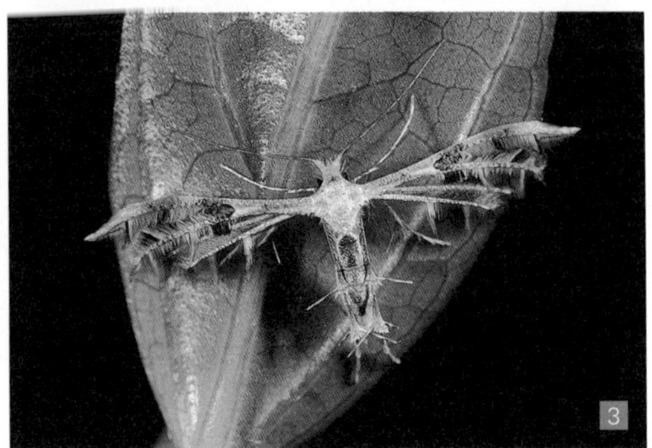

细蛾科 Gracillariidae

小型蛾类，成虫体细小，最小的前翅仅0. 2厘米，大多数不超过1厘米，身体及翅皆纤细，停栖时大多将头抬起呈"斜立型"。成虫的鉴定必须解剖比对生殖器，翅纹外观通常仅供初步鉴定。一年多代为主，多为日行性，有时夜间亦会趋光。幼虫食性通常专一，大多为潜叶性，亦有做虫巢、造瘿、蛀果的种类。潜叶种类钻食叶片所留下的食痕会因种类而有差异，有时是属级鉴定参考，或呈地图状、迷宫状、块状。老熟幼虫常离开取食部位作茧化蛹，茧多呈椭圆盘状，中央蛹体位置稍隆起。全世界约有1800种，我国已知约有100种。

1. 鸟羽蛾科的白纹黄展足鸟羽蛾 2. 甘薯白鸟羽蛾 3. 杨桃鸟羽蛾 4. 肉桂突细蛾食痕 5. 肉桂突细蛾幼虫 6. 茶细蛾

麦蛾总科 Gelechioidea 

麦蛾总科是一个包括麦蛾科与其近缘小蛾类在内约 16 个科群的总称，一般翅狭长呈长方形，停栖时呈“屋脊型”，几乎所有成虫口器都有发达上扬的下唇须，先端呈尖状并且弯曲，如同一对弯角，因此有 curved-horn moths 之称。整个总科全世界约有 16250 种。

麦蛾科 Gelechiidae 成员具有细长丝状触角，触角摆动如同指挥棒一般，因此有 twirler moths 之称，许多种类幼虫会钻入寄主植物不同部位内部取食，甚至造瘿，由于数量丰富且繁殖力强，因此常成为农业害虫。全世界超过 4500 种。

织蛾科 Oecophoridae 成员幼虫复杂多样，有些取食死掉的植物，在生态上扮演着促进养分循环的重要角色，也有取食人类储存的谷物而成为害虫，有些种类则被引入作为入侵植物的生物防治。全世界约有 3308 种，我国约有 300 种。

草蛾科 Ethmiidae 有些分类处理将本科视为织蛾科底下的一个亚科，成虫停栖时两翅常沿躯体向后包覆呈圆筒状，全世界约 300 种，我国约有 10 种。

展足蛾科 Stathmopodidae 本科成员停栖时两翅向后沿躯体靠合，后足特别长，使用前足向前、中足向后的方式站立，并将后足往两侧平展不着地。全世界约有 408 种。

1. 织蛾科银纹橘织蛾属
2. 长足大织蛾
3. 黑肩展足蛾
4. 激纹展足蛾成虫
5. 点带织蛾

蠹蛾科 Cossidae 

多为大型蛾类，翅展 9 － 24 厘米，体色大多为灰色调，前翅狭长而窄，停栖时呈“屋脊型”或将翅交叠包覆躯体，配合体色斑纹如同断裂的树枝。大多数的幼虫蛀食树干，一年多代、一年 1 代甚至有三年 1 代的种类。老熟幼虫化蛹于蛀食的树干通道内。美洲著名树木害虫 Carpenterworm moth（*Prionoxystus robiniae*）、澳洲知名的食用昆虫 Witchetty grubs（*Endoxyla leucomochla*）、西班牙作为宠物饲料的奶油虫 Chilean moth (*Chilecomadia moorei*) 都是本科成员。全世界约有 700 种，我国已知约有 65 种。

1. 多斑豹蠹蛾幼虫
2. 多斑豹蠹蛾幼蛹
3. 白背斑蠹蛾
4. 多斑豹蠹蛾

蓑蛾科 Psychidae

本科幼虫具有吐丝将一些植物枯枝叶、树皮、地衣、砂土石碎屑片等制成一个袋状虫巢的习性，幼虫无论觅食或移动皆带着虫巢行动，又称“避债蛾”，英文称bagworms或bagmoths，幼虫化蛹于巢内，雄成虫飞行能力强，触角短呈羽状，口器退化，许多种类的雌虫翅退化，羽化后于巢内等待雄虫前来交配，并产卵于巢内。全世界约有1350种。

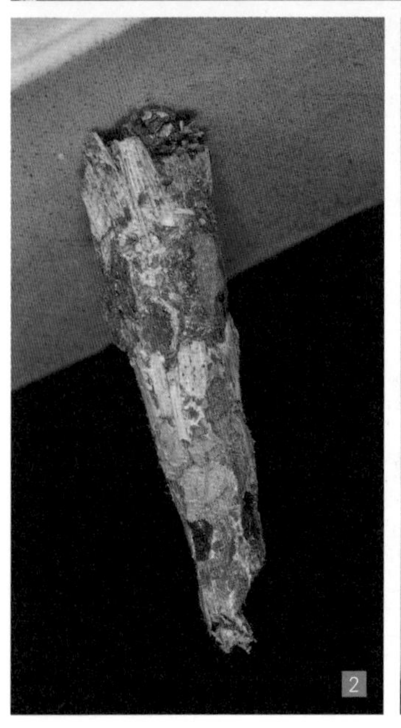

1. 蓑蛾 1 龄幼虫借由垂丝靠风摇摆扩散
2. 蓑蛾幼虫将枯枝叶织成巢
3. 趋光的雄性蓑蛾成虫
4. 细白带长角蛾（雄）
5. 细白带长角蛾（雌）
6. 直带长角蛾

长角蛾科 Adelidae 

小型蛾类，雄虫触角相当长，几乎是前翅长的 1 － 3 倍，因此英文名为 fairy longhorn moths。大多数种类翅纹具有金属光泽，日行性，成虫有时会绕着枝条顶端进行波浪状起伏的飞行行为，具有访花取蜜的习性。幼虫食性非常专一，通常取食特定种寄主植物，幼虫咬切叶片筑成袋状虫巢，并于地面巢内完成幼虫期并化蛹。全世界约有 294 种。

4

5

6

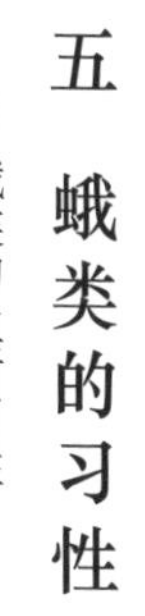

五 蛾类的习性

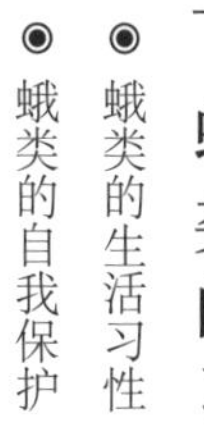

◉ 蛾类的生活习性

◉ 蛾类的自我保护

蛾类的生活习性

蛾类成虫在年周期的活动情况会因生活史长短而异，有些种类完成一个周期最短时间是1个月，常常世代重叠而全年可见，有些一年2代或一年1代，成虫只在特定的季节活动。有些特殊案例如贝壳杉蛾*Agathiphaga queenslandensis*，在环境条件特殊的情况下幼虫发育延滞可长达12年，而目前文献正式记载生活史最长者为一种取食剑兰的丝兰蛾*Prodoxus y-inversus*，其幼虫发育延滞可达30年。在日活动周期方面，日行性蛾类如斑蛾科、夜蛾科虎蛾亚科、锚纹蛾科、透翅蛾科等，而访花行为与日、夜行性并无绝对相关，有许多天蛾有夜间访花的习性。晨昏性的蛾例如蝠蛾科；大部分蛾类是夜行性，夜行性的蛾也有不同的活动高峰，有些上半夜便很活跃如各种夜行性天蛾，有些则偏好下半夜，例如藏珠大蚕蛾台湾亚种。

蛾类自古以来最为人所熟知的习性，当数成语中的飞蛾扑火，即所谓夜行性昆虫的趋光性。昆虫进化出具有趋光性的习性，在过去传统理论上普遍认为是源自昆虫会受月亮吸引而往较高处飞；目前最广为实验认证的理论则是源自昆虫利用月亮或星星作为导航参考，昆虫只要调整两条线：①飞往特定目的地的飞行线路；②光源到复眼之间的线。两者之间的夹角维持固定不变，就可以直线飞行(最短移动距离)到达目的地，原理是由于月亮或星辰光源在外层空间，相比地球上的一段距离是在无限远处，因此昆虫在飞行线路的不同点与光源的连线，都近乎平行线，因此只要一直保持两线的角度固定便可不偏不倚到达目的地。然而，相较于月亮、星辰，人造光源并非在无穷远处，而是相对非常近且光线呈辐射状散发，昆虫飞行时以人造光源当导航依据，必须往光源偏转才能保持两线夹角维持固定，因此逐渐飞向人造光源。细看飞蛾从远方飞向人造光源，可能受到风阻干扰或自身逃离反应等其他因素，飞行路线其实并非完美的几何曲线；当飞蛾飞近人造光源时，也常常受到另一个飞行动物常有的背光作用影响：保持光源在背上方，因而有急下降逼近冲向光源的动作。

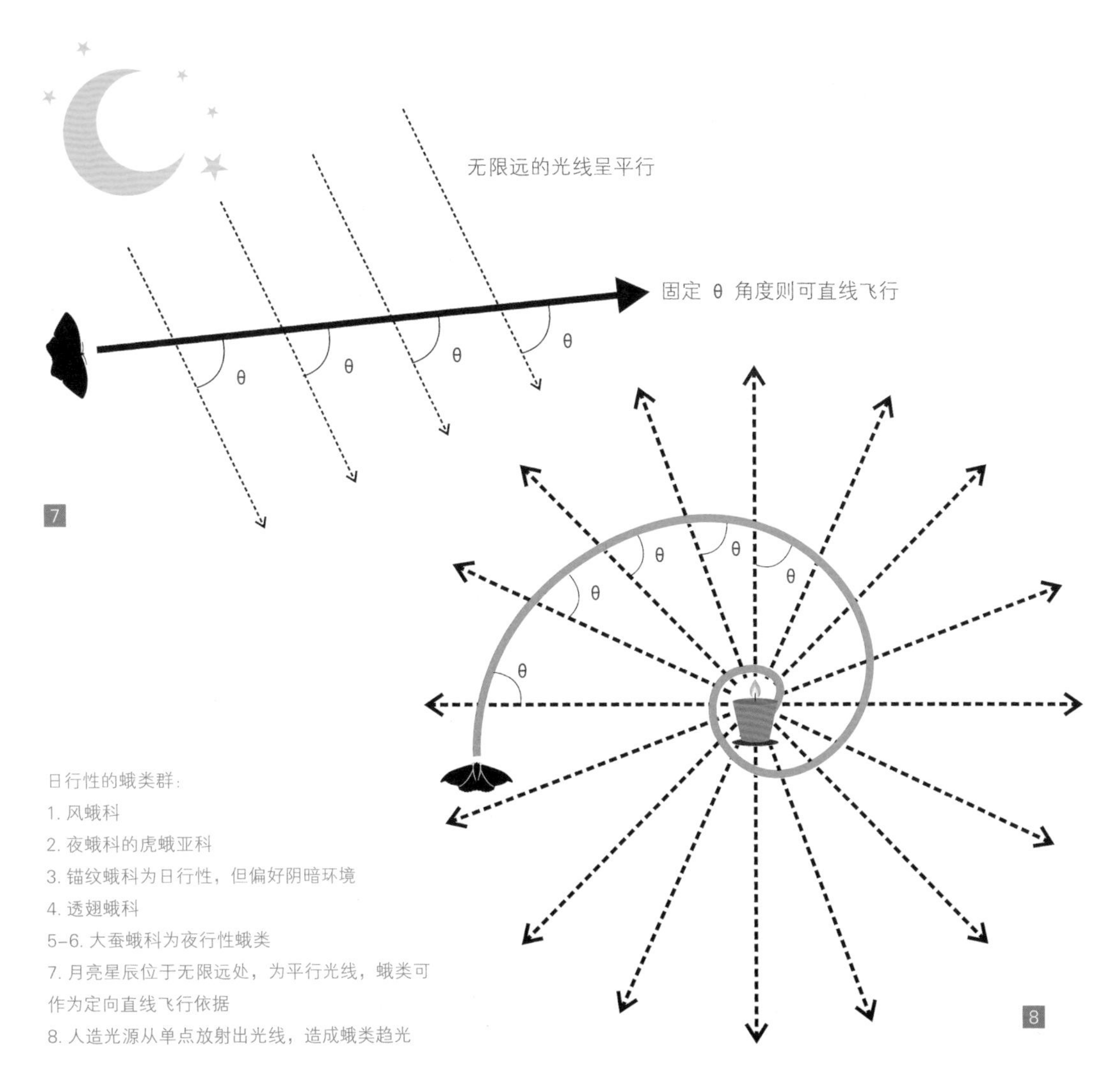

日行性的蛾类群：

1. 风蛾科
2. 夜蛾科的虎蛾亚科
3. 锚纹蛾科为日行性，但偏好阴暗环境
4. 透翅蛾科

5-6. 大蚕蛾科为夜行性蛾类

7. 月亮星辰位于无限远处，为平行光线，蛾类可作为定向直线飞行依据
8. 人造光源从单点放射出光线，造成蛾类趋光

整体来看，飞蛾扑火是趋光性造成，但细节路线中涉及风干扰、逃离效应以及背光作用等复杂作用；另外，并非所有夜行性蛾类都有趋光性，而且趋光的强度也因种类、光源、性别甚至个体年龄而异。正常来说雄虫趋光性较雌虫强，甚至有些种类灯诱时从未见雌虫趋光前来，例如小窗蚕蛾；而夜行性天蛾刚羽化的个体容易趋光，而熟悉外围环境领域的老熟个体在夜间觅食访花便不易受灯光诱集，因此灯诱上布幕的天蛾常是翅膀和鳞粉没有破损的新鲜个体。

1

2

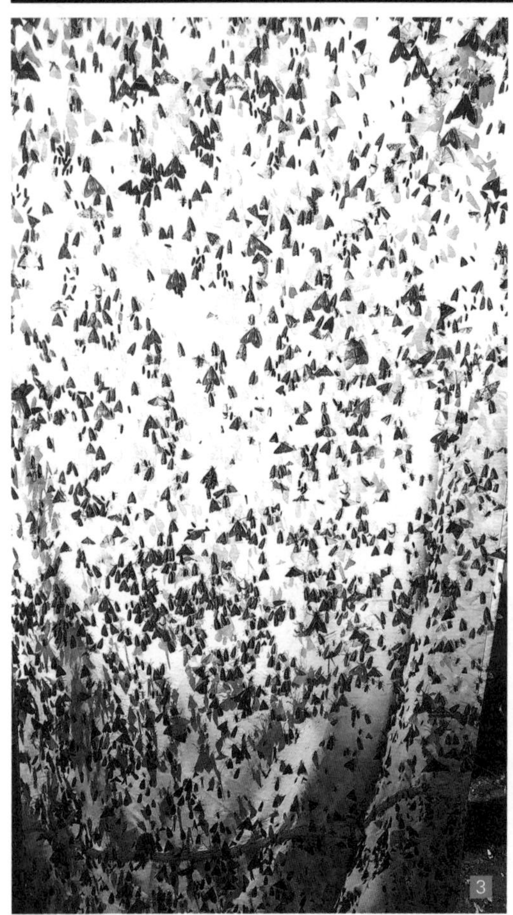

3

4

蛾类的自我保护

蛾类在生活史周期的不同阶段，都会遇到不同的天敌压力（蛾类天敌详见蛾类与环境的关系），经过漫长的进化史发展出许多不同的自我保护策略，本文将蛾类的天敌防御方式归纳为五大策略。（请注意：区分防御方式属于哪种策略，并不代表各种策略互相排斥，有些防御方式融合了不同的防御策略。）

物理防御（physical defences）

卵期

坚硬卵壳本身就是良好的物理防御方式。有些避债蛾雌虫羽化后没有翅，在巢中产卵并死去，鸟类吃了雌蛾和卵之后，卵可以安全通过鸟的消化道，排出后才孵化并借此传播。部分枯叶蛾及黄蚕蛾、桑螨在产卵后分泌黏性物质并将腹部的毛覆在卵上，具有保护和伪装的功能。有些雌蛾产下层层互相堆积的卵，部分卵粒所在位置可能不易被卵寄生蜂所寄生。有些螟蛾和刺蛾的卵扁平且覆盖有半透明胶状物，容易隐藏于反光的叶表面。甚至某些尺蛾将卵产在蜘蛛网上，利用蜘蛛来保护取食或寄生卵粒的天敌。有些斑蛾将卵产在树皮缝隙使卵获得保护。

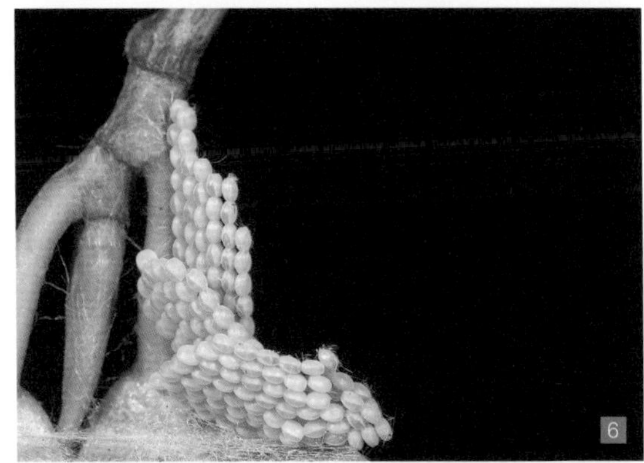

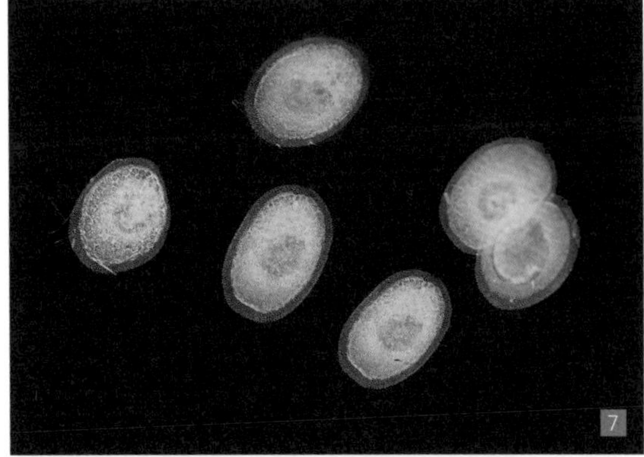

1–4. 灯诱昆虫

5. 桑螨在产卵后分泌黏性物质并将腹部的毛覆在卵上

6. 互相堆栈的卵有利于部分卵粒不易被卵寄生蜂所寄生

7. 刺蛾的卵扁平且覆盖有半透明胶状物，容易隐藏于反光的叶表面

8. 斑蛾将卵产在树皮缝中

幼虫期

幼虫的物理防御方式多样性很高，包括身上各式构造与各种行为。

让民众普遍害怕的毛毛虫身上的刚毛，其实 90% 以上是属于物理性防御的毛，短刚毛本身没毒性，但若是刺入人的皮肤断裂的小刺容易造成部分人过敏反应。有些具有长软刚毛的毛虫遇到天敌时，毛虫会从高处掉落卷起身体，有缓冲的效果；闪光苔蛾幼虫的长毛被鸟或蜥蜴咬了容易断落，犹如人们吃到饭菜里的头发，天敌满嘴的长毛也会导致口感不佳，处理的同时也就替毛虫争取到逃跑的时间。另一类像尾舟蛾幼虫的硬棘，若配合甩动挣扎则容易刺入天敌的皮肤或眼睛，入口后若卡在喉咙也如同人被鱼刺哽喉一般难受。除了刚毛，有些幼虫身上布满了蜡，可以降低天敌取食口感而达到自我保护的目的。

请读者注意，即便 90% 以上毛虫的毛属于物理防御，在没有专业知识训练及专业人员陪同的情况，强烈建议一般民众不要零距离接触。

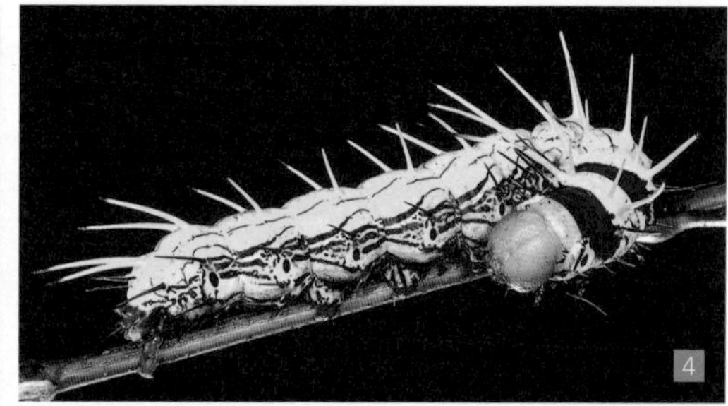

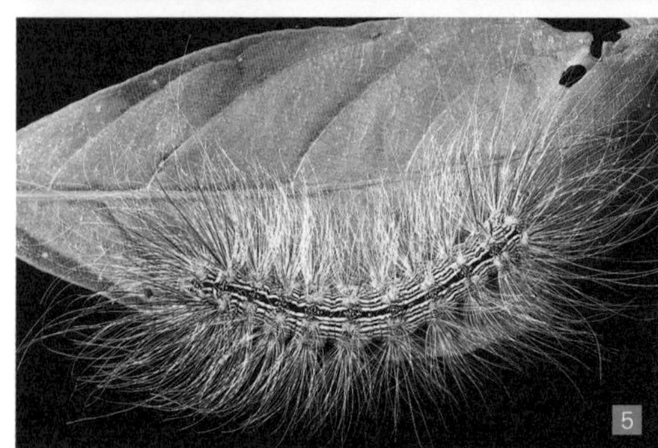

1. 具有短刚毛的灯蛾幼虫有时扎到皮肤仍会产生不适感
2–3. 具有长软刚毛的毛虫遇到天敌时，毛虫会从高处掉落卷起身体，有缓冲的效果
4. 著尾蕊舟蛾幼虫的硬棘无毒，但扎到皮肤仍会造成刺痛
5. 闪光苔蛾幼虫的长毛容易受攻击后脱落
6. 凤蛾幼虫身上布满了蜡以降低天敌的取食口感

许多幼虫通过一些行为进行物理防御。甩头、啃咬、扭动甚至抖动或剧烈震动是幼虫受扰时常见的基本反应，如魔目夜蛾幼虫会以大颚攻击侵犯者，苎麻夜蛾受严重干扰时则会持续甩头震动身体让整个停栖的枝条晃动。卷蛾幼虫遇干扰时会快速剧烈扭曲，甚至弹跳逃避。蚁舟蛾较老熟的幼虫遇到惊扰时，会将胸部向上立起并开合展示及抖动细长的胸足。另一个最常见的是人们口中所谓的“吊死鬼”毛虫，许多毛虫都有这种垂丝行为，突遇干扰时会拉一根丝从枝条上垂落而悬空，使天敌当下不易接近而放弃觅食，幼虫则慢慢爬回枝条，这种行为尺蛾科幼虫尤为常见。

1. 魔目裳蛾幼虫会以大颚攻击侵犯者
2. 苎麻夜蛾受严重干扰时则会持续甩头震动身体
3-4. 蚁舟蛾属老熟的幼虫遇到惊扰时，会将胸部向上立起并开合展示及抖动细长的胸足
5-6. “吊死鬼”即指毛虫受到惊扰后垂丝降落，示例为污灯蛾

有些幼虫善于利用外在环境的物体进行躲藏行为，例如茄苳尾夜蛾、瘤蛾以枯枝叶、旧头壳或粪便堆在身上作为装饰；另一种常见的躲藏方式则是造巢行为，鳞翅目许多类群的幼虫都有造巢行为，例如螟蛾、卷蛾、驼蛾、网蛾、衣蛾、避债蛾等，巢材因种类而异，可能是寄主植物叶片或枯叶、落叶，甚至是粪粒或细砂碎屑。栖身巢中除了不便觅食，也面临粪便处理的问题，有些种类粪便置于巢中，或吐丝区隔或分室置放；有些如卷蛾亚科的幼虫具有尾叉，可将粪粒从虫巢弹走。弹走粪便带来的好处是避免一些寄生性或捕食性天敌依循着气味找上门来，另一个好处是保持虫巢的干净卫生，降低被病菌感染的风险。

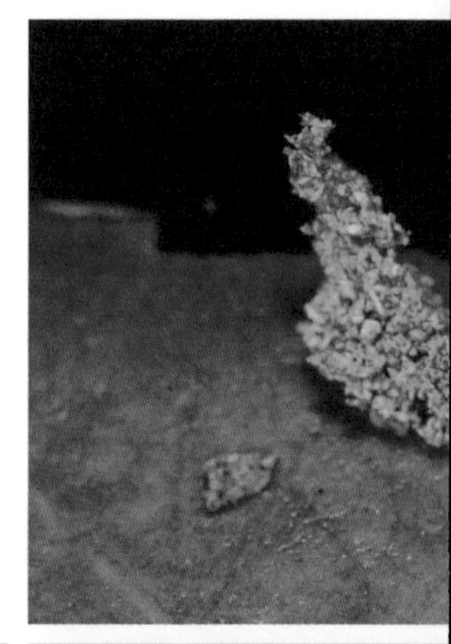

3

4

5

9

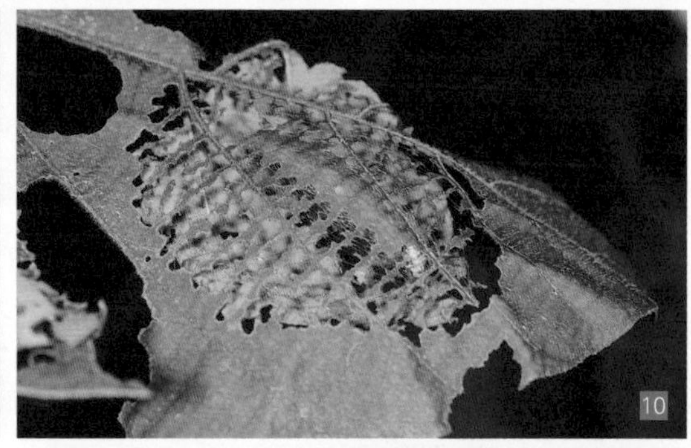
10

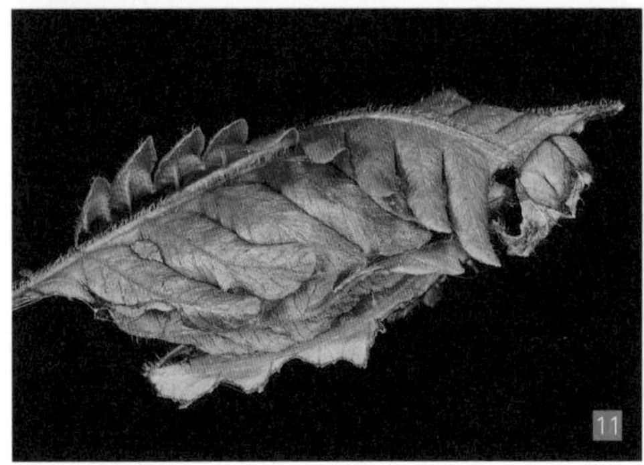
11

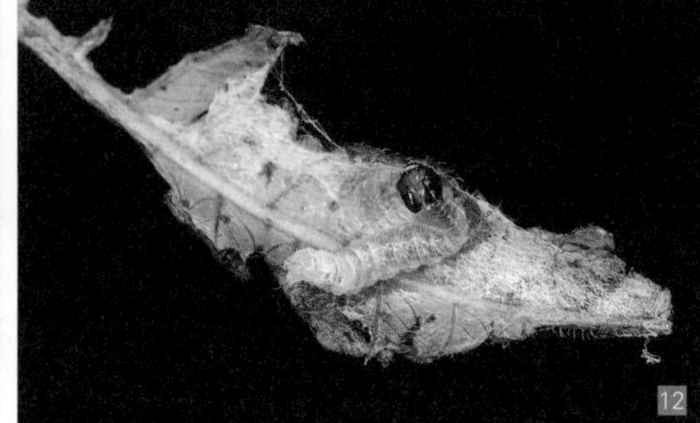
12

1. 茄冬尾夜蛾幼虫以枯枝叶和粪便堆在身上装饰
2. 卷蛾幼虫的虫巢常呈卷筒状
3–8. 红蝉窗蛾幼虫做巢的过程：咬切叶片→吐丝缀叶→拉丝→卷叶
9. 螟蛾幼虫常杂乱叠合叶片制成虫巢
10. 弄蝶幼虫的虫巢具有网状咬痕
11–12. 锚纹蛾幼虫的虫巢常制作于枝叶的先端
13. 避债蛾幼虫会带着虫巢移动并觅食

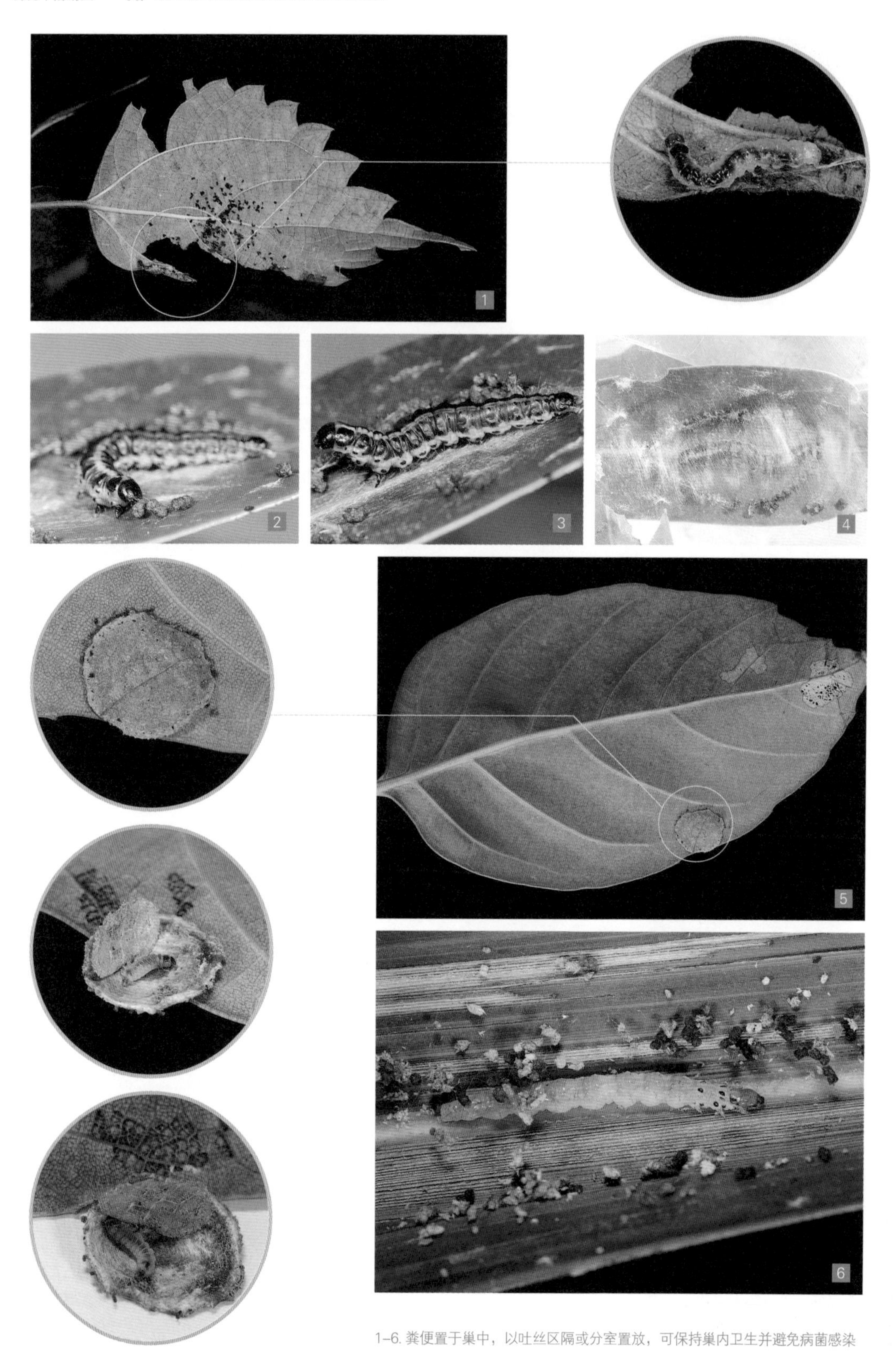

1–6. 粪便置于巢中，以吐丝区隔或分室置放，可保持巢内卫生并避免病菌感染

有些种类幼虫具有群聚行为，例如枯叶蛾、毒蛾。群聚的幼虫遭遇天敌时，平均每个个体被捕食或寄生的概率便降低了，受到惊吓同时做出防御行为如甩头、吐体液、震动，其威吓效果更为加倍，著名茶叶害虫茶蚕便有这样的行为特性。有些甚至连筑巢都一起，防御效果更佳，例如缀叶丛螟和天幕枯叶蛾等。

1–6. 群聚的幼虫常让天敌望而生畏：

1. 群聚于桃金娘科植物叶上的赭瘤蛾属幼虫（膨大部位为胸部）
2. 栎毒蛾幼虫群聚成圈头部朝外
3. 知名茶叶害虫——茶蚕幼虫群聚取食整段枝叶
4. 圆端拟灯蛾幼虫常于榕属植物叶片上群聚

5–6. 乌臼黄毒蛾幼虫如行军般在树干上群聚

蛹期

有些幼虫化蛹不造茧，但会找掩蔽物隐藏或下到地面做土室，甚至钻咬树干造洞化蛹。许多蛾类化蛹会吐丝作茧，茧本身便具保护作用。有些种类会吐丝将茧悬挂，其道理如同幼虫垂丝行为；刺蛾茧呈圆球状，由丝及草酸钙构成，质地非常坚硬；有些枯叶蛾甚至将幼虫期的毒毛布置于茧外面作为防御。

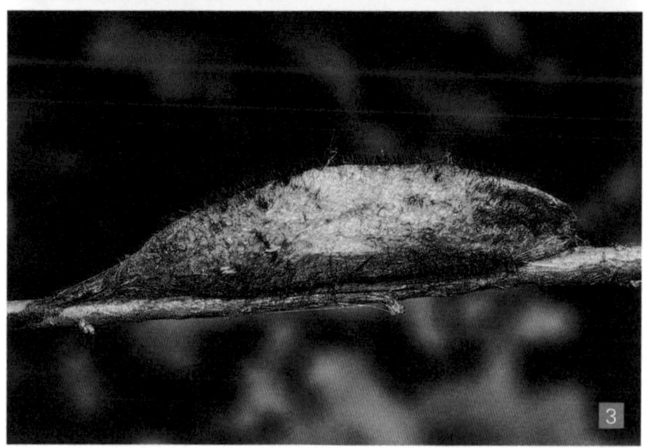

成虫期

有些飞蛾飞行中遇到可能的天敌，通常直接逃离飞走，并且飞行线路改为“Z”字曲折而不直线飞行；有些则直接掉落到环境中躲藏甚至装死，例如灯蛾，也有些保持不动让身上的毛丛看起来像死后长的霉菌。成虫被天敌捕获时多半也先挣扎，许多天蛾科成员成虫胸足胫节具有足刺，挣扎时可能刺入天敌皮肤或眼睛。有些种类身体有许多刺，也增加天敌处理的麻烦并降低取食口感，甚至协助受困蜘蛛网的蛾类挣扎逃脱。某些蛾类后翅具有很长的尾突，例如绿尾大蚕蛾、知名的月亮蛾*Actias luna*。太长的尾突其实不利于飞行，但相关实验研究已证实指出：月亮蛾的长尾会误导蝙蝠的超音波，有55%的情况会造成蝙蝠攻击长尾的末端，而移去长尾的实验个体大多会被捕食。

1. 悬挂着的大蚕蛾茧
2. 刺蛾茧呈圆球状非常坚硬可以提供保护
3. 青黄枯叶蛾将毒刺毛布置在茧体上
4. 飞蛾飞行中遇到可能的天敌，直接逃离飞走时，飞行线路改为“Z”字曲折而不直线飞行，增加天敌捕捉难度

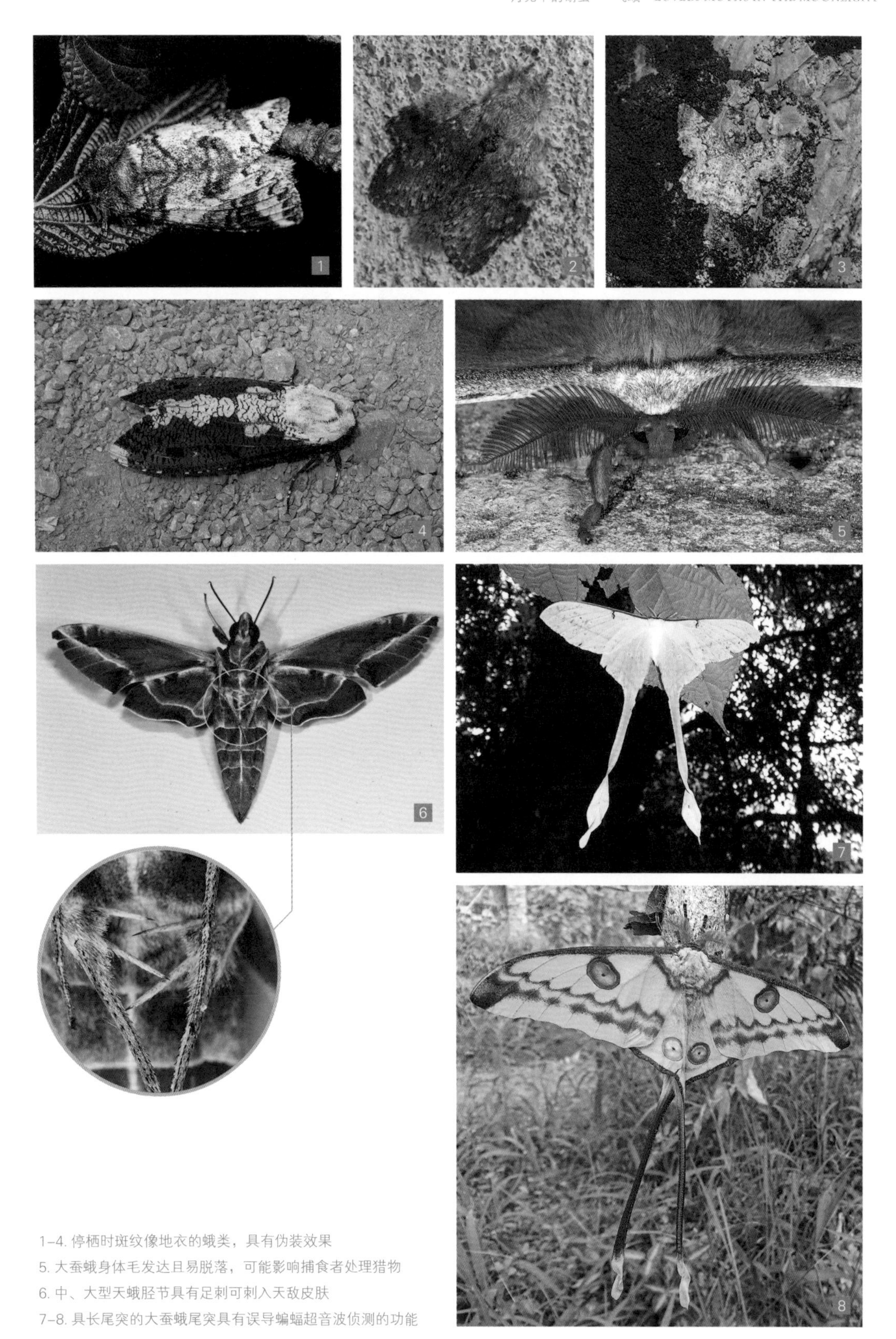

1–4. 停栖时斑纹像地衣的蛾类，具有伪装效果
5. 大蚕蛾身体毛发达且易脱落，可能影响捕食者处理猎物
6. 中、大型天蛾胫节具有足刺可刺入天敌皮肤
7–8. 具长尾突的大蚕蛾尾突具有误导蝙蝠超音波侦测的功能

化学防御 chemical defences

进化过程中植物发展出不同化学物质用来防御植食性昆虫，而植食性昆虫也在与植物共进化的过程当中，发展出一些机制将植物的有毒化学物成分分解、变性、减毒、分离、累积储存甚至利用在自己的天敌防御机制中。有些蛾类的幼虫受到惊扰、侵犯或被天敌捕抓后，会吐出体液， 甚至甩出，这些体液可能因为含有寄主植物的次级代谢物而味道不佳；有些幼虫则利用身上含有毒性的刚毛与毒刺反击，或分泌出毒液或散发特殊气味来进行化学防御，例如网蛾科红蝉窗蛾幼虫会散发一股香味，但若在近距离之下则浓郁呛鼻，这些案例细节我们另辟章节于有毒蛾类中介绍。上述的防御目标都是针对体外的天敌，有另一种情况是幼虫针对体内寄生性天敌及病菌进行防御，某些豹灯蛾 *Apantesis incorrupta* 幼虫被寄生蜂寄生后，会取食富含吡咯里西啶类生物碱 (pyrrolizidine alkaloids, PAs) 的植物，相较于原本美味营养的寄主植物，PAs 如同“苦药丸”，可以降低体内寄生蜂的存活率，并提升自己的免疫系统，此一现象称为自我药疗 (self-medication)，其他案例包括蝶灯蛾属 *Nyctemera* sp. 幼虫取食富含 PAs 的菊科植物头状花序部位；舞毒蛾 *Lymantria dispar* 也会通过取食高浓度毒性的叶子，压制族群中接触性病毒的传播等。

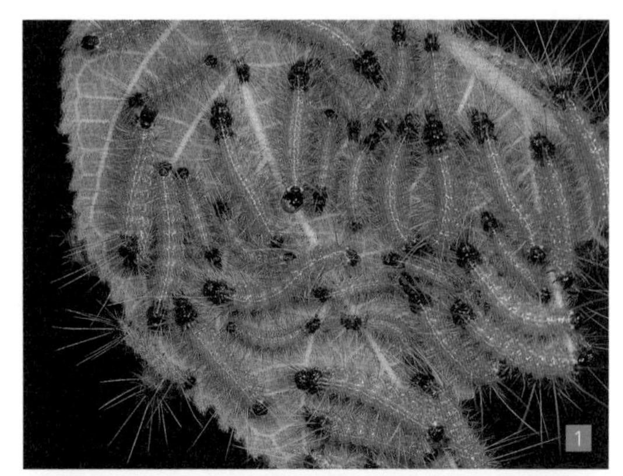

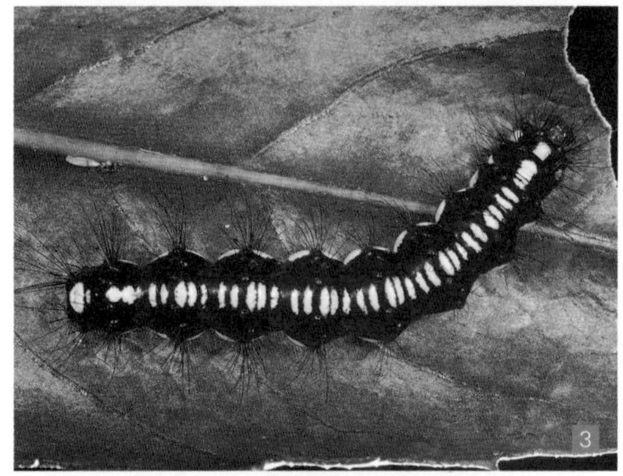

1. 污灯蛾幼虫受惊扰会吐出体液
2. 红蝉窗蛾幼虫会散发特殊气味
3. 粉蝶灯蛾幼虫
4. 蝶灯蛾属幼虫会取食富含烟碱的植物，可降低体内寄生蜂的存活率

视觉防御 visual defences

该策略的重点是通过色彩、斑纹、外形轮廓的呈现，对视觉型天敌到危险警示、视觉混淆或心理威胁等。警戒(aposematism)是最常见的案例，许多具有鲜艳色彩的类群体内累积毒性物质，天敌取食后会造成身体不适，鲜艳的体色便是一种对天敌的警戒，如灯蛾、苔蛾、斑蛾成虫、臭椿瘤蛾等等。

伪装 (camouflage)

伪装是通过颜色、形状、行为模仿其他生物体或环境的一部分，达到混淆天敌视觉隐身于环境而不被发现的目的，涉及伪装现象的色彩有时单调也有可能鲜明。

1–3. 具有鲜艳警戒色彩的成虫，体内积累特定毒物：
1. 乳白灯蛾
2. 巨网苔蛾
3. 云南旭锦斑蛾
4. 毛虫纵贯身体的背中线看似叶脉，有助于融入背景隐藏
5. 趴在草茎上的小造桥夜蛾具有良好的伪装效果

1–10. 利用线条及色块反差切割轮廓来达到融入背景的伪装：
1. 体色和背景色很像的臭椿瘤蛾
2. 金曲纹波尺蛾停于草根处有良好伪装
3. 大齿纹波尺蛾
4. 身体色块对比反差大的杨二尾舟蛾幼虫
5. 身体色块对比反差大的东洋散纹夜蛾幼虫
6. 身体色块对比反差大的眉原纷舟蛾幼虫
7–9. 身体色块对比反差大的薄翅斑蛾属幼虫
10. 玉臂尺蛾成虫前翅白斑有切割轮廓的效应

1-3. 翅纹具有马赛克或镶嵌色块的蛾类
4-5. 体色翅纹容易模糊化融入背景的蛾类

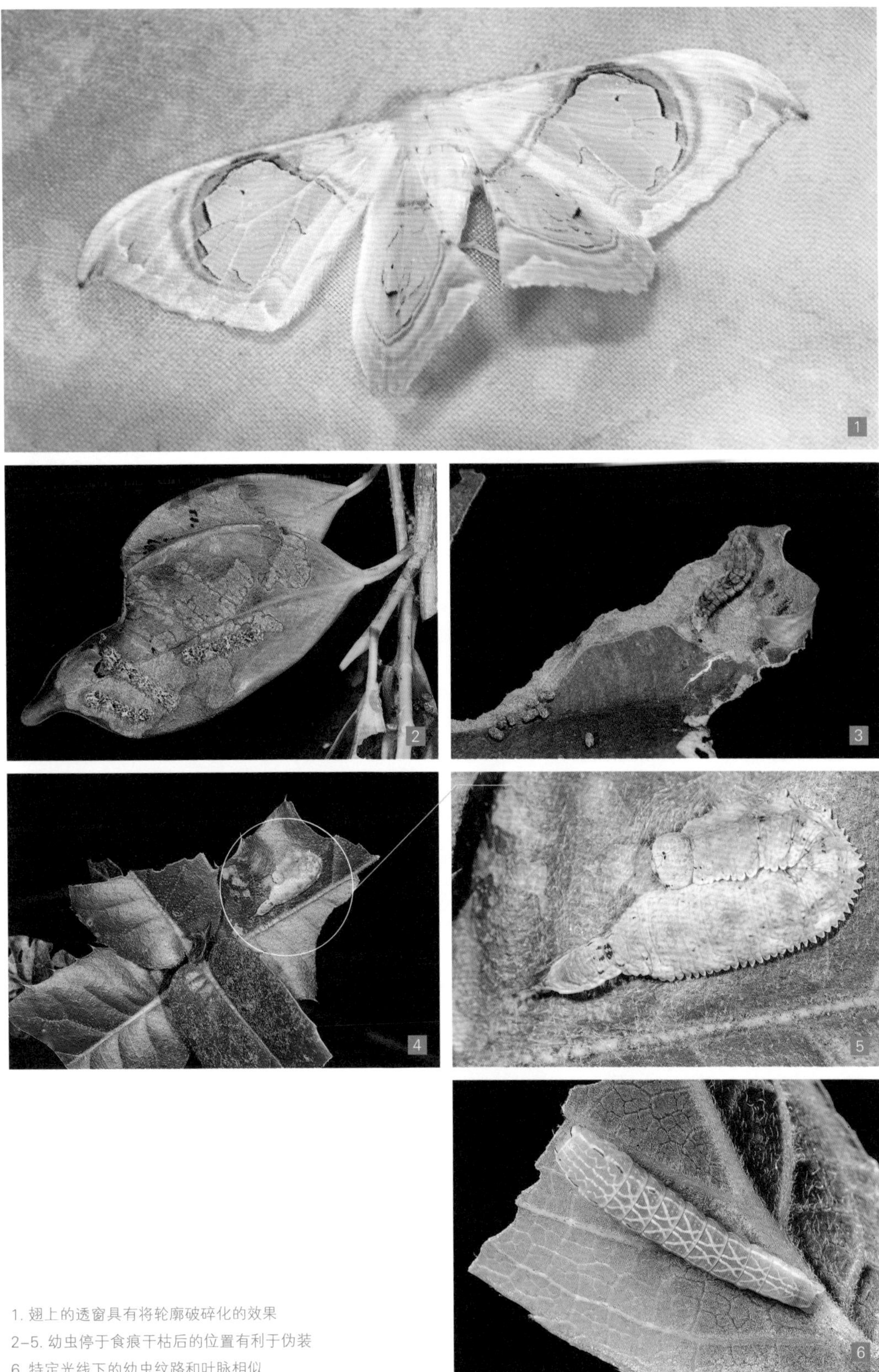

1. 翅上的透窗具有将轮廓破碎化的效果
2–5. 幼虫停于食痕干枯后的位置有利于伪装
6. 特定光线下的幼虫纹路和叶脉相似

1-2. 雾回舟蛾幼虫在逆光下白色纵纹线有切割轮廓的效果
3-4. 利用透光的食痕及半透明身体伪装躲藏的刺蛾
5. 青胯白舟蛾体色与寄主植物叶背相似，易于伪装隐藏
6. 躲藏于枯叶上的尺蛾幼虫

模仿 (imitation)

模仿就是让自己看起来像环境中的其他物体，例如枯叶蛾、双色舟蛾、小窗蚕蛾停栖时如同卷曲的枯叶，有些蛾类停栖时外观像长满了苔藓或地衣，或是看似树枝，许多尺蛾幼虫停栖于枝上时仅以末端腹足抓住枝条，身体笔直如同分叉的树枝，有些尺蛾幼虫会摆动身体好像被风吹的细枝一般，桦尺蛾属 *Biston* 的尺蛾幼虫摸起来触感甚至跟树枝树皮一模一样。

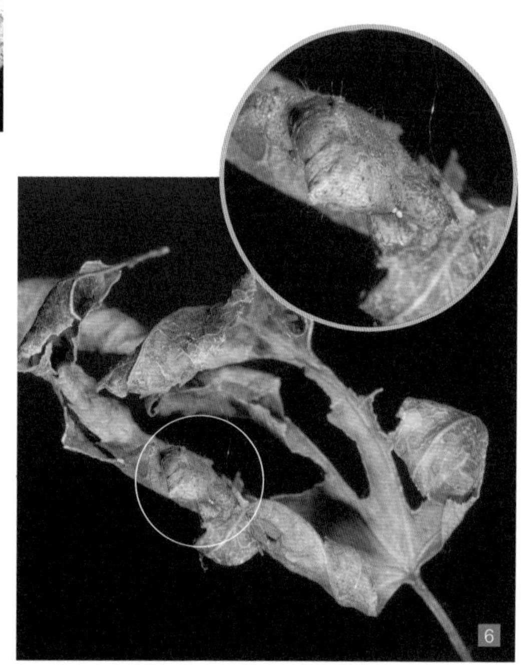

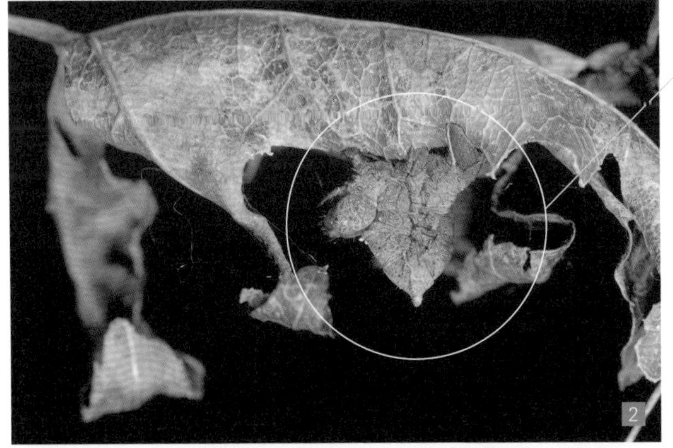

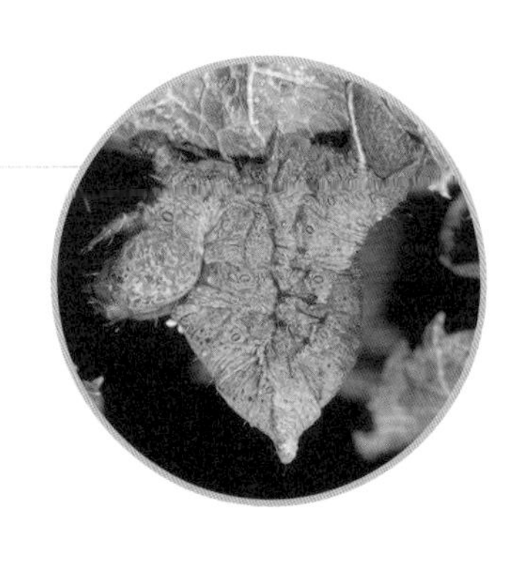

1. 枯叶堆中的枯叶蛾具有极佳的隐藏效果
2. 隐藏在枫叶上的尺蛾幼虫
3. 黄带拟叶裳蛾翅膀如同一片枯叶
4. 双色舟蛾的斑纹如同卷曲的枯叶
5. 三斑蕊夜蛾斑纹像石头上的壳状地衣

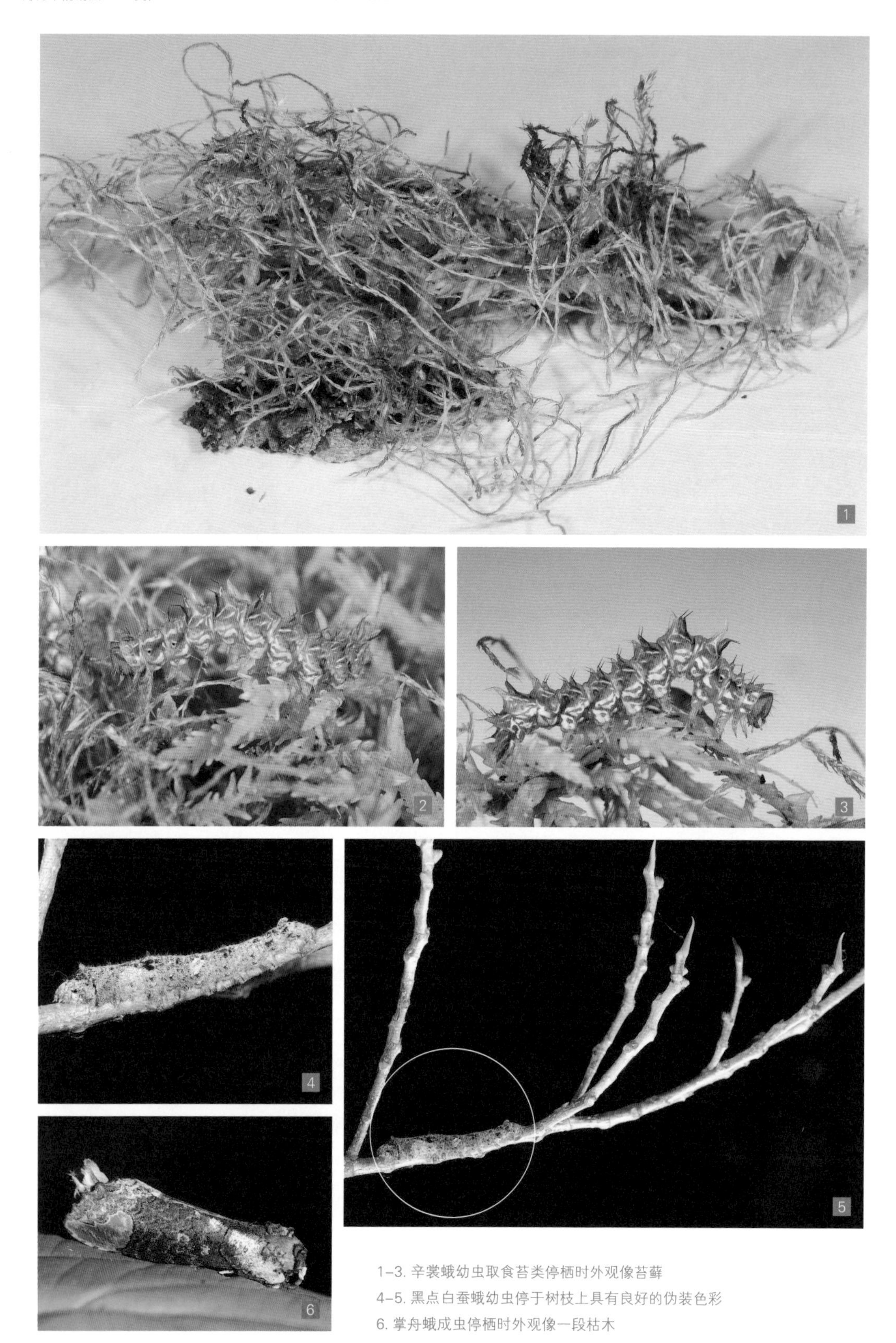

1–3. 辛裳蛾幼虫取食苔类停栖时外观像苔藓

4–5. 黑点白蚕蛾幼虫停于树枝上具有良好的伪装色彩

6. 掌舟蛾成虫停栖时外观像一段枯木

1. 枯黄尺蛾幼虫
2. 尺蛾幼虫伪装成绿色枝条
3. 尺蛾伪装成水青冈枝条
4. 褐端白蚕蛾幼虫伪装成薜荔枝条
5. 黑线黄尺蛾幼虫体表粗糙如树皮

一些蛾类幼虫或成虫外观像极了鸟粪，例如鸟粪刺蛾、野蚕蛾和盐肤木尾夜蛾的幼虫以及卵翅蛾成虫。

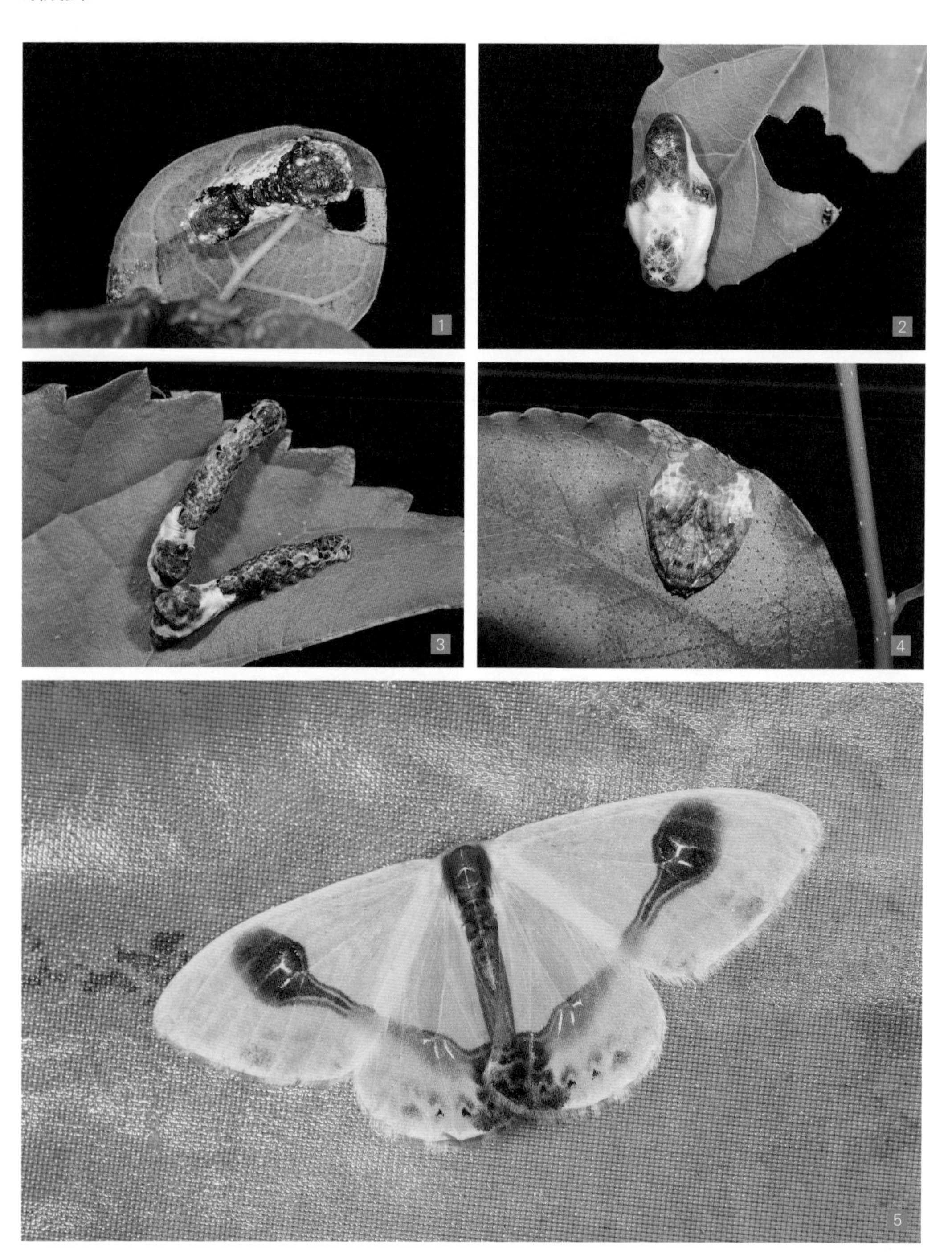

1–5. 外观斑纹与鸟粪相似的蛾类幼虫及成虫：
1. 专食榕属植物的榕蛾幼虫看似潮湿的爬痕，更像刚拉的鸟粪　2. 长得像鸟类粪便的鸟粪刺蛾幼虫　3. 野蚕蛾小龄期幼虫伪装成鸟粪　4. 卵翅蛾成虫停于叶表，翅纹配色与鸟粪相似　5. 铃钩蛾成虫除了翅纹像鸟粪，亦散发出类似臭味

眼纹 (eye spots)

眼纹是视觉防御上最有趣的现象之一，许多蛾类幼虫和成虫翅膀有眼睛般的斑纹，有些显而易见，例如箩纹蛾成虫；有些从特定角度一看惊觉像一张脸，例如二尾舟蛾；有些幼虫受惊扰时鼓大身上特定部位更突显巨大的眼纹，例如一些天蛾幼虫或野蚕幼虫；许多大蚕蛾后翅除了具有大型眼纹，还会将后翅向前斜立并震动展示后翅，更突显眼纹的威吓效果。

假头 (false head)

想象你是一只不到10厘米的小鸟，在早晨微光的森林里觅食，在昏暗处突然瞥见一个有突兀脸孔的物体（蛾），当下正常的反应是：呆滞半秒，或退后2－3步。无论哪个反应，第一时间都已经增加蛾类存活的概率。紧接着小鸟会面临下列情况：如果去查看明白，结果可能得到美食，也可能成为别人的美食；安全起见放弃查看。通常鸟躲避风险的警觉性很强，在这种情况下蛾类有较高的存活概率。

有些成虫翅纹上的眼纹、假头或特殊斑纹扮演着不同于惊吓的作用，它们位于翅膀的边缘，容易因为受攻击破坏而脱落，但不影响生命安全与飞行效能，当天敌发现猎物时，有一定的概率因为被这样的眼纹、假头或斑纹吸引而攻击不致命的翅膀边缘，而成虫便趁机飞逃钻入环境中隐藏，这类将天敌的攻击引导到无关生命安全的翅缘，在蝶类中的眼蝶和灰蝶较普遍，部分蛾类亦有。眼纹和假头的视觉防御并非100%有效，但从以上得知面对强大的鸟类捕食压力，它大幅增加了生存概率，这也是为何自然界中许多不同的生物，都分别出现利用眼纹防御天敌的策略。

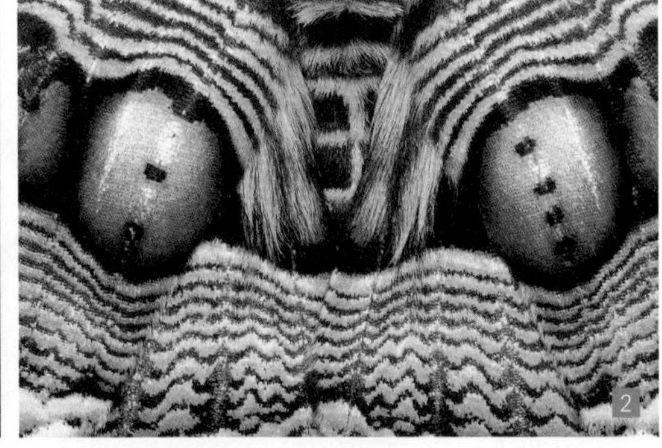

1-2. 枯球箩纹蛾前翅具有大型眼纹，且其内黑斑数目左右不对称

3. 魔目裳蛾停栖时翅平展呈现巨大眼纹

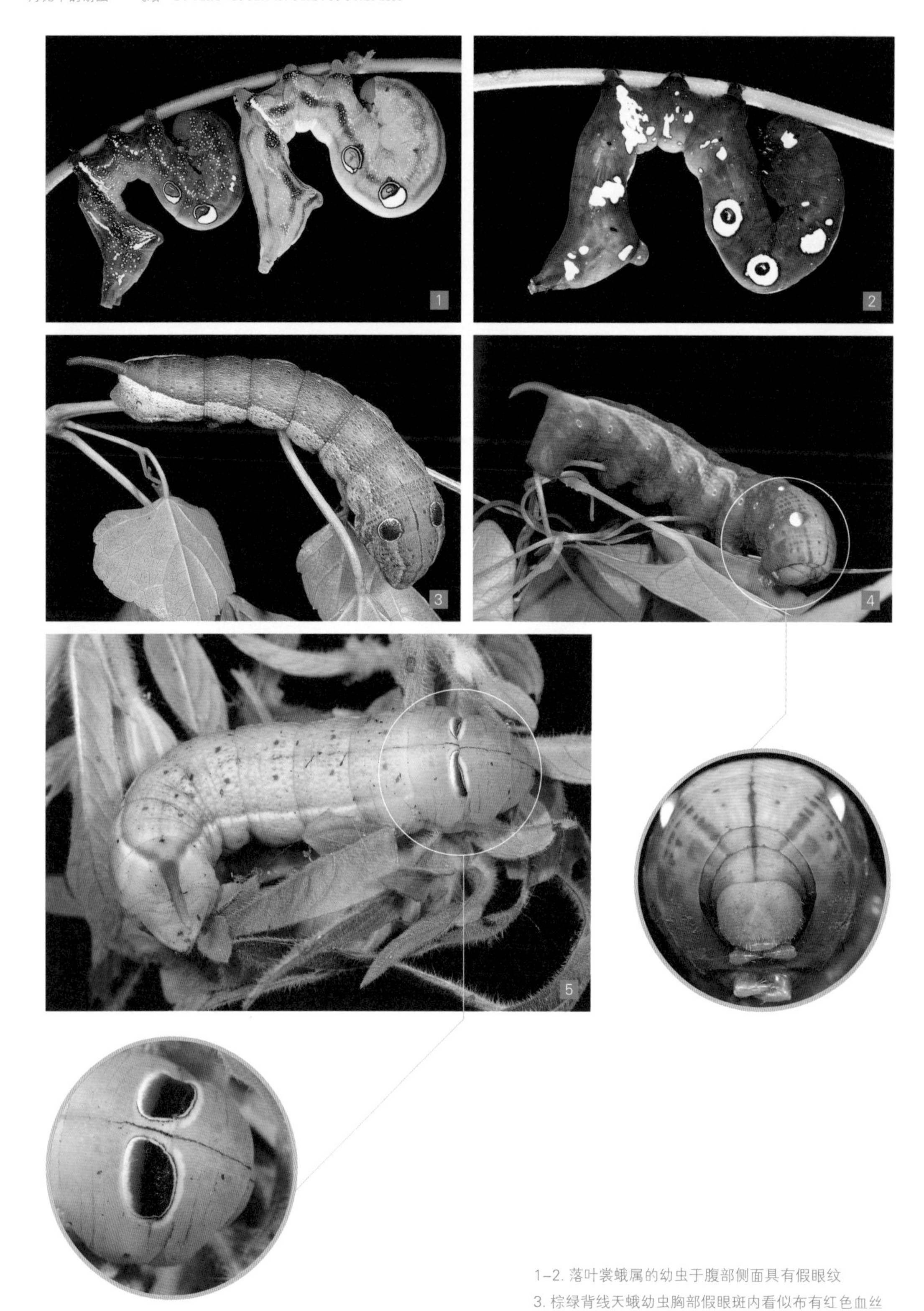

1-2. 落叶裳蛾属的幼虫于腹部侧面具有假眼纹
3. 棕绿背线天蛾幼虫胸部假眼斑内看似布有红色血丝
4 绿背斜纹天蛾幼虫胸部白斑于正面呈现假眼模样
5. 天蛾幼虫受到惊扰后“张开”假眼纹

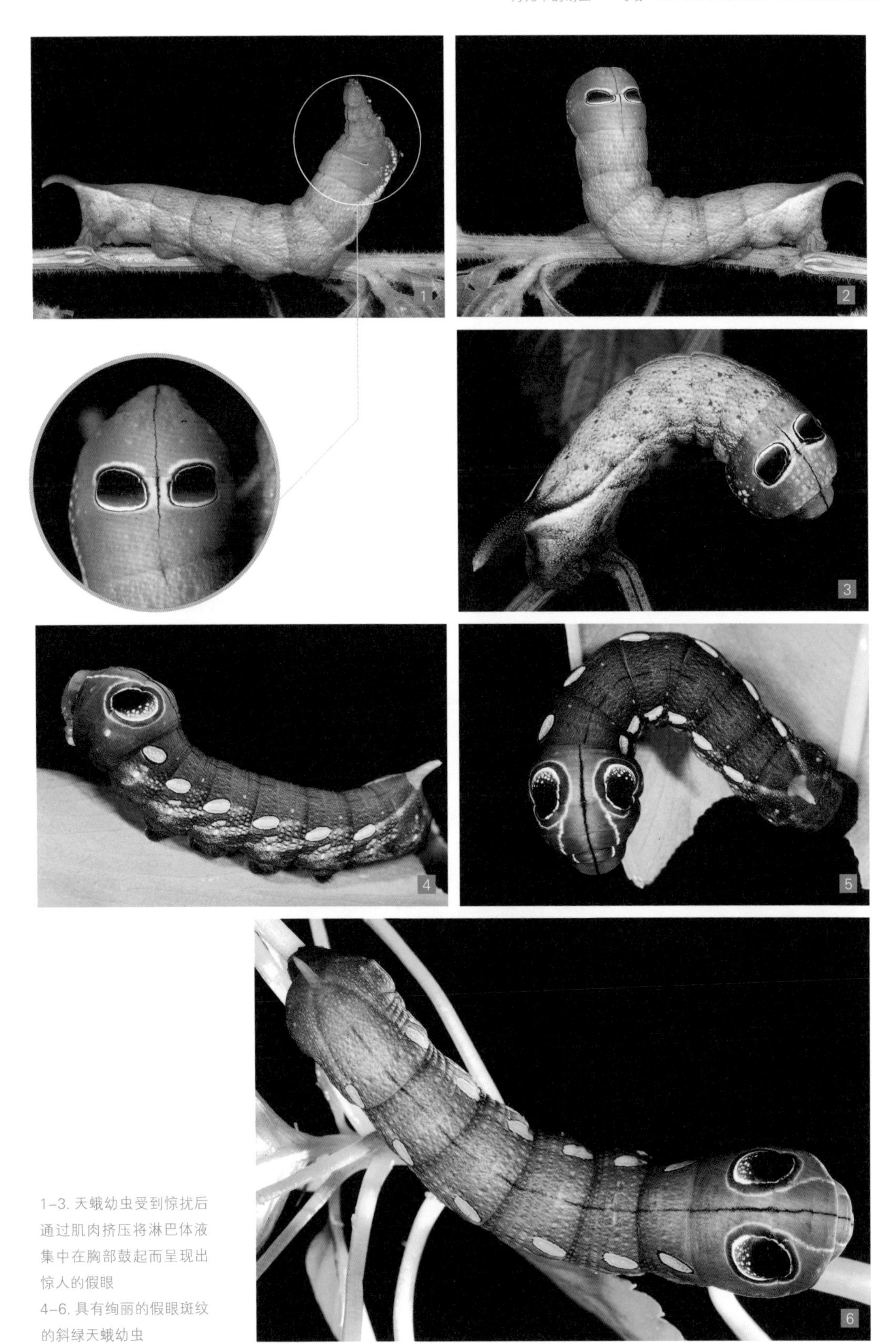

1-3. 天蛾幼虫受到惊扰后通过肌肉挤压将淋巴体液集中在胸部鼓起而呈现出惊人的假眼
4-6. 具有绚丽的假眼斑纹的斜绿天蛾幼虫

1-2. 有假眼纹的夹竹桃天蛾幼虫
3. 野蚕蛾终龄幼虫胸部具有假眼斑
4. 台湾豹大蚕蛾前、后翅具有大型眼纹
5. 藏珠大蚕蛾台湾亚种停栖时貌似猫头鹰头部
6. 前翅具有大型眼纹的樟大蚕蛾
7. 曲线蓝目天蛾受到惊扰时会展示后翅的眼纹
8. 古楼娜灰蝶的假眼斑位于后翅肛角处
9. 尾尺蛾属翅纹具视觉导引指向后翅肛角的假眼斑
10. 圆翅黛眼蝶翅外缘具有一列假眼
11-12. 杨二尾舟蛾终龄幼虫受到惊扰时呈现正面的假眼
13. 鬼面天蛾胸部具有假脸状斑纹而得名
14. 枯球箩纹蛾 4 龄幼虫拱起前、中胸呈现假脸眼斑

拟态（true mimicry）

汉语中常将酷似枯叶的枯叶蝶、枯叶蛾描述为“拟态”枯叶，严格来说正确的用字是伪装(传统上称为被动拟态，外观像栖息环境的一部分)。真正的拟态所涉及的模仿对象，必须是天敌曾误捕或遭遇过有毒或有强烈攻击火力的其他生物，也就是经验不足的天敌在成长阶段学习到某些生物有害或难吃，往后看到其他任何生物有着相似的色彩纹路或样貌，就会避而远之。本文的拟态一词即为真拟态，而与伪装有严格的区别，读者在阅读不同书籍和网络数据用字应视不同案例自行辨别。

拟态有2个古典形式，第一个是贝氏拟态（Batesian mimicry），由亨利•渥尔特•贝茨（Henry Walter Bates）提出，其中模仿者被称为拟态者（mimic），对天敌而言它是可食的；被模仿者被称为模型（models），或有毒害，或具危险攻击性，或极度难吃。在蛾类中有许多拟蜂、拟蚁、拟蛛的现象常属于贝氏拟态，例如透翅蛾科和某些日行性天蛾成虫外观和色彩很像蜂类。此外，一般认为鹿蛾配色与蜂相似而有拟态关系，但是否属实仍然有待科学验证。蚁舟蛾的1龄幼虫与蚂蚁很像；某些伪卷蛾科(舞蛾)或草螟科的成虫偏好在叶上活动，其中舞蛾属*Brenthia*成虫停栖时会将前翅向上掀起，这时候排列在靠近前翅外缘的黑斑就好像跳蛛头胸部前方的一排眼睛，而这类舞蛾移动时也会模仿跳蛛跳跃的方式，这样的行为可以避免被游猎中的跳蛛攻击。其他例子像虎尺蛾与豹纹尺蛾也是如此。贝氏拟态用更直白的话来说，是没有毒的生物模仿有毒的生物而达到避敌效果。

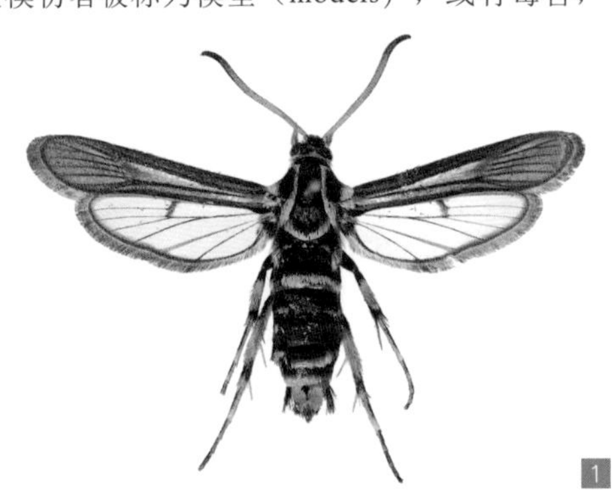

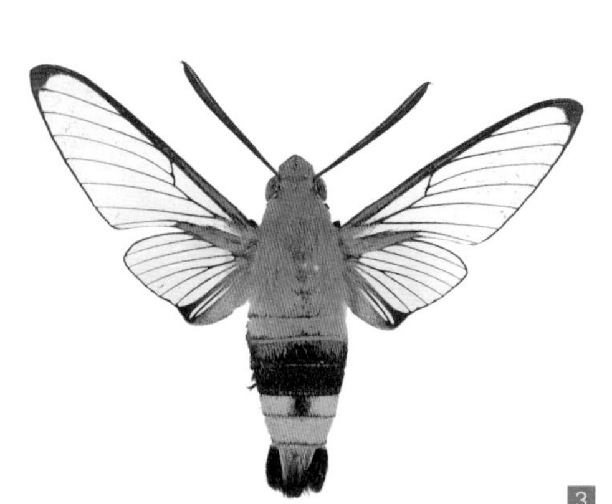

1-2. 透翅蛾科成员外观极似蜂类

3. 日行性透翅天蛾外观像蜂类

4. 鹿蛾配色像蜂类，一般认为有拟态关系

5. 某种蓑水螟后翅斑纹像跳蛛头胸部前方的一排眼睛

6. 龙眼蚁舟蛾幼虫的形态及行为像蚂蚁

7-8. 麝凤蝶与凤蛾为穆式拟态案例

9-10. 豹纹尺蛾与虎尺蛾为贝氏拟态案例

第二个古典拟态模型是穆氏拟态 (Müllerian mimicry)，由德国生物学家约翰·弗里茨·西奥多·穆勒（Johann Friedrich Theodor Müller）提出，他强调有毒或不好吃的不同物种，通过彼此共享相同的色彩斑纹，联合起来降低“训练”捕食者所要付出的代价。换句话说，在穆氏拟态中拟态者与模型都是有毒的，捕食者无论曾经误捕误食过哪一方，都会因为他们色彩斑纹相似度高而导致再次遭遇任何一方时会降低捕食的念头，经典的案例即是斑蛾科 *Zygaena lonicerae* 和 *Z. trifolii* 的拟态关系。穆氏拟态简单来说，是有毒的生物互相模仿而达到避敌效果。

复杂的拟态可涉及 2 种以上的生物，它们色彩斑纹高度相似，称为拟态环 (mimicry ring)，复杂的拟态环可能属于贝氏拟态也可能属于穆氏拟态，或同时包含两者。所谓“一朝被蛇咬，十年怕井绳”，无论是哪种拟态模型，若要发挥效果，捕食者的学习经验都起到关键作用。

1–2. 凤蛾科两种粉蝶蛱蛾属互相拟态，为穆氏拟态案例

声音防御（acoustic defences）

声音的防御，一方面是要听到天敌发出的声音而躲避，另一方面则是制造声音作为防御用途。在前文提到许多蛾类有听器，也就是“耳朵”，可以听到声音。夜里的一些飞蛾耳朵可以侦测到蝙蝠发出的超声波，在蝙蝠逼近时可以收翅坠落一段距离躲避捕食。蛾的听器起源比蝙蝠更早，推测一开始用于侦测环境中的各种声音，在蝙蝠出现之后，大约5000万年前因受蝙蝠的捕食压力而渐渐演化成如今我们所见到的各种形式，在现今129个蛾类科群中，仅有15%的蛾类有听器，而在大蛾类中有85%的种类有听器，小蛾类中除了螟蛾总科的成员，鲜少具有听器。大部分蛾类的听器位于腹部，内有膜状的鼓膜用来感应震动，有些天蛾的听器不具有鼓膜，而是位于口部的须丝器（palp-pilifer'organ)，可侦测蝙蝠的高频超声波。

蛾类制造声音进行防御方面，主要有 3 种类型：①惊吓假说——可以吓退天敌；②干扰假说——例如某些灯蛾会发出声音干扰蝙蝠的超声波；③警戒假说——例如有些虎蛾和灯蛾有发声器，它们在飞行中便发出声音向天敌宣示着“我不好吃”，樱桃巢蛾 *Yponomeuta padella* 则是发出蝙蝠可侦测的超声波宣示着“我有毒”的讯息，这种防御现象称为声音警戒 (acoustic aposematism)。有些天蛾仅以快速振翅便可发出声音，例如长喙天蛾最快每秒可振翅超过 80 次。鬼脸天蛾成虫利用气流通过咽喉发声，有些幼虫受惊扰时则会发出声音，例如鬼脸天蛾幼虫以大颚摩擦发声，有些钩蛾幼虫利用腹部末端下方的桨状器刮叶表制造声音，而红蝉窗蛾幼虫则利用特化的胸足刮叶表发声。

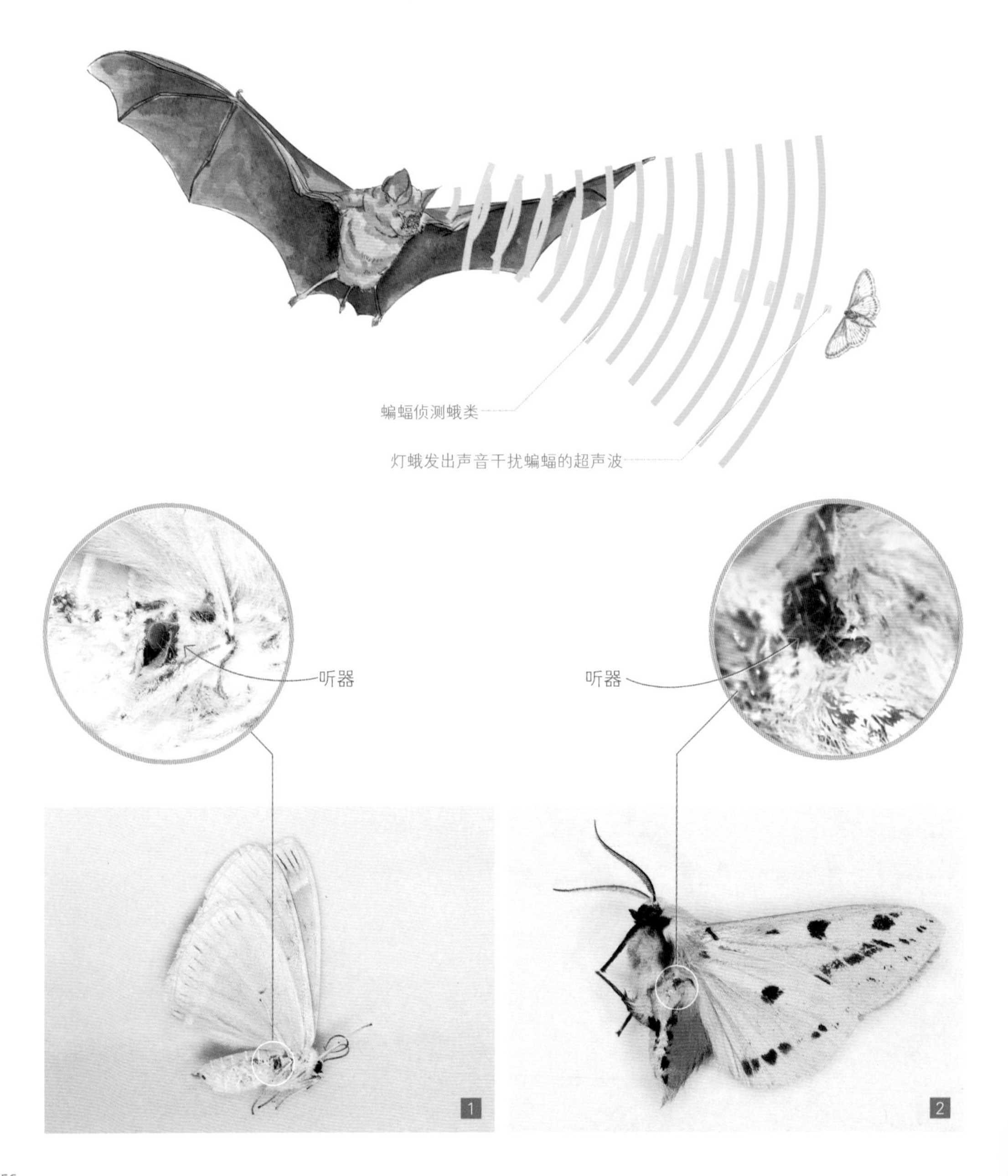

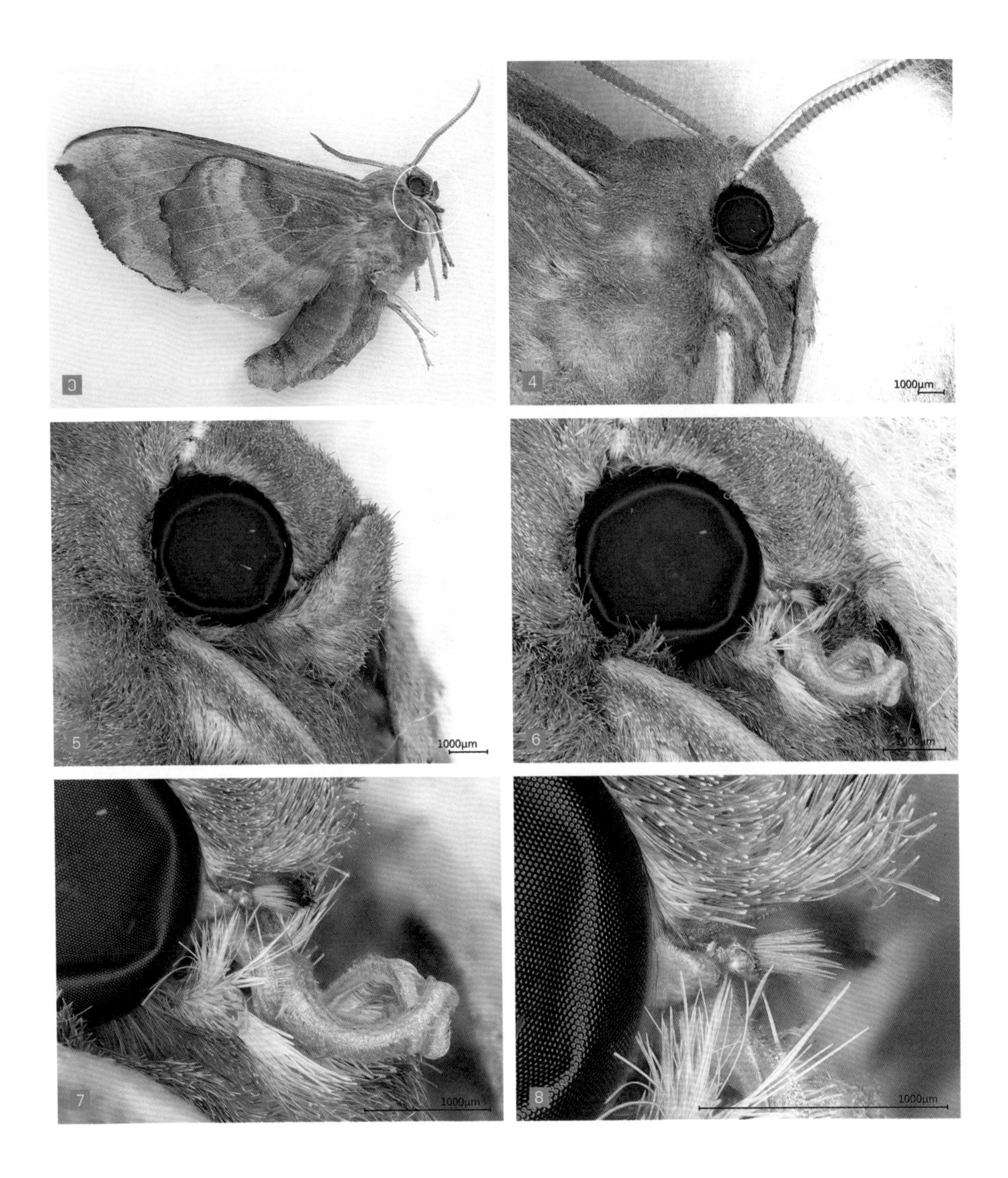

1-3. 不同蛾类成虫的“耳朵”（听器）位置不同

1. 尺蛾科成虫听器主要位于腹部

2. 灯蛾的鼓膜听器位于后胸

3-8. 天蛾的听器隐藏于口器基部，可侦测（“听”）到蝙蝠的超声波

1. 鬼脸天蛾幼虫遇惊扰会摩擦大颚发出声音
2. 鬼脸天蛾成虫可利用气流通过咽喉发声防御
3. 某些钩蛾幼虫腹部末端下方的桨状器（第 10 腹节原足特化）会刮叶表面发出声音
4. 红蝉窗蛾幼虫利用后胸胸足刮叶表发声防御

六 蛾类与环境的关系

◉ 蛾类的生活环境

◉ 蛾类与气候的关系

◉ 蛾类与其他生物的关系

◉ 蛾类的生活环境

蛾类的生活环境广泛且多样，从城市到自然田野，从低海拔的海滨、溪流、草原、沙漠、灌丛、森林到海拔4000米以上的高原，都有蛾类幼虫或成虫活动的踪迹，甚至离陆地1000千米的远洋调查船的高空拦截网都可以捕获越洋飞行的蛾类。

海拔 4000 米以上的高原

森林、灌丛、溪流

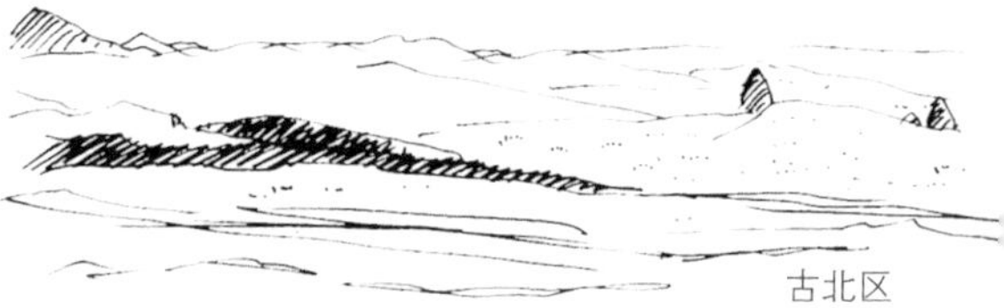

草原、沙漠

古北区

北

南

秦岭

淮河

东洋区

田野、城市公园、热带森林、亚热带森林

蛾类与气候的关系

蛾类的生长发育与气候之间的关系

影响蛾类生长发育最常见的气候因素是温度和光，其他如湿度、雨量等。昆虫在生长发育上，常使用有效积温(K)的概念：生长过程中给予一个特定的温度为T，幼虫完成生长发育所需的天数为D，同一物种T与D的乘积会是一个稳定的常数K。幼虫在适合生长的温度范围内，温度越低发育天数越长，温度高发育天数相对较短。当气候温度变化大且持久，并非适合生长的温度时，如寒冬或酷暑，幼虫(甚至成虫)都可能进入特殊的生理状态，称为滞育，此时幼虫发育延迟或停滞，成虫静止不活动觅食或不进行繁殖行为，甚至进入休眠状态(冬眠或夏眠)。有些一年多代的蛾类幼虫生长过程可以感应光的周期变化，在短日照的秋冬季羽化的成虫，翅膀的斑纹色调相对朴素斑驳，在落叶环境中有更好的伪装效果。过度潮湿的环境容易滋生有害真菌与细菌，而过度干燥容易造成幼虫脱水或寄主植物生长不良，都会影响蛾类生长。

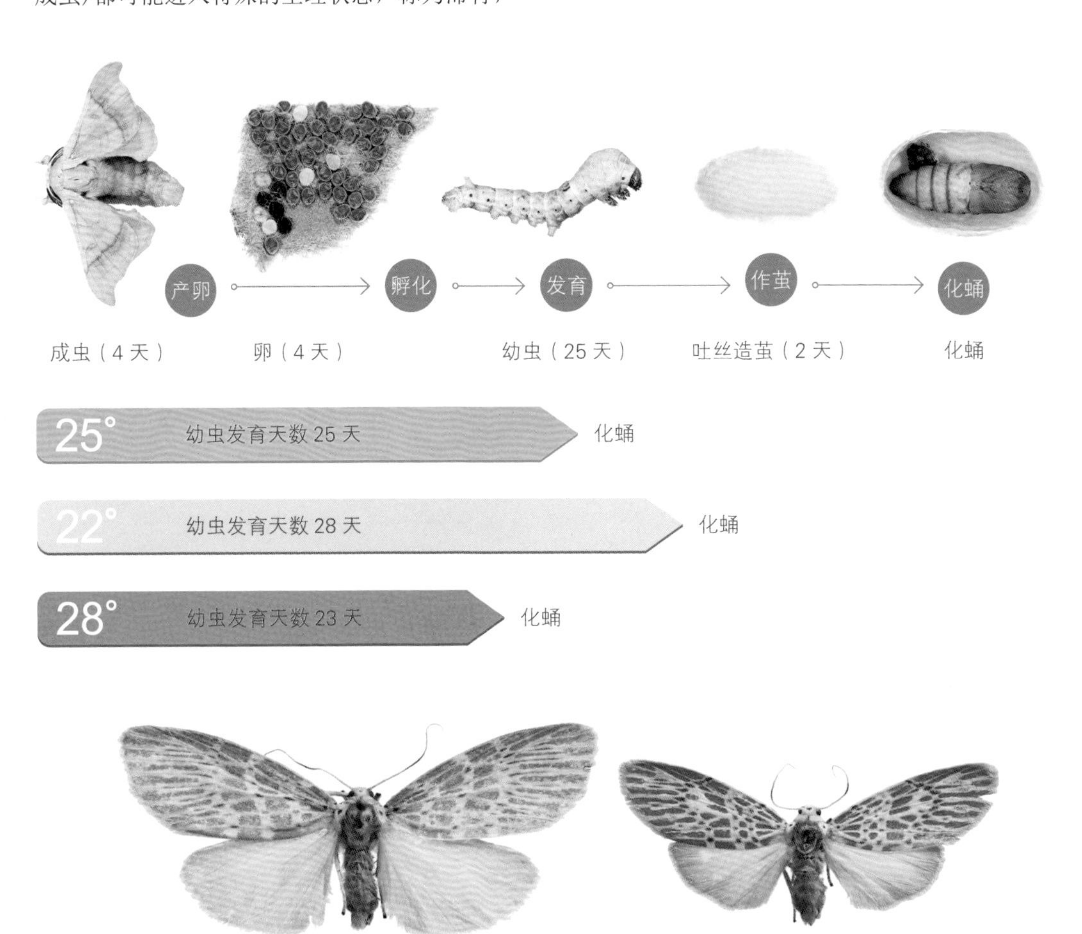

蛾类的季节多态性（例：东方葩苔蛾雌虫），春型（左）夏型（右）

蛾类对气候变化的反应

蛾类对气候变化的反应包括许多方面，例如生理反应、外观形态及行为等。生物的色彩多样性会反映环境变化，有“生物地理学之父”之称的博物学家华莱士（A. R. Wallace）早在19世纪就已经留意到这一点。一项来自台湾的研究证实了蛾类色彩多样性随着海拔下降而增加，而身体和翅膀的明暗度也随着海拔升高而下降。体色较暗可能有助于蛾类在较冷的环境中吸收热量，因此暗淡体色这种适应方式也就成为高海拔蛾类色彩多样性的限制，就像穿黑色衣服容易吸热，看起来稳重但不会光鲜亮丽。

不只是颜色，气候变化也让蛾类的行为与生理发生改变。一项针对马来西亚神山的尺蛾研究发现，过去40多年来气候变暖，平均温度上升0.7摄氏度，造成尺蛾群聚整体体型缩小了5%，其中的机制80%是体型较小物种往高海拔迁移造成，有10%是因为个体生理改变的贡献。生态学上著名的博格曼法则（Bergmann' rule）谈道：生物的体积大、表面积比例相对小则散热慢，容易保存热量，道理类似冬天人们容易多吃累积脂肪而变胖；反之，蛾类对气候变暖的反应是个体变小了，表面积比例增加有助于个体散热。

气候变暖是全世界面临的重要议题，蛾类因气候变暖有往高海拔、高纬度播迁趋势，进而改变原有的群聚组成，背后连带涉及蛾类身为主要初级消费者在生态系统中扮演的各种取食、传粉、被捕食角色受到牵连，影响甚巨。

气候变暖前
气候变暖后
区域性灭绝向高
海拔地区移动
蛾类大小因气候变暖而改变

蛾类是气候变化的指标生物

气候的变化影响植物的物候，例如抽嫩芽、开花结果等，间接影响以植物为生的蛾类，以台湾水青冈森林的研究为例，至少被超过 65 种蛾类幼虫利用，其中专食水青冈者有 14 种，包括至少 1 种灰蝶及 2 种裳蛾仅取食嫩叶，2 种舟蛾仅取食老叶，1 种卷蛾仅取食果实，而气候变暖现象造成水青冈抽芽时间提早、嫩叶期缩短、成熟叶质量下降等，进而影响这些蛾类的族群量，甚至造成局部区域族群灭绝，因此我们可以根据基础生活史研究信息选定一些种类作为指标生物，透过族群监测来反映出气候变化是否会严重影响水青冈森林的质量与环境健康。

水青冈上各种蛾类食性范围比例

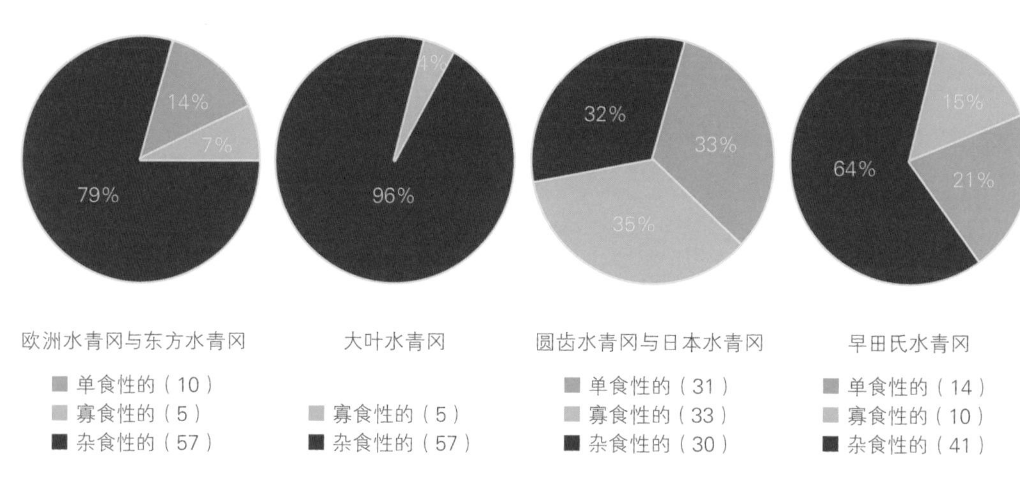

欧洲水青冈与东方水青冈
- 单食性的（10）
- 寡食性的（5）
- 杂食性的（57）

大叶水青冈
- 寡食性的（5）
- 杂食性的（57）

圆齿水青冈与日本水青冈
- 单食性的（31）
- 寡食性的（33）
- 杂食性的（30）

早田氏水青冈
- 单食性的（14）
- 寡食性的（10）
- 杂食性的（41）

水青冈的春夏秋冬物候变化

水青冈的四季物候变化：
1. 鸟嘴山的水青冈早春刚抽嫩芽
2. 北插天山的水青冈春季抽嫩芽
3. 鸟嘴山的水青冈嫩叶已平展
4–5. 水青冈夏季结果枝条

水青冈的四季物候变化:
1–3. 夏季的水青冈成熟叶期
4. 北插天山的水青冈秋季变色期
5. 铜山的水青冈秋季变色期
6. 水青冈的冬季落叶期

取食利用水青冈的各种蛾类

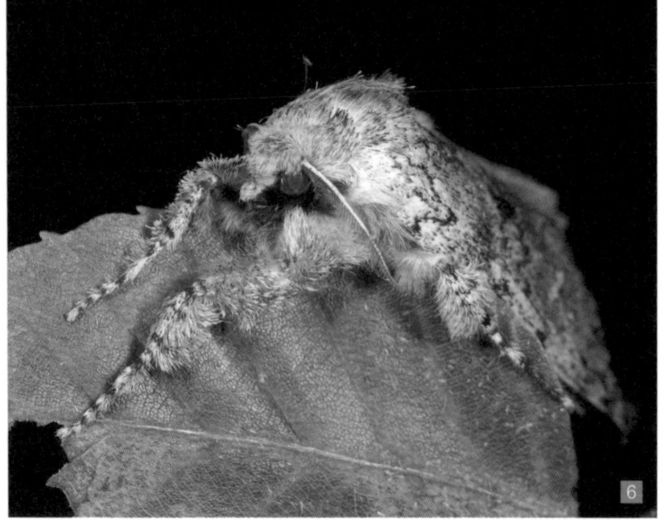

1-2. 眉原纷舟蛾幼虫
3. 裳蛾科毒蛾亚科的白羽毒蛾幼虫
4. 裳蛾科毒蛾亚科的白羽毒蛾成虫
5. 裳蛾科毒蛾亚科的刻茸毒蛾幼虫
6. 裳蛾科毒蛾亚科的刻茸毒蛾成虫

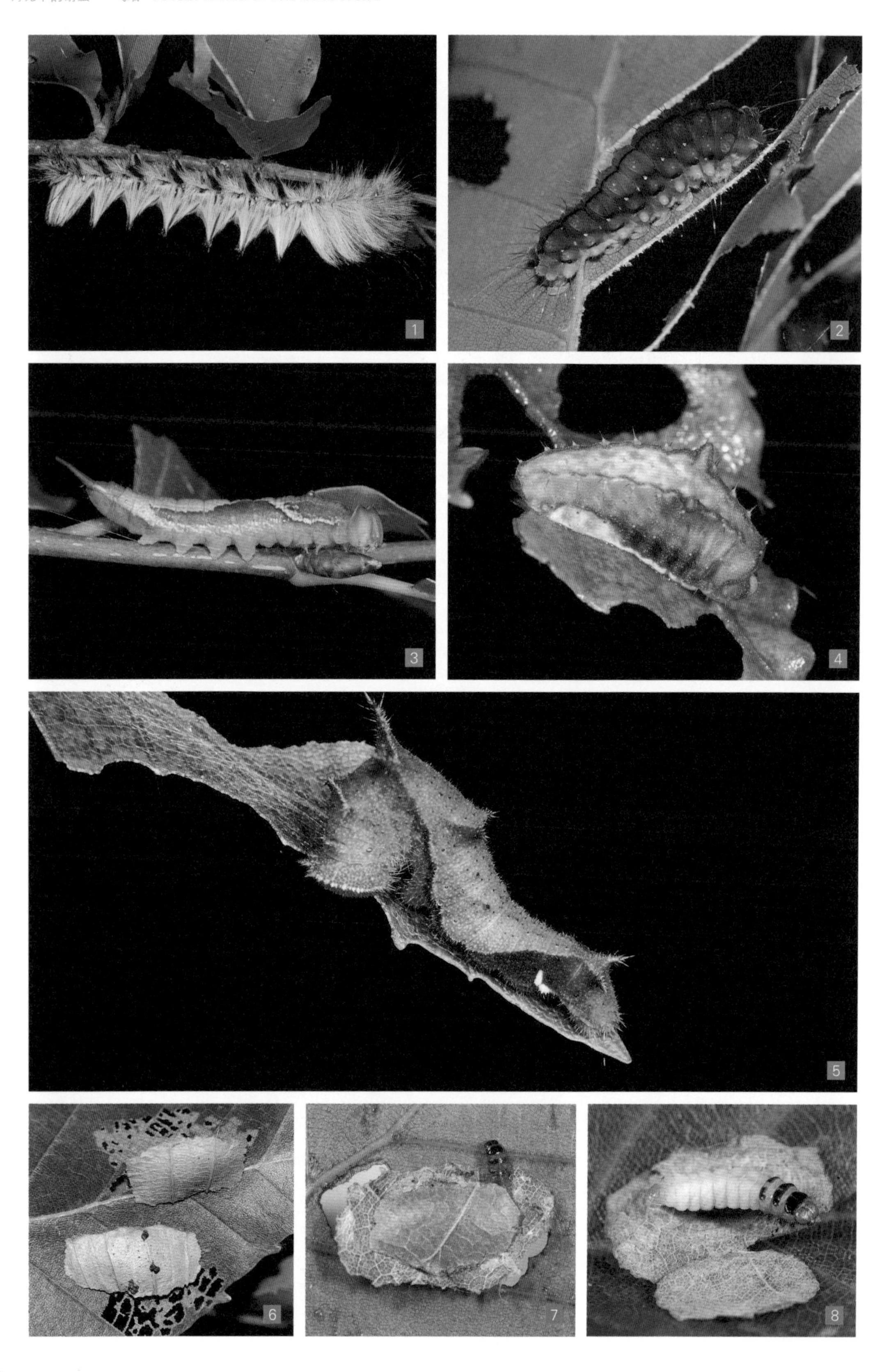
1
2
3
4
5
6
7
8

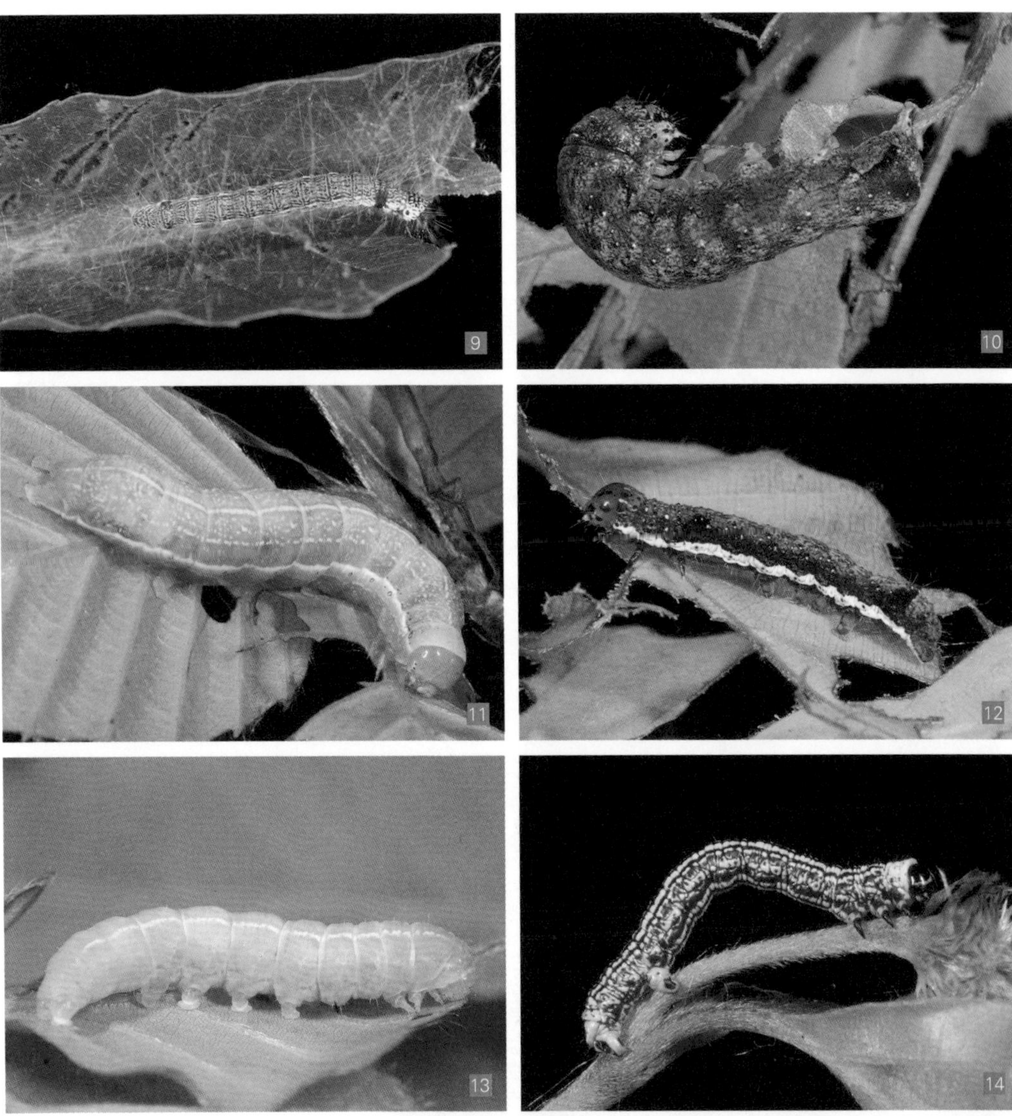

1. 带蛾科的褐带蛾幼虫
2. 斑蛾科的茶斑蛾幼虫
3. 钩蛾科的银钩蛾属幼虫
4. 刺蛾科的幼虫
5. 娑环蛱蝶（台湾亚种）幼虫
6-8. 藏在叶巢内的织叶蛾科幼虫
9. 网丛螟属幼虫
10-13. 取食水青冈嫩叶的夜蛾科幼虫
14. 尺蛾科幼虫
15. 裳蛾科苔蛾亚科幼虫

水青冈不同物候状况与指标生物（蝶蛾幼虫）

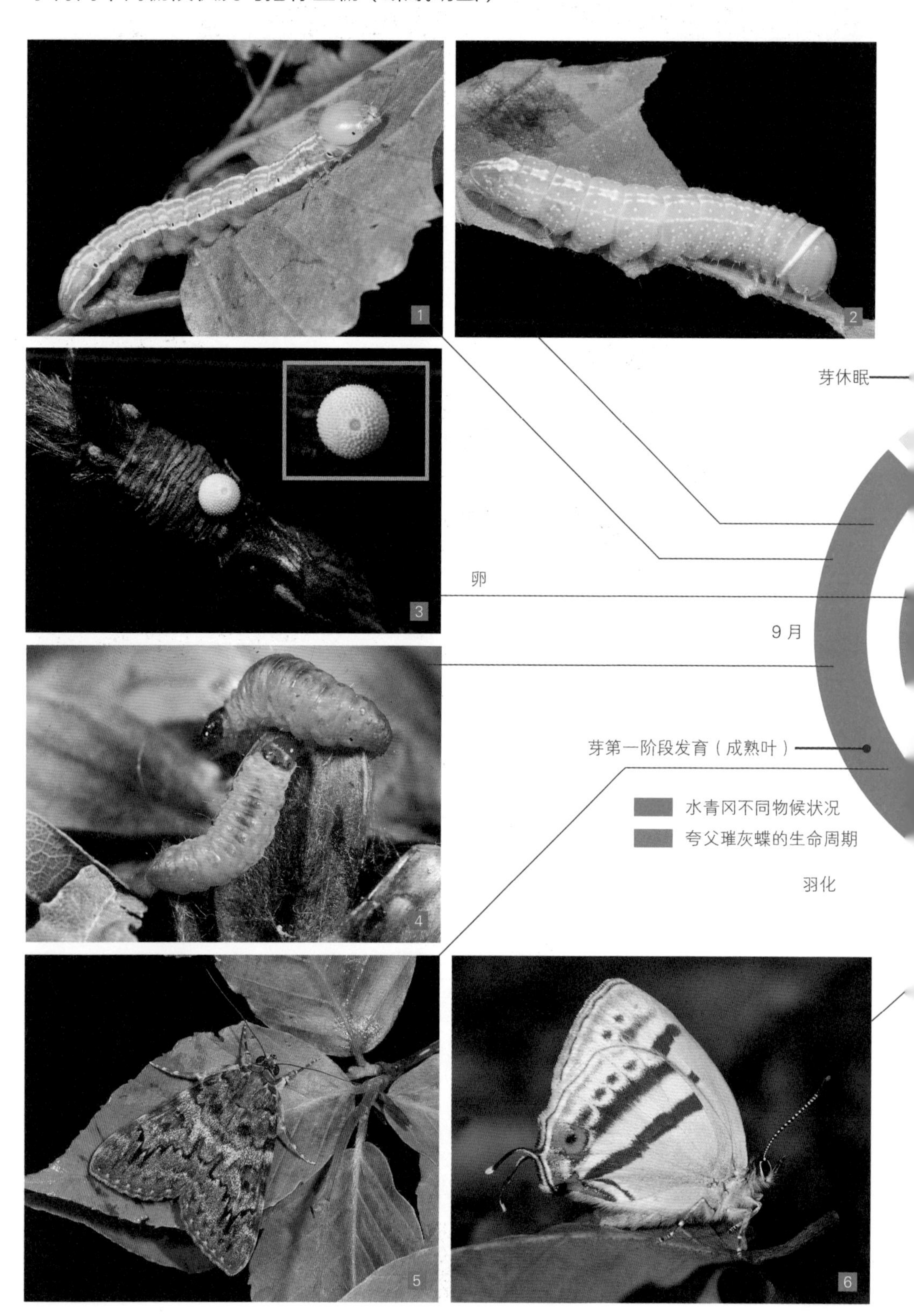

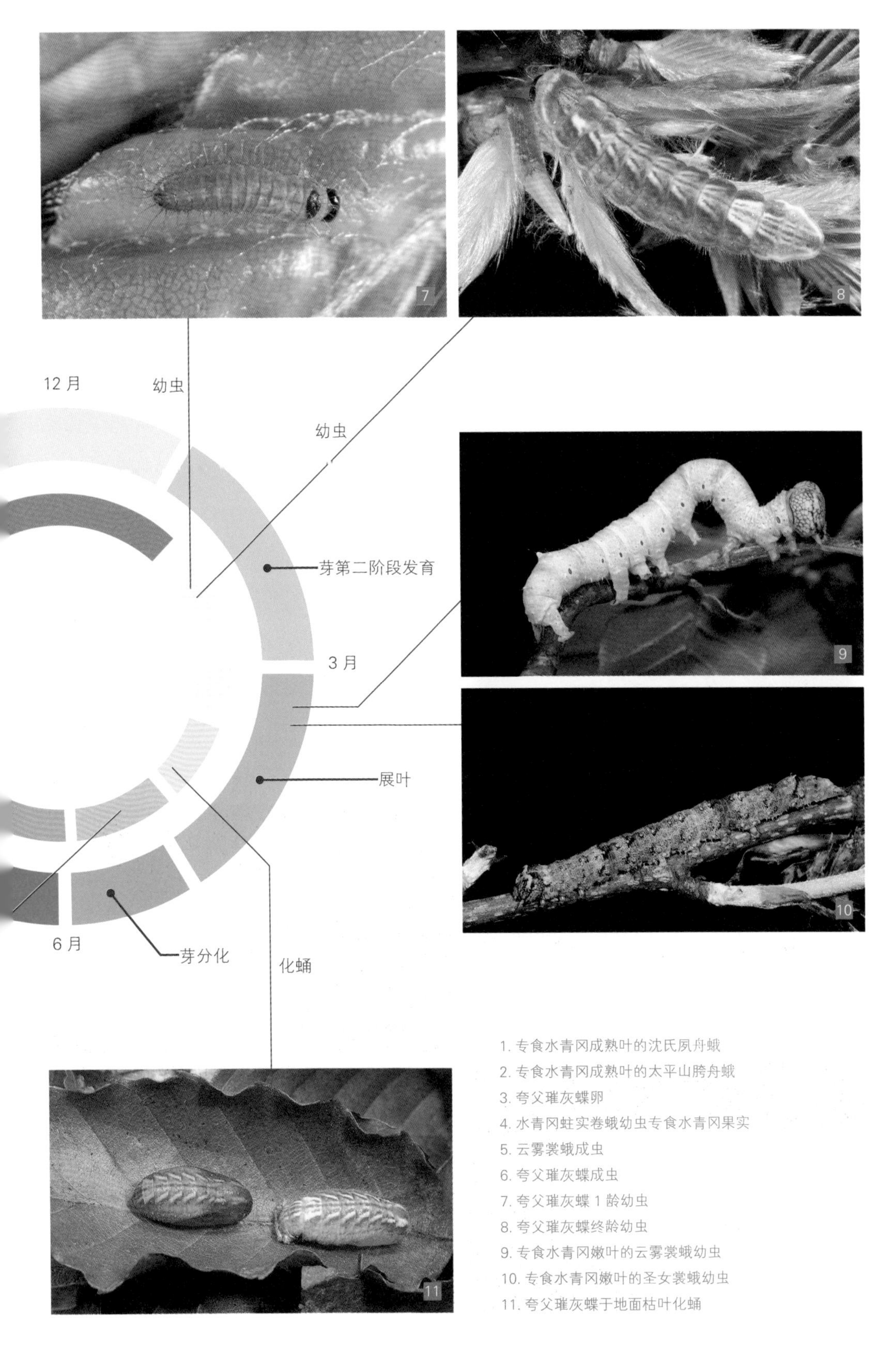

1. 专食水青冈成熟叶的沈氏夙舟蛾
2. 专食水青冈成熟叶的太平山胯舟蛾
3. 夸父璀灰蝶卵
4. 水青冈蛀实卷蛾幼虫专食水青冈果实
5. 云雾裳蛾成虫
6. 夸父璀灰蝶成虫
7. 夸父璀灰蝶 1 龄幼虫
8. 夸父璀灰蝶终龄幼虫
9. 专食水青冈嫩叶的云雾裳蛾幼虫
10. 专食水青冈嫩叶的圣女裳蛾幼虫
11. 夸父璀灰蝶于地面枯叶化蛹

蛾类与其他生物的关系

蛾的食物

蛾类与其他生物的关系，简单来说就是“吃”与“被吃”，我们先从“吃”谈起，每个案例背后都隐藏着有趣的故事。90%以上的蛾类幼虫为植食性，是生态系统中主要的初级消费者，除了直接影响生产者的数量状态，幼虫的取食与排遗可加速养分的循环，对能量的流动影响很大。植食性蛾类幼虫当中对植物的利用情况复杂，除了取食成熟叶，有些只取食嫩叶，有些啃食叶表，有些则为潜叶性，细蛾科的斑幕潜叶蛾 *Phyllonorycter blancardella* 幼虫甚至透过体内的 *Wolbachia* 细菌干扰叶片的生理代谢，即使叶片掉落也可以延长幼虫取食的保鲜期。不少蛾类幼虫钻茎取食，或取食花或果等，蛀茎性的鳞翅目幼虫，例如部分透翅蛾科、蝠蛾科、木蠹蛾科、卷蛾科幼虫取食破坏维管束，造成植株的死亡或感染真菌；食果性的鳞翅目幼虫，例如部分卷蛾科及螟蛾科等，则会降低植物果实的生产率，影响植物的传播。

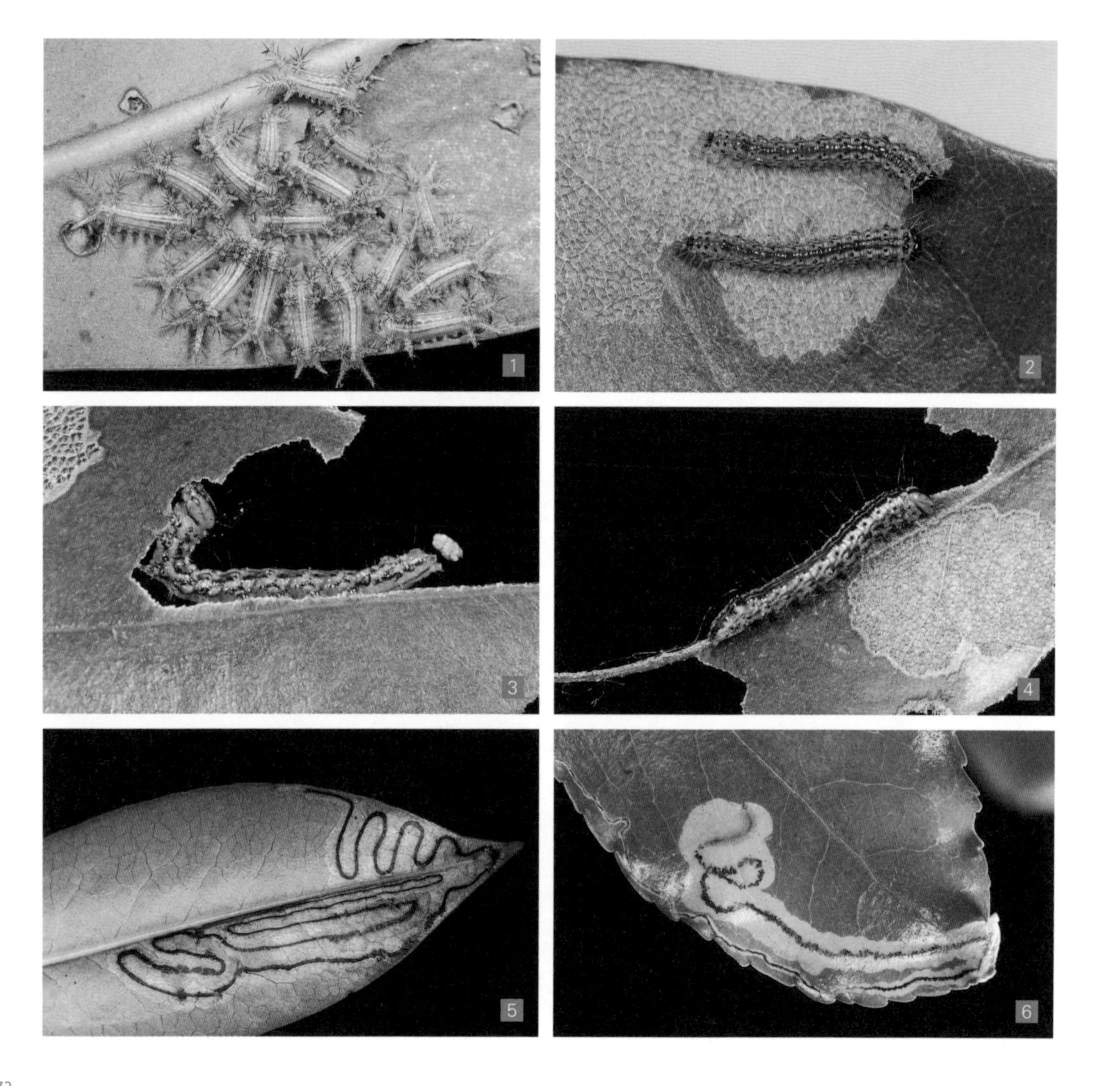

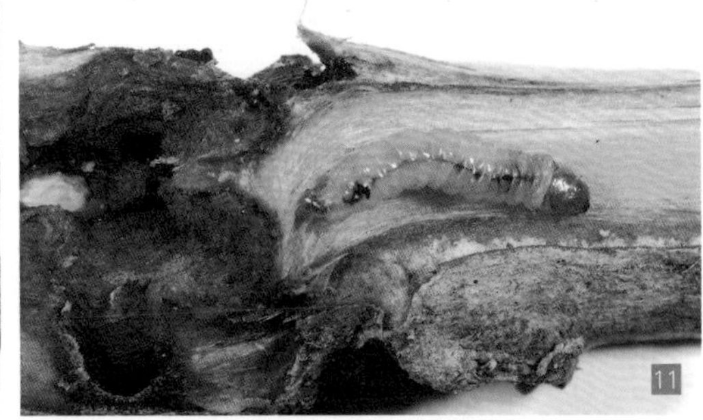

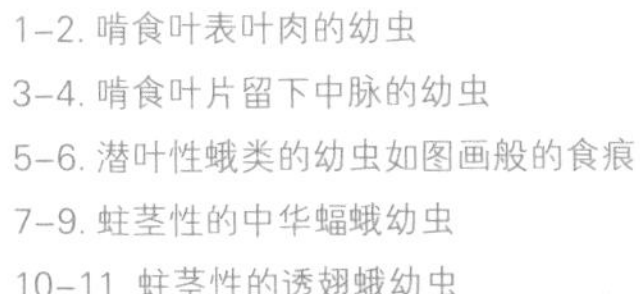

1-2. 啃食叶表叶肉的幼虫

3-4. 啃食叶片留下中脉的幼虫

5-6. 潜叶性蛾类的幼虫如图画般的食痕

7-9. 蛀茎性的中华蝠蛾幼虫

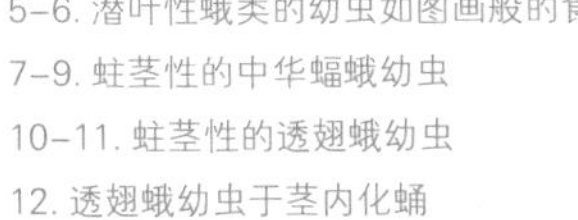

10-11. 蛀茎性的透翅蛾幼虫

12. 透翅蛾幼虫于茎内化蛹

除了植食性以外，不到 10% 的蛾类幼虫有着极为特殊和有趣的取食特性。有些蛾类幼虫取食菇蕈类，称食蕈性，例如蕈蛾科和部分裳蛾幼虫。有些特殊蛾类幼虫取食动物的角蛋白 (keratin)，来源包括四足动物的皮肤或衍生物，如毛发、羽毛、体表鳞片、蹄、角、爪等，这些种类属于屑食者。最为常见的居家害虫衣蛾 *Tinea pellionella* 幼虫主要取食动物性毛发；非洲的牛角蛾 *Ceratophaga vastella* 幼虫可分泌特殊酵素分解水牛角的角蛋白，对非洲草原的营养循环非常重要。

1. 透翅蛾从树干内钻出羽化留下蛹壳
2. 蛀实卷蛾幼虫正在啃食栲属植物果实
3. 非洲水牛
4. 非洲水牛角角质被吃完
5. 墙壁上的衣蛾巢
6. 衣蛾幼虫带着巢移动
7. 衣蛾在巢中羽化留下蛹壳
8. 衣蛾成虫

5
6
7
8

令人惊讶的是“吃粪便长大”的案例真实存在于蛾类当中，每只三趾树懒身上居住着近百只树懒螟蛾 *Bradypodicola hahneli*，它们交配后栖居于树懒皮毛中，等待树懒每周例行下树洗澡排便，雌蛾趁机将卵产在树懒粪便中，幼虫是真正的粪食者，通过取食树懒大粪发育成长，羽化后再寻找隐藏在树上的树懒，钻入皮毛中寻找配偶，重新开启一个新的世代。

羽化后的树懒螟蛾飞到树上找树懒栖居

树懒下树洗澡排便的时候，树懒螟蛾就趁机在树懒粪便中产卵，幼虫也在树懒的粪便中生长发育

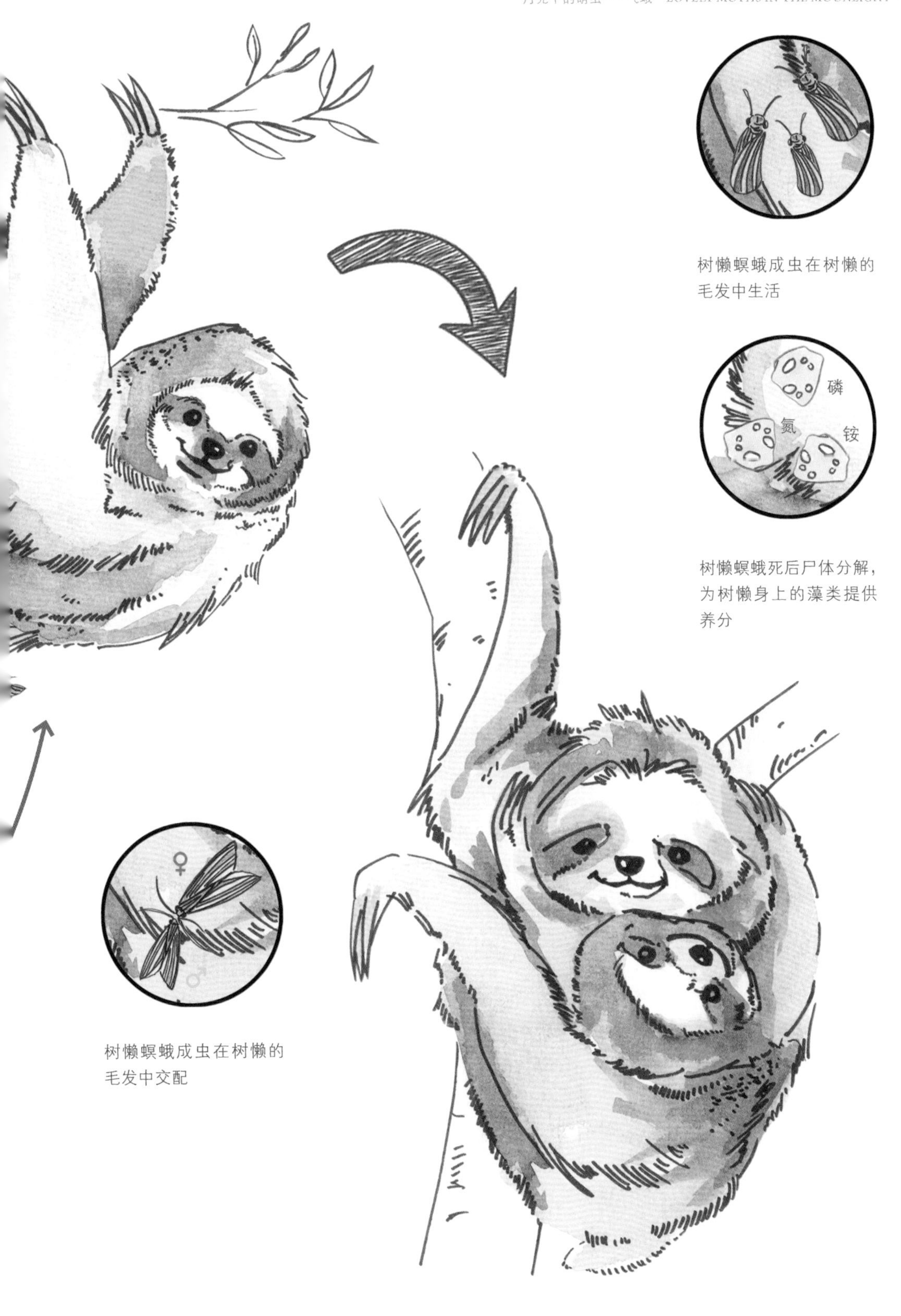

树懒螟蛾成虫在树懒的毛发中生活

树懒螟蛾死后尸体分解，为树懒身上的藻类提供养分

树懒螟蛾成虫在树懒的毛发中交配

接下来各种“吃肉长大的”的肉食性 (carnivores) 蛾类幼虫同样令人感到新奇！纹翅蛾科 Cosmopterigidae 的 *Coccidiphila gerasimovi* 幼虫和蚁巢蛾科 Cyclotornidae 的 *Eublemma amabilis* 幼虫会取食同翅目的介壳虫。在夏威夷有两群特殊的肉食毛虫，有 6 种特有的球果尺蛾属 *Eupithecia* 幼虫，休息不动时伪装成树枝，等小昆虫停栖时趁机将其捕食。

另外有 4 种 *Hyposmocoma* 属纹翅蛾幼虫会潜入溪流吐丝网捕螺类，再从壳口进入攻击取食。有些种类仅在孵化后吃肉，雌蛾身体累积了大量脂肪，将自己作为刚孵化幼虫的大餐，这种情况称为嗜母性 (matrivores)，例如拟蓑蛾 *Heterogynis* sp.。所谓“不入虎穴焉得虎子”，有些种类似乎在危险的环境中吃肉，食虫植物茅膏菜具有黏毛，通过捕抓昆虫取得额外的氮来源，而茅膏菜羽蛾 *Buckleria paludum* 幼虫不仅取食叶片上黏毛的黏液滴，也取食被黏毛捕获死掉的昆虫；另一类蜡螟蛾 *Aphomia sociella* 幼虫则住进蜂窝，它们除了吃蜡也偷吃花粉、蜂蜜和有机废物，甚至趁寄主不注意也偷吃其蜂卵、幼虫和蜂蛹。寄生现象在营养的取得方式上类似捕食性，有些寄生性的蛾类例如蝉寄蛾，幼虫具有外寄生的习性，附在蝉的身上吸食体液。

伪装成树枝的球果尺蛾幼虫捕食

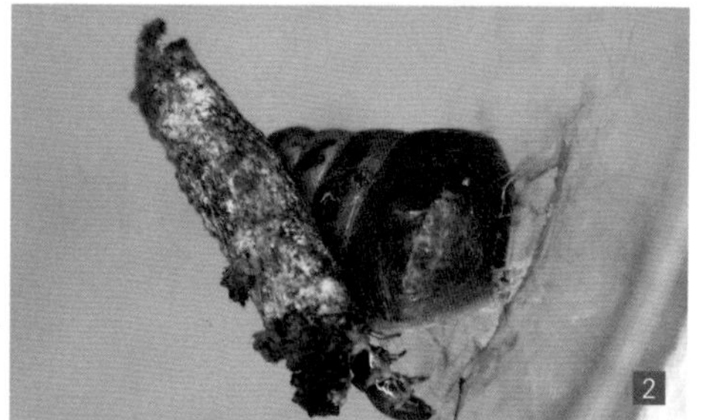

1–3. 夏威夷产的某种纹翅蛾幼虫潜水捕食淡水螺
1. 幼虫连同虫巢垂丝并潜入水中
2. 幼虫吐丝将淡水螺困住固定
3. 幼虫钻入淡水螺壳内取食

1-2. 蝉寄蛾幼虫寄生于蝉体表
3. 彗星兰与彗星兰天蛾

40 厘米长的口器

许多蛾类的成虫也通过吃而与其他生物互动，甚至扮演重要的生态功能。有些取食腐果树液，有些吸食动物尿粪，有些则访花传粉。演化学之父达尔文曾观察彗星兰的“花距”（管状蜜腺）长度，推测其传粉者口器至少长达 40 厘米，而这种具有超长口器的专一性传粉者彗星兰天蛾直到达尔文逝世后 40 年才被发现命名。不同的龙舌兰科植物由不同种的丝兰蛾为专一性传粉者，而幼虫则取食部分种子完成生长，在共演化研究领域上是著名范例。某些细蛾是算盘子或馒头果的专一性传粉者，彼此也存在着共生关系。

1. 斑蛾访花
2. 蛾类吸取蛇类尸体汁液
3. 透翅天蛾访花
4. 裳蛾吸食果实
5. 蓝纹小斑蛾访花
6. 圆端拟灯蛾访花口器沾花粉
7-8. 圆端拟灯蛾访花

5
6
7
8

不同天蛾的口器长度

1. 口器长度为身体长度的 0.5 － 2 倍的天蛾

2-4. 口器长度很短的天蛾

★注：不同种之间的身体大小比例非实际比例关系

蛾类的天敌

本段谈蛾类“被吃”。蛾类是许多高阶消费者的捕食对象，蛾类天敌的种类可区分为捕食性天敌和寄生性天敌两大类。

捕食性天敌

除了部分类群蛾类具有毒性，大多数的蛾类不具有毒性，常常是肉食性的脊椎动物及无脊椎动物捕食的对象。依据蛾类活动的时间或生活史不同的阶段，它们都面临不同天敌的捕食压力，白天的天敌或是利用视觉进行主动捕食，例如鸟类、蜥蜴、蜻蜓、猎蝽、胡蜂、游猎型的蜘蛛等等；或是以坐等型的方式进行捕食，例如螳螂、结网或在花朵上等待的蜘蛛等等。夜间的天敌当中，依靠超声波捕食的食虫性蝙蝠为其一大宗，其他尚包括视觉和听觉敏锐的小型夜行性猛禽、啮齿目和食虫目的鼠类、两栖类的蟾蜍、蚰蜒、游猎型的巨蟹蛛。

蛾类与蛾类幼虫为食物网中主要初级消费者，被各种天敌所捕食。

蝙蝠
小型夜行性猛禽
胡蜂
蜻蜓
日行性食虫鸟类
盲蛛
螳螂
蜘蛛

1
2
3
4
5
6

1-5. 鸟类捕食鳞翅目昆虫的幼虫
6-7. 盲蛛捕食鳞翅目昆虫
8-9. 蜻蜓捕食夜蛾
10. 灯诱前来捕食的猎蝽
11. 猎蝽捕食蛾类
12. 蝽科若虫捕食

1-5. 蜘蛛捕食鳞翅目昆虫成虫和幼虫
6-8. 蚂蚁捕食鳞翅目昆虫幼虫
9-11. 食虫蝙蝠的食渣
12. 螳螂捕食鳞翅目昆虫

寄生性天敌

蛾类的寄生性天敌常见的如膜翅目的茧蜂科、姬蜂科，双翅目的寄蝇科以及线虫，它们多针对幼虫和蛹期寄生，卵期则可能被小蜂科寄生。寄生蜂将卵产在毛虫体内或体表，幼虫孵化后取食毛虫的组织和体液成长，之后离开寄主造成寄主死亡，蛾类与寄生蜂的关系严格说称为拟寄生现象（parasitoidism），可说是一种特殊的捕食，而这只是广义的寄生现象（parasitism）的其中一类，它跟人类的许多寄生虫疾病不同，许多寄生虫在人体内繁衍离开后，并不会造成人的死亡。

寄生生物常利用发达的视觉、嗅觉甚至声音震动来寻找寄主，即使躲藏在枯叶虫巢里的四黄斑蛾幼虫仍逃不过四黄斑蛾镶颚姬蜂 *Hyposoter distriangulatum* 和其他 8 种不同寄生蜂的追踪；有些盘绒茧蜂 *Cotesia* spp. 会利用毛虫的粪便和植物被啃食后发出的气味追踪寄主；有些姬蜂敲打植物茎干听音辨位，将产卵管穿过树干产卵在蛀食茎的毛虫身上；有些寄生蜂如瘤姬蜂或刺蛾茧蜂 *Spinaria* spp. 不畏惧幼虫的化学防御，可以寄生洋辣子的毛虫；有些毛虫即使有蚂蚁保护也可能惨遭寄生蜂毒手；哥吉拉小腹茧蜂 *Microgaster godzilla* 甚至潜水去寄生水螟蛾的幼虫。

1

2

3

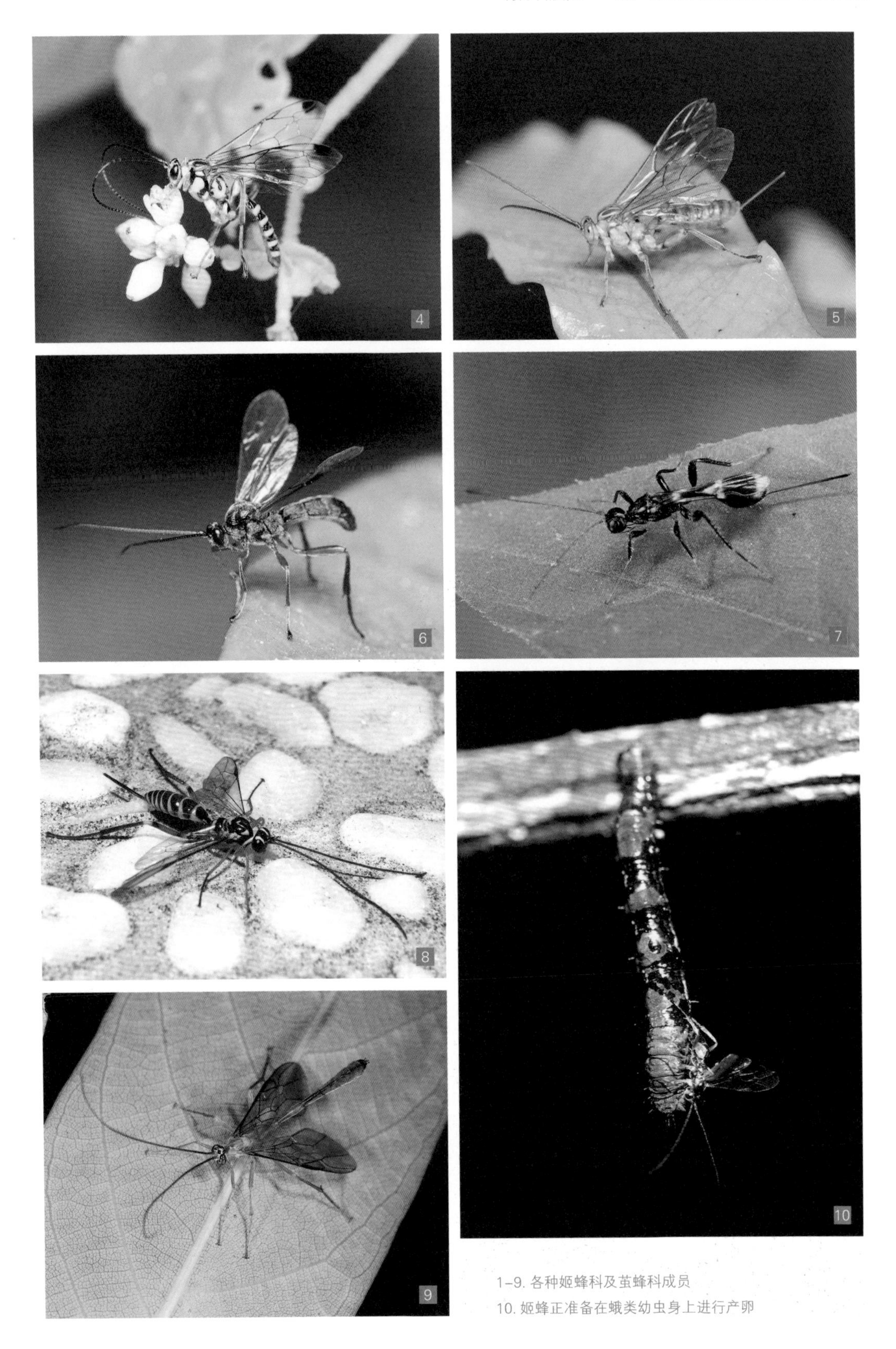

1–9. 各种姬蜂科及茧蜂科成员

10. 姬蜂正准备在蛾类幼虫身上进行产卵

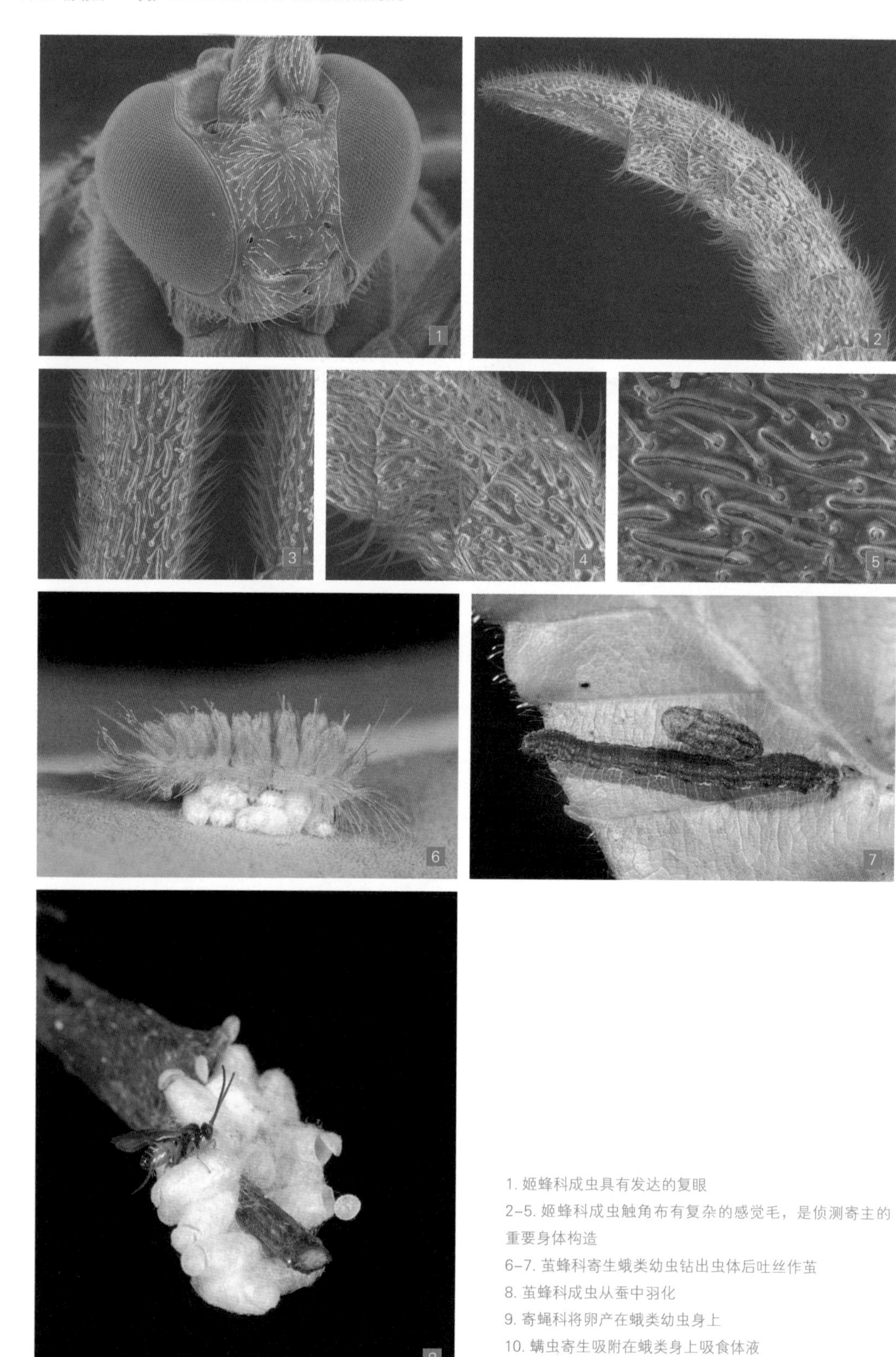

1. 姬蜂科成虫具有发达的复眼

2-5. 姬蜂科成虫触角布有复杂的感觉毛，是侦测寄主的重要身体构造

6-7. 茧蜂科寄生蛾类幼虫钻出虫体后吐丝作茧

8. 茧蜂科成虫从蚕中羽化

9. 寄蝇科将卵产在蛾类幼虫身上

10. 螨虫寄生吸附在蛾类身上吸食体液

11. 索虫寄生蛾类幼虫并从其体内钻出造成幼虫死亡

9
10
11

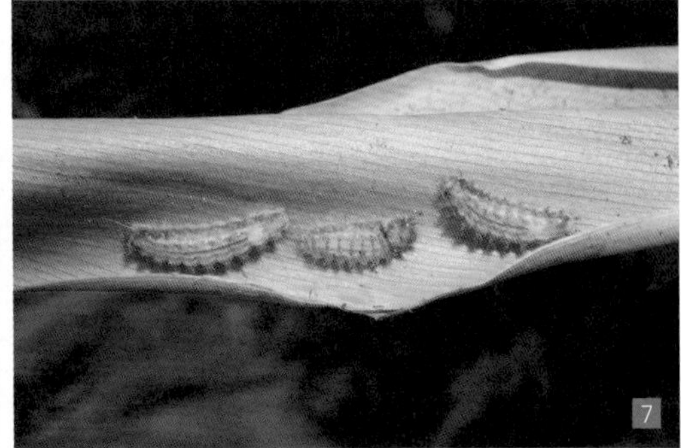

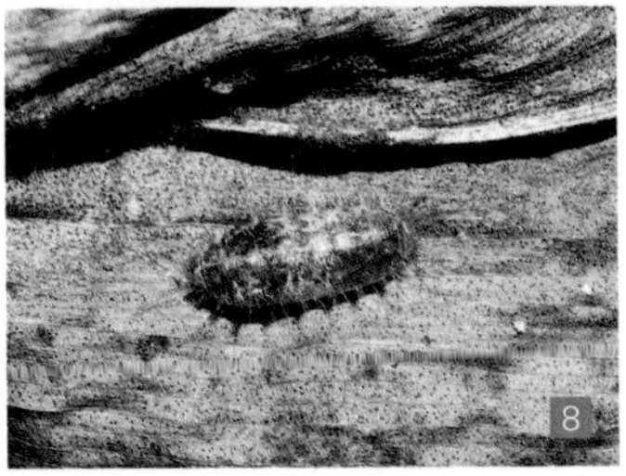

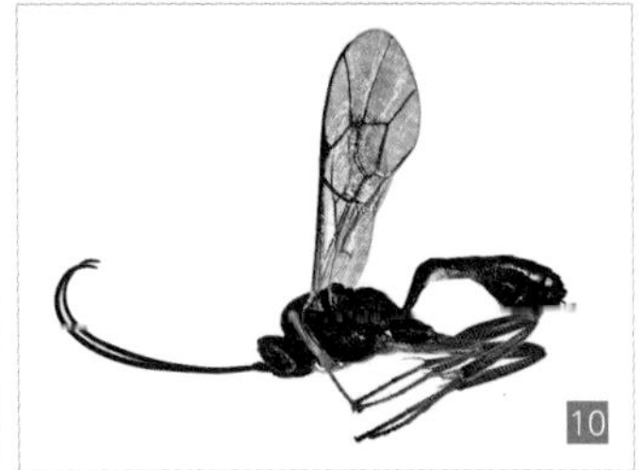

1. 榕蛾与寄生蝇
2. 寄生蜂从虫体钻出
3. 寄生姬蜂透明的茧
4. 寄蝇蛹于苔蛾的线网状茧内
5. 瘤姬蜂正在产卵寄生刺蛾幼虫
6–10. 四黄斑蛾与寄生其幼虫的镰颚姬蜂
11–12. 从黑点扁刺蛾幼虫体内羽化钻出的瘤姬蜂
13. 寄生蜂敲树干表面听声音找蛀茎毛虫，再以产卵器刺穿木材将卵产在蛀茎毛虫身上

七 趣味蛾类

◉ 蛾类之最
◉ 蛾类的应用（生活、艺术与文化）
◉ 蛾类欣赏

◉ 蛾类之最

翅展之最

蛾类翅膀的大小和形状变化巨大，最大的蛾类与最小的蛾类在体型上可能足足相差180倍，这个比例几乎相当于刚出生的巢鼠与亚洲象身高之间的差别。世界各地不少书籍以及在网络上都在议论：哪一种蛾是全世界最大的蛾类？谈到要比较谁是最大蛾类，当然必须要有一项比较、衡量的标准，最常用来作为比较体型大小的数值是“翅展”(wingspan)长度，而且要用博物馆一致的标准进行比较，这项标准如下：展翅标本的左、右前翅的后缘要呈一水平直线，这条水平直线必须跟身体前后纵轴互相垂直，然后再测量左、右前翅顶端这两个点之间的距离。展翅时如果前翅下垂，后缘不呈水平，则翅展会外扩变长。以翅展来说，比较谁是最大的蛾类，当然不能口说无凭，此时博物馆中的标本收藏成为提供此一答案的证据！目前英国伦敦自然史博物馆的馆藏标本里头，翅展最大的种类是一种产自南美洲的裳蛾科南美白蛾 *Thysania agrippina*，足可达29. 8厘米。

测量南美白蛾翅展的示意图（注：示意图非本个体的真实比例翅展）

其他体型巨大的蛾类，最知名的是产于印度－澳大利亚区的大蚕蛾科 Saturniidae，*Attacus* 属的种类，包括 *A. crameri*，*A. caesar* 和皇蛾（又称蛇头蛾）*A. atlas*，以及 *Coscinocera* 属的种类，包括 *C. omphale* 和赫克力士蛾 *C. hercules*。虽然这些种类比较少有证据标本测量去比较它们的翅展和南美白蛾的差别，但它们的前翅和后翅都比南美白蛾来得宽阔，因此在翅膀的总体翅幅面积远比南美白蛾大，据说在这些大型的大蚕蛾中，皇蛾的翅展可达到36 厘米，是目前世界各地公认体型最大的蛾类。

本种最大翅展可达 36 厘米

皇蛾最大翅展示意图（上雄下雌）★注：示意图非本个体的真实比例翅展

谈到最大的蛾类，免不了要提到世界上体型最小的蛾类。根据目前已知的标本收藏记录，欧洲最小的蛾是微蛾科 **Nepticulidae** 的 Sorrel Pigmy (*Johanssoniella acetosae*)，翅展介于 2.65 － 4.1 毫米之间，而美国该科的研究专家提及同科的物种中有翅展小到 2 毫米的个体，甚至该科里面有些未鉴定的未知种类标本，翅展只有 0.85 毫米，但主要是因为翅膀的缘毛毁损消失，因此推算的结果其翅展应该仍介于 2 － 2.5 毫米之间。

微蛾翅展示意图

皇蛾与微蛾的比例等于大象和巢鼠幼崽的比例

尾突之最

“蛾类之最”除了上面谈到的翅展最大、翅幅面积最大、体型最小之外，另一个大家感兴趣的是有一群蛾类后翅具有长尾突。例如美丽的燕蛾科Uranidae当中*Urania*属、*Sematura*属、*Erateina*属的种类和*Epicopeia hainesi*，但还是比不上大蚕蛾科里的某些属具有极为显著的长尾突，例如*Argema*属、*Actias*属、*Copiopteryx*属、*Eudaemonia*属和*Antistathmoptera*属。在这些属的种类当中，产于马达加斯加的雄性月亮蛾*Argema mittrei*是所有蛾类当中后翅尾突最长的，足足可达13厘米。

1. 大燕蛾具有美丽的尾突
2. 作者与马达加斯加月亮蛾

太阳蛾（马达加斯加金燕蛾）

月亮燕蛾

长尾大蚕蛾

红尾大蚕蛾

青尾大蚕蛾

露娜尾大蚕蛾

华尾大蚕蛾

格罗尾大蚕蛾

东非金大蚕蛾（雌）

东非金大蚕蛾（雄）

弯尾大蚕蛾

东瀛尾大蚕蛾

乌氏尾大蚕蛾

◉ 蛾类的应用（生活、艺术与文化）

人类长久以来因为昆虫的美丽、神秘及丰富的数量而应用这项资源。作为昆虫中多样性极高的鳞翅目蛾类，这项资源的应用也出现在人类生活文化中的衣着、饮食、医药、文艺赏析创作等。

衣着应用方面，除前文已经提到过去蚕丝影响世界之巨，直至现今仍有许多应用性的研究，从遗传的角度探讨蚕丝颜色的基因，或通过食物来改变蚕丝的颜色。除了家蚕丝，我国自 3500 年前就开始利用一类称之为 tasar (tussar) 的丝，tasar 主要来自大蚕蛾科柞蚕 *Antheraea pernyi* 与其同属的相关种类，例如 *A. mylitta, A. paphia, A. assamensis*，它的丝质强韧有弹性，应用于不同的制衣需求，而樗蚕（臭椿大蚕蛾、王氏樗蚕蛾）*Samia wangi* 的丝质粗色深，具有冬暖夏凉的特性。台湾早期传统昆虫产业中，也有利用皇蛾吐丝造的茧制成钱包。

1

2

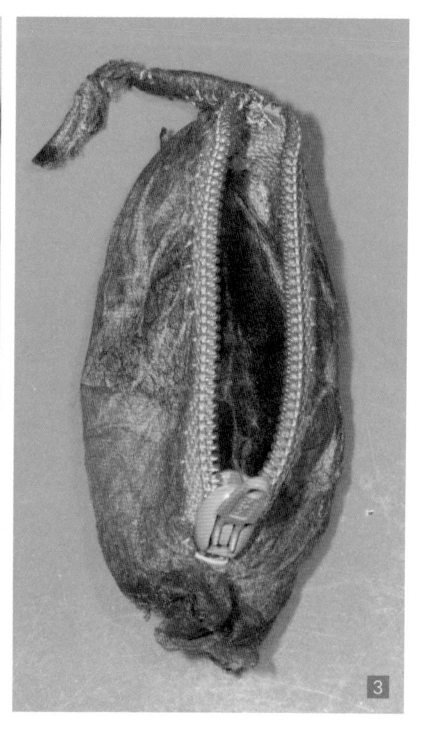
3

饮食方面，蛾类作为食物来源的案例广见于国内外。非洲地区就有超过11个科100种的蛾类幼虫作为食物来源，其中产于非洲的“莫沛恩虫”属于大蚕蛾科的皇帝大蚕蛾*Imbrasia belina*，其幼虫具有群聚性，非洲南部大多地区缺乏蛋白质来源，当地居民收集莫沛恩虫的终龄幼虫加工干制并装罐储存，并贩卖给美食市场，是当地重要的蛋白质和经济来源。在墨西哥食用昆虫很普遍，其中至少有17种食用蛾类，当地传统的龙舌兰酒Mezcal品牌在瓶里底部可见到龙舌兰虫（gusano），不同价位的龙舌兰酒所使用的虫有所不同，有些属于弄蝶幼虫，有些是象鼻虫幼虫，而其中之一是属于木蠹蛾科Crosidae的红龙舌兰虫*Comadia redtenbacheri*。澳大利亚原住民将蛀食相思树根与茎的木蠹蛾及蝙蛾幼虫称为“威切提虫”，他们视“威切提虫”为美味，这是一种富含脂肪、蛋白质、糖类、钙与铁的食物。

1. 各种颜色的家蚕茧
2. 樗蚕产的丝用于制作衣服
3. 以皇蛾茧制成的钱包
4. 用来酿酒的龙舌兰
5. 采收后去除叶片的龙舌兰将用于酿酒
6. 同样使用龙舌兰酿造，但 Tequila 不等于 Mezcal
7. 在墨西哥超市中，龙舌兰虫是常见食品

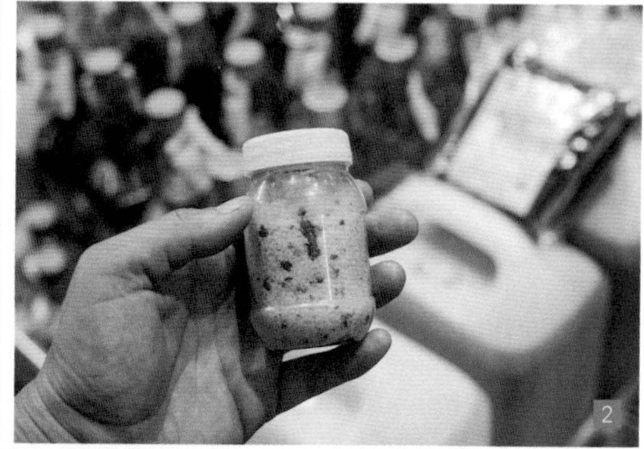

1–4. 墨西哥超市中各种龙舌兰虫食品：

1. 小酒瓶中的龙舌兰虫
2. 盐腌渍的龙舌兰虫
3. 磨成粉的龙舌兰虫
4. 小包装原味的龙舌兰虫
5. 鸡尾酒杯口涂满龙舌兰虫粉末
6. 红龙舌兰虫
7. 烤柞蚕蛹
8. 炸蚕蛹
9. 新鲜竹虫
10. 油炸竹虫是云南傣族的美食佳肴

11–12. 美食“豆丹”为豆天蛾幼虫，是高蛋白食物

在蚕丝工业的副产品中，蚕蛹可当作养鸡的高蛋白饲料来源。在印度，蚕蛹的油被抽取后，其余的部分可当作家禽和鱼的饲料。国内烧烤店的一道餐点“活烤蚕蛹”，是一种高脂质高蛋白的食物，该蚕并非家蚕，主要是柞蚕的蛹。竹虫又称为竹蛆，是螟蛾科Pyralidae的竹蠹螟*Chilo fuscidentalis*，竹虫是我国云南西双版纳等地的傣族、哈尼族用来招待贵宾的佳肴，竹虫幼虫蛋白质含量高达30%－40%，不饱和脂肪酸含量可达59%，是营养价值很高的食用蛾类。蛾类幼虫作为潜在食物来源非常具有潜力，同样是植食性，蛾类幼虫蛋白质转换的效率比家畜高，而且其粪便没有畜产业造成的大量沼气(甲烷)等温室效应气体的问题，另外研究指出，若要生产出等量的蛋白质，饲养牛只所要耗掉的能量、时间和用水量都比饲养蛾类幼虫多，目前已经有一些公司在开发饲养螟蛾科Pyralidae的大蜡蛾*Galleria mellonella*作为食用性蛋白质来源，甚至研究发现大蜡蛾幼虫会取食塑料，其消化道微生物分解塑料的能力极有可能解决未来塑料分解的问题。

7 8 9 10 11 12

在饮茶方面，有些特殊或珍贵的茶便来自蛾类。我国南方如闽东地区本来就有将桑叶制茶作为养生，而利用家蚕取食桑叶后的粪便制成的中药养生茶称为“蚕沙”；在南方的安徽、湖南、贵州、广西山区有一著名的虫茶，则是来自裳蛾科 Erebidae 亥须裳蛾 *Hydrillodes morose* 幼虫取食胡桃科 Juglandaceae 化香树 *Platycarya strobilacea* 和樟科 Lauraceae 豹皮樟 *Litsea coreana* 所排出的粪便，或来自利用豹皮樟或蔷薇科 Rosaceae 的三叶海棠 *Malus seiboldii* 饲养米缟螟 *Aglossa dimidiata* 所产生的粪便，其茶色深沉且具有独特的香气。

1-2.“洋拉罐”（黄刺蛾茧）是高蛋白食物，并可以作为宠物食品
3. 大蜡蛾幼虫可以作为食用蛋白质来源，并具有分解塑料的潜力
4. 大蜡蛾成虫
5-7. 湖南邵阳的长安虫茶，从清代开始就作为皇室贡茶
8. 中药“蚕沙”由家蚕的粪便制成

医药养生方面，中药材中的“冬虫夏草”含有20多种有效化合物成分，长久以来被认为具有养生并增强免疫力的功效，早在1500年前藏人便发现牦牛吃了冬虫夏草之后特别有活力，而唐朝时认为它具有保持年轻的功效，特别被当时的杨贵妃所喜爱。冬虫夏草是一种虫草属的真菌中华虫草 *Cordyceps sinensis*的子座与蝠蛾幼虫尸体的复合体。冬虫夏草主要生长在青海一带海拔3000米以上的高山地区，蝠蛾幼虫被寄生死亡后与菌丝结合成坚硬的菌丝体，此时正值冬季，因外形上是幼虫，故称“冬虫”；来年春天菌丝开始生长，至夏天菌丝体长成长条形的子座冒出地面，外观看起来像植物，称为“夏草”。

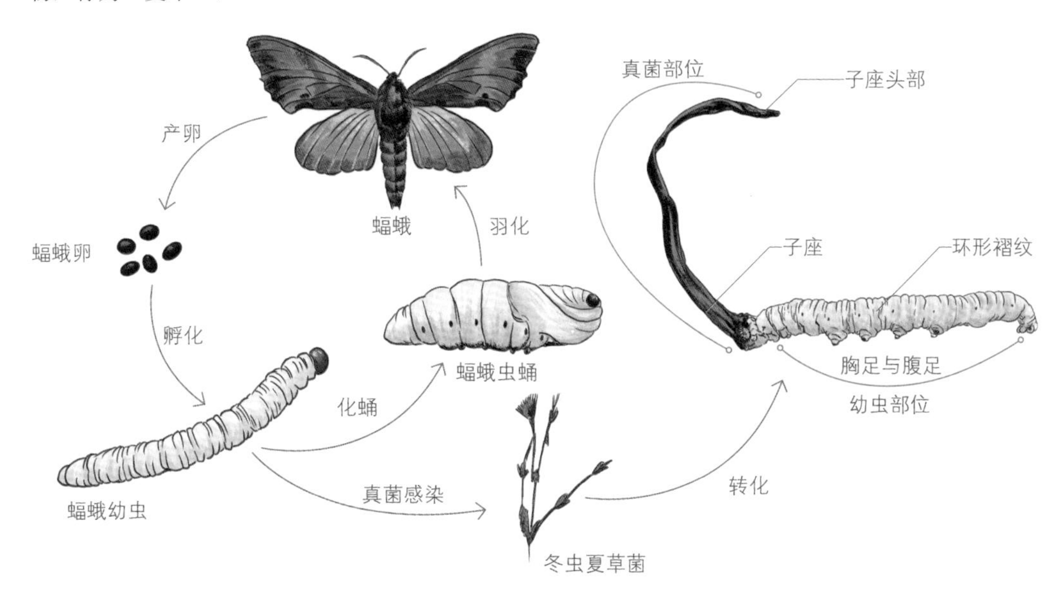

蛾类拟人化创意

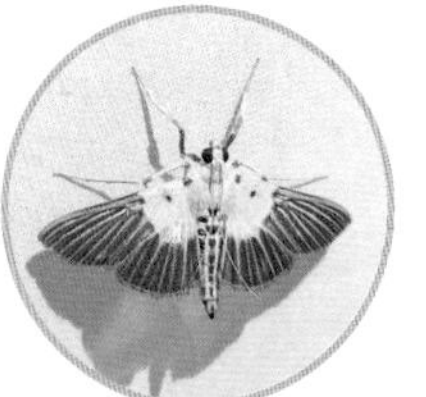

车轮草螟

优雪苔蛾

圆端拟灯蛾

大艳青尺蛾

长须铜夜蛾

粉绿白腰天蛾

绿背斜纹天蛾

皇蛾

台湾萤斑蛾

艳叶裳蛾

在文艺赏析创作方面，蛾类虽然不如蝴蝶广泛，仍然有不少具有观赏及艺术创作价值的种类，例如在昆虫商业交易中，最有名的当属太阳蛾，即马达加斯加金燕蛾 *Chrysiridia ripheus*。因其有着光彩绚丽的翅纹，常见于许多蝶蛾艺术创作中。在 1773 年英国昆虫学家 Dru Drury 发表时，因太阳蛾外观跟凤蝶很像也具有尾突，加上当时的标本头部触角呈棍棒状，因此将其置于凤蝶属并命名为 *Papilio ripheus*，后来该标本被发现头部触角是来自另一种蝴蝶转移粘上的，因此将它转移到燕蛾科 Uraniidae 燕蛾属 *Urania*，直到 1823 年德国昆虫学家 Jacob Hübner 以太阳蛾为模式物种创立一个新的属 *Chrysiridia* 将这个特别的种类独立出来。其他重要的观赏性蛾类还有像月亮蛾及皇蛾这些大型或具有长尾突的蛾类。随着网络与数字科技蓬勃发展，随着观鸟、赏蝶等活动普及之后，蛾类因为多样性的色彩与翅纹变化，在国内外均受到自然爱好者的关注，赏蛾活动也成为不少公众科学家的爱好，并见于不少数位自然影像与自然创作设计之中，而蛾类幼虫千变万化的外观也开始受到人们喜爱，饲养蛾类无论对成人或孩童都是一项新奇酷炫又有自然教育功能的活动。

大蚕蛾科

中南樟蚕蛾

锡金豹大蚕蛾

中华黄珠大蚕蛾

海南鸮目大蚕蛾

黄猫鸮目大蚕蛾

鸮目大蚕蛾

眼斑绿天蛾

银条斜线天蛾

夹竹桃天蛾

卡氏金带天蛾

卡氏金带天蛾

银斑天蛾（雌）

银斑天蛾（雄）

芝麻鬼脸天蛾

德西虎蛾

科罗拉雾带天蛾

太白绿天蛾

滇藏红六点天蛾

柯氏旭锦斑蛾

圆翅繁星萤斑蛾

后黄蝶形萤斑蛾

闰锦斑蛾

重阳木锦斑蛾

绿脉锦斑蛾

釉彩萤斑蛾

杜鹃红斑蛾

豹尺蛾

巨网苔蛾

老彩虎蛾

蓝闪拟灯蛾

毕彩虎蛾

瘤蛾科、尺蛾科、网蛾科、燕蛾科

臭椿瘤蛾

虎尺蛾

红蝉窗蛾（雌）

红蝉窗蛾（雄）

橙带蓝尺蛾

灰眉尺蛾

极光彩燕蛾（背）

极光彩燕蛾（腹）

八　有毒蛾类

◉ 有毒蛾类造成的反应

◉ 有毒蛾类的类别与辨识

◉ 遭遇有毒蛾类的处理

◉ 有毒蛾类造成的反应

人们常常对“毛毛虫”十分恐惧，总觉得它们可怕、恶心、有毒！这里要强调一个蛾类毛虫常被大众所误解的事实，即所有蛾类的幼虫当中，具有毒毛毒刺的种类，比例可能不超过5%。当下蛾类在分类上拥有约200科的高度多样性（相对而言，蝶类只有5－6个科），其中能引发皮肤发炎过敏的，大约仅有10个科或亚科的种类，而且许多包含有毒种类的类群，许多种类其实也“人畜无害”，例如恶名昭彰的“毒蛾”，里面多数种类其实不会引起不适。人们之所以觉得“很多”毛毛虫有毒不能碰，主要是因为少数有毒种是数量庞大的常见种，甚至是农林害虫，例如重要森林害虫松毛虫就是好例子。当然，也有人是因心理恐惧引发生理反应。

1. 全身密布细毛的藏珠大蚕蛾台湾亚种终龄幼虫
2. 铃钩蛾幼虫具短毛
3. 取食樱花的苹掌舟蛾终龄幼虫腹部末端抬起
4. 栎蚕舟蛾具白色短毛
5. 台湾豹大蚕蛾幼虫停憩时身体前端抬起

本章介绍有毒蛾类开始前，我们先谈“有毒蛾类”造成人或鸟兽中毒的几个现象：

有些蛾类毒素是贮存于体内，对人或其他捕食者（如鸟类、蜥蜴、哺乳类等）而言，只有在取食这类有毒蛾类后才造成不适，触碰到这些蛾类的成虫或幼虫，并不会造成人体不适，比如一些具有鲜艳警戒色的毛毛虫。捕食者只有在取食它们后才会因其体内包含的毒素产生不适，例如呕吐、虚弱无力、不舒服等，这些现象主要是发生在捕食它们的动物身上，人类误食有毒蛾类的案例则极少见。

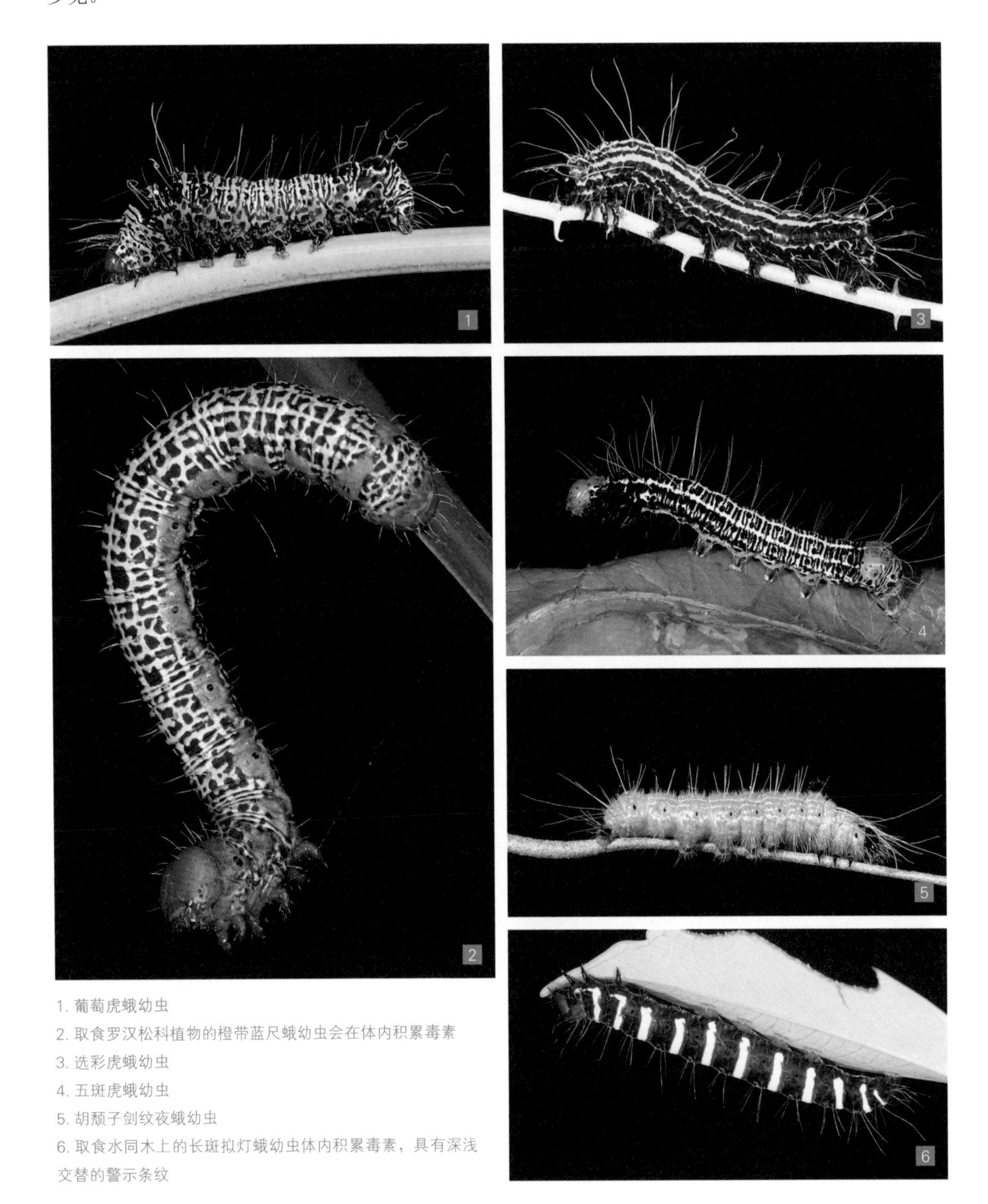

1. 葡萄虎蛾幼虫
2. 取食罗汉松科植物的橙带蓝尺蛾幼虫会在体内积累毒素
3. 选彩虎蛾幼虫
4. 五斑虎蛾幼虫
5. 胡颓子剑纹夜蛾幼虫
6. 取食水同木上的长斑拟灯蛾幼虫体内积累毒素，具有深浅交替的警示条纹

触碰到有毒蛾类成虫的有毒分泌物，例如有些斑蛾成虫、苔蛾或灯蛾成虫遇到天敌危害，会从头胸交界或翅基分泌出化学液体，这些液体通常有着不好闻的气味，有些甚至是氰化物。

1-2. 云南旭锦斑蛾遇惊扰从颈部分泌有毒泡沫
3. 中黑点黄毒蛾
4. 细纹黄毒蛾

触碰到或吸入有毒蛾类具有毒性的鳞片，可能会造成皮肤发炎或过敏，或呼吸不适。

被有毒蛾类幼虫的毒硬毛、毒刺蜇到，或碰到毛虫分泌出的具有化学毒性的液体，会造成皮肤的过敏反应，包括红、热、肿、痛等症状。

碰触毛虫毒毛、毒液后皮肤反应

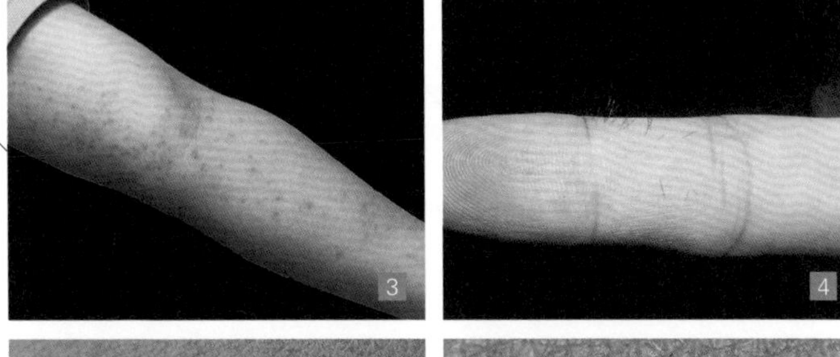

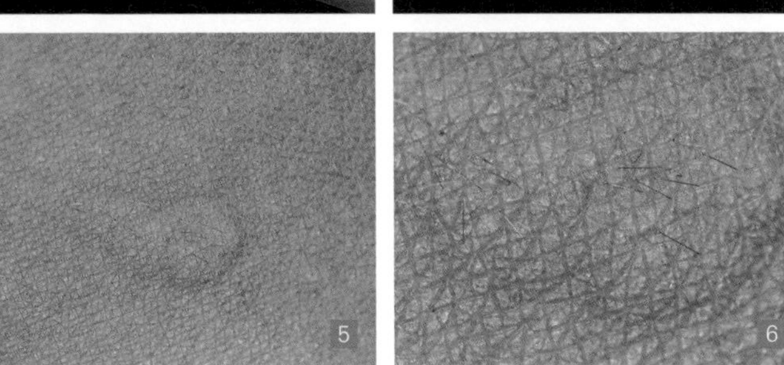

1. 网锦斑蛾幼虫
2. 乳白灯蛾幼虫
3-6. 碰触毛虫毒毛、毒液后的皮肤反应：
3. 对蛾类毒毛过敏的手臂
4. 被带蛾毒毛刺到的手指皮肤
5. 被毒毛刺到的皮肤红肿处
6. 红肿处的毒刺

◉ 有毒蛾类的类别与辨识

人体误触有毒蛾类成虫或幼虫后会造成不适的相关类群，大约有5科。

带蛾科

带蛾科的成虫时期并不具有毒性，有毒的时期主要是在幼虫阶段。以褐带蛾为例，褐带蛾的幼虫体表通常具有纵贯体轴排列的黄色长毛，幼虫停栖时头胸弯曲，这些长毛向背部靠拢立起，犹如“朋克头”的模样，受惊扰时这些长毛会往两侧张开，此时露出隐藏在黄色长毛中间较短的深色毒毛，误触这些毒毛会造成皮肤过敏红肿。

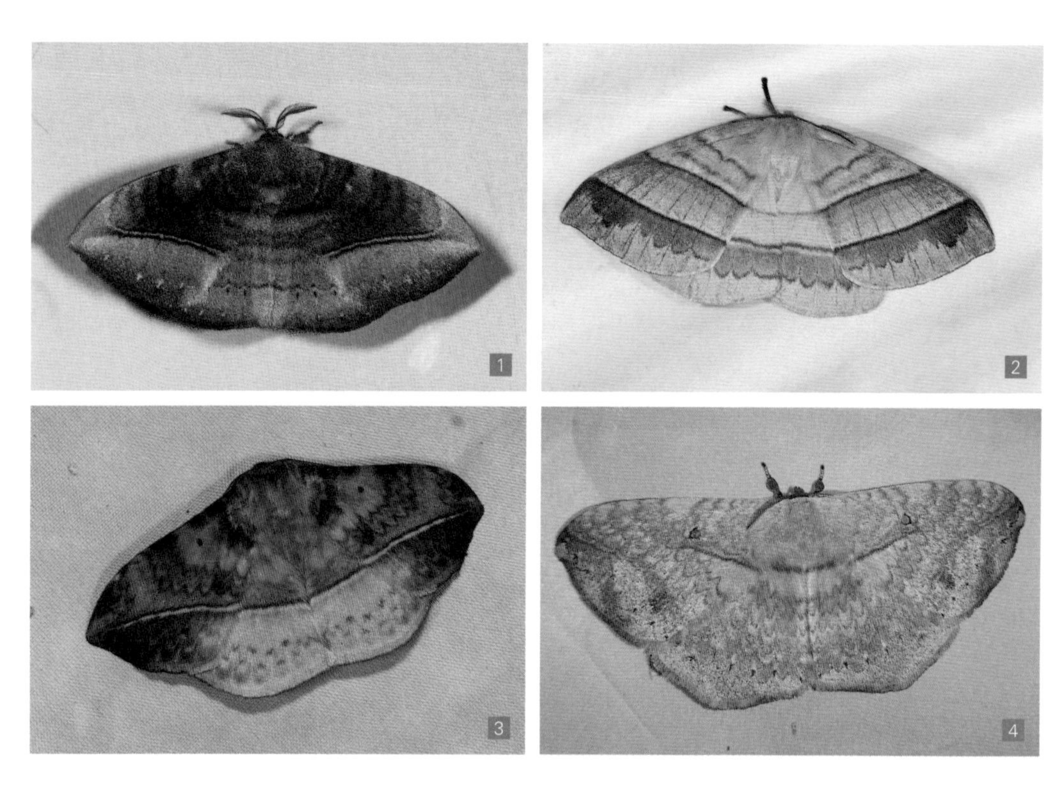

带蛾成虫不具有毒性：
1. 灰纹带蛾
2. 褐带蛾属
3. 云南云斑带蛾
4. 斑带蛾属
带蛾幼虫具有毒毛：
5-9. 各式各样毛色缤纷的带蛾幼虫（带蛾幼虫具有毒毛，目前仅少量种类的幼虫和成虫具有明确对应记录）

5
6
7
8
9

刺蛾科

刺蛾科的幼虫即俗称的“洋辣子”，在成虫时期并不具有毒毛，有毒的时期主要是幼虫阶段。幼虫通常色彩鲜艳、对比分明，身上常具有肉棘状突起，突起上分布许多毒刺，毒刺基部有时膨大为囊状，略呈透明，末端针刺状。一般来说，如果是人体皮肤上毛细孔发达的部位，只要轻轻碰触毒刺便可造成皮肤红肿；如果是毛细孔不发达的部位，例如手掌及手指先端腹面（指纹及掌纹面）轻轻碰触毒刺并不会造成红肿过敏，但若刺入皮肤才会红肿。误触刺蛾幼虫时往往造成疼痛，有些种类引发的痛楚可以比拟荨麻毒毛或触电， 毒刺造成的疼痛感持续时间长短不一，因刺蛾的种类以及误触的毒刺数量、触碰力道及个人体质而异，快则半天之内消肿，慢则一周，但最初的疼痛感通常仅持续很短的时间。并非所有刺蛾科幼虫都具有毒刺，有一部分种类的刺蛾幼虫是无刺也无毒，例如背刺蛾及角斑栗刺蛾。

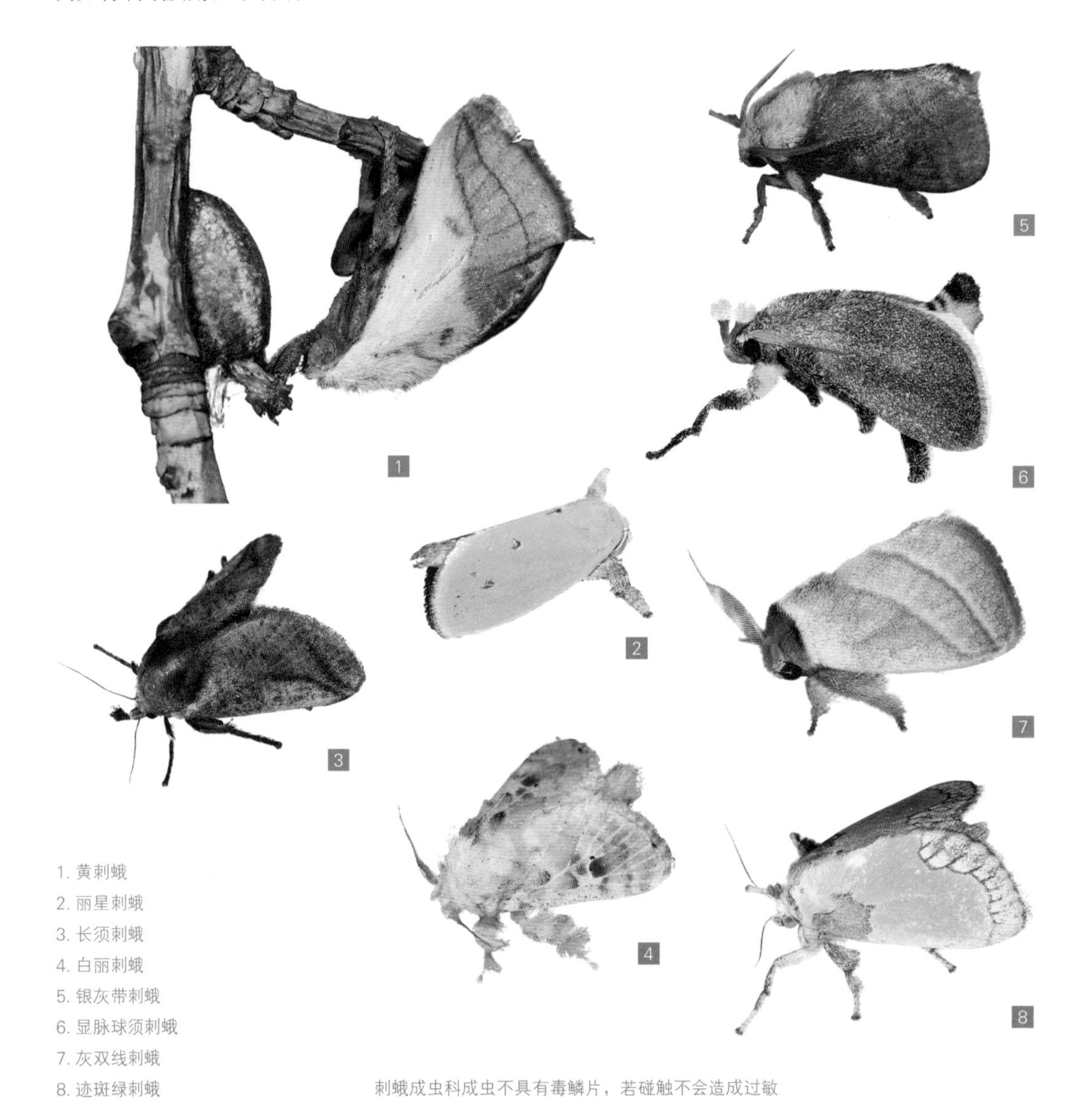

1. 黄刺蛾
2. 丽星刺蛾
3. 长须刺蛾
4. 白丽刺蛾
5. 银灰带刺蛾
6. 显脉球须刺蛾
7. 灰双线刺蛾
8. 迹斑绿刺蛾

刺蛾成虫科成虫不具有毒鳞片，若碰触不会造成过敏

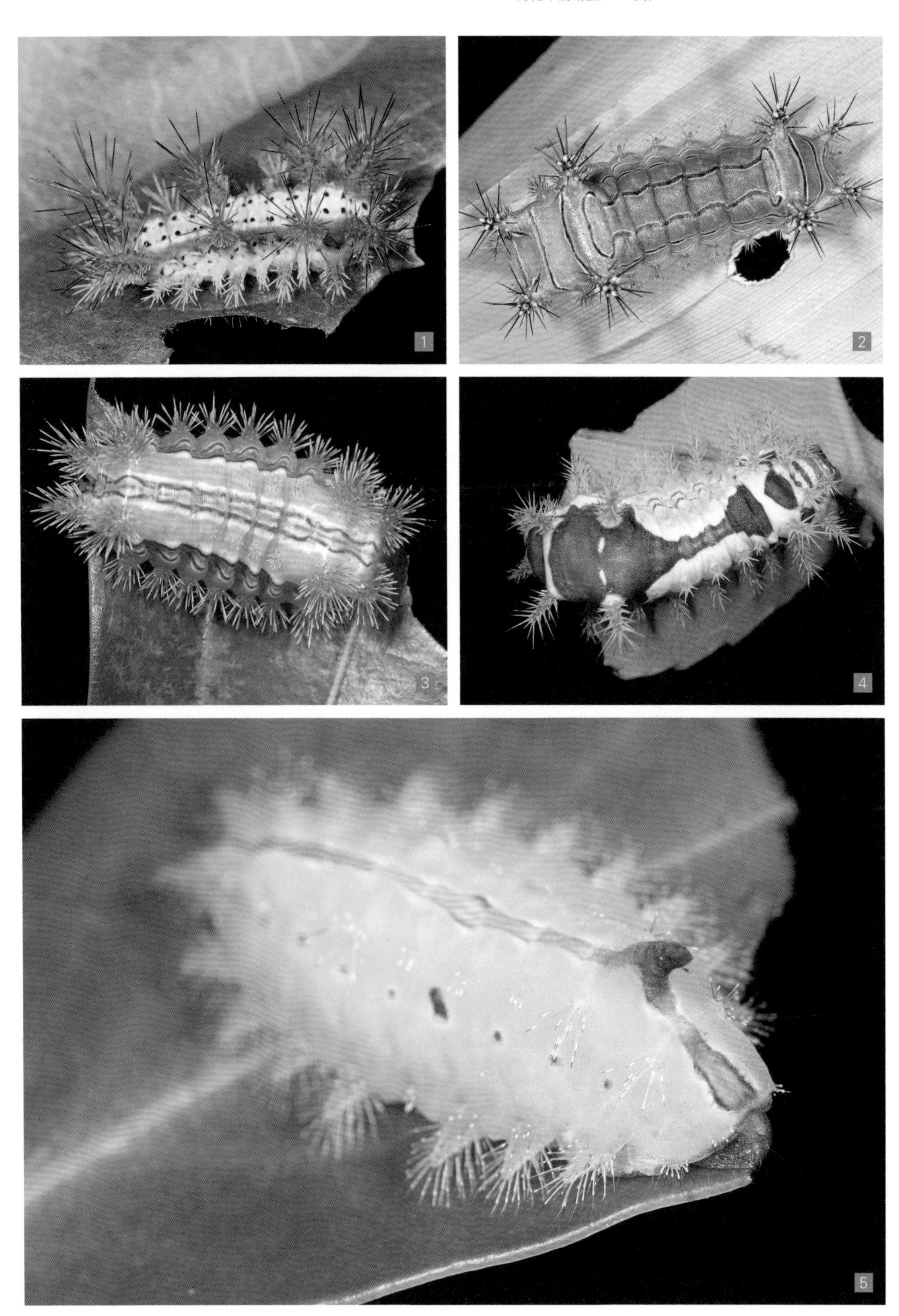

1-5. 各种具有毒刺的刺蛾幼虫：

1. 八字褐刺蛾幼虫体背有水青色纵纹　2. 闪银纹刺蛾幼虫　3. 素木绿刺蛾幼虫　4. 台湾黄刺蛾幼虫　5. 茶足点刺蛾幼虫

1
2
3
4
5
6
7
8

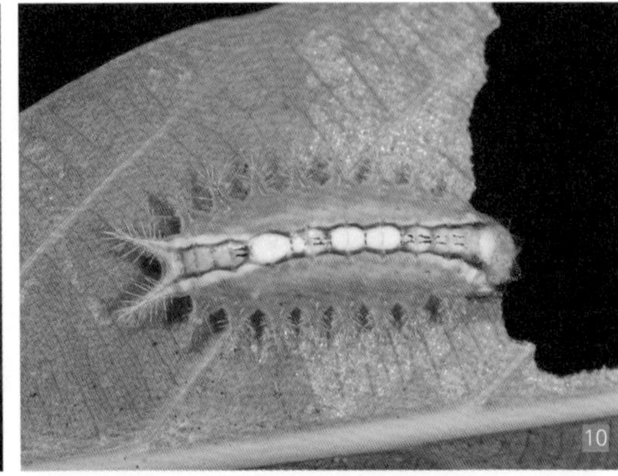

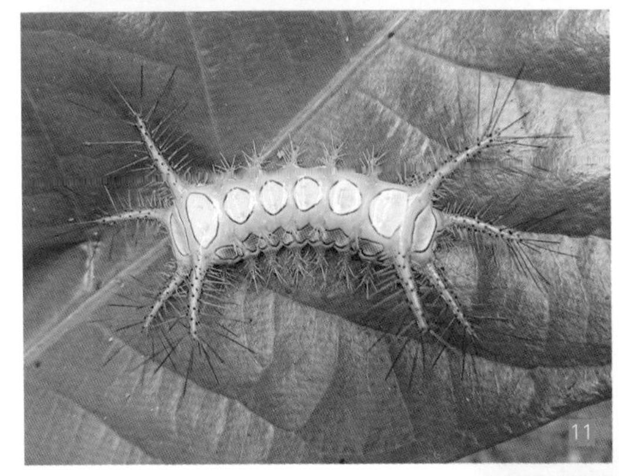

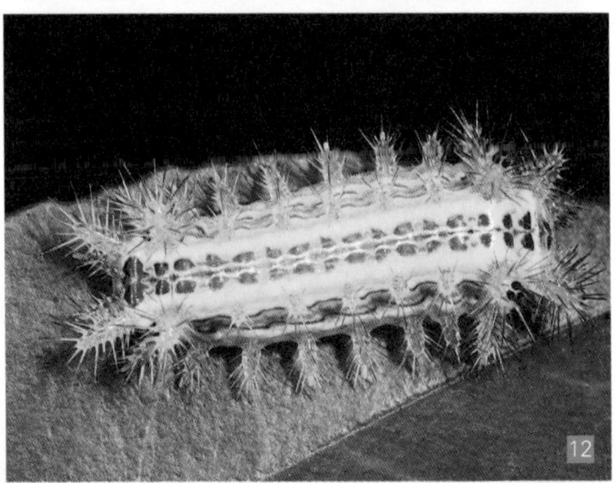

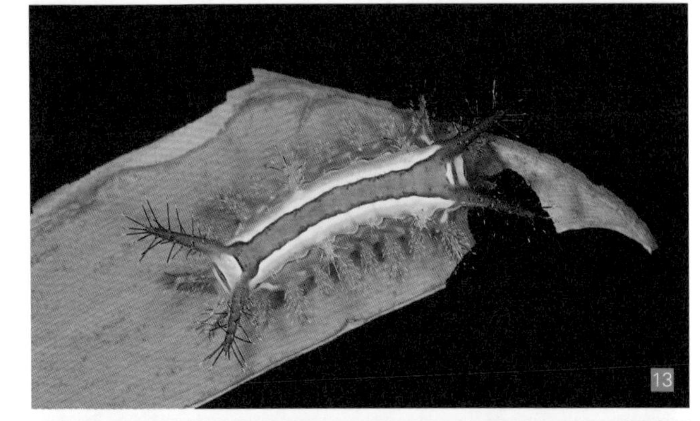

1-14：各种具有毒刺的刺蛾幼虫

1. 褐点绿刺蛾幼虫
2. 枯刺蛾幼虫
3. 绒刺蛾属幼虫
4. 基黄绿刺蛾幼虫
5. 毛刺蛾属幼虫
6. 三点斑刺蛾幼虫
7. 墨斑刺蛾幼虫
8. 迷刺蛾幼虫
9. 窄斑褐刺蛾属幼虫
10. 灰刺蛾幼虫
11. 绒刺蛾属幼虫
12. 绿刺蛾属幼虫
13. 三色刺蛾幼虫
14. 迹斑绿刺蛾幼虫

1
2
3
4
5

1–4. 各种具有毒刺的刺蛾幼虫：
1. 灰双线刺蛾幼虫背部有浅色纵线
2. 素刺蛾幼虫
3. 眉原褐刺蛾幼虫
4. 球须刺蛾幼虫
5–11. 各种不具有毒刺的刺蛾幼虫：
5. 旭刺蛾幼虫
6. 背刺蛾幼虫体表光滑
7. 鸟粪刺蛾幼虫伪装成鸟粪
8. 艳刺蛾幼虫
9. 波仿眉刺蛾幼虫
10. 角斑栗刺蛾幼虫呈半透明状
11. 阿里山梯刺蛾幼虫

枯叶蛾科

枯叶蛾的成虫不具有毒毛，而幼虫身上则布有不同类型的毛或刺，但也并非所有幼虫身上的毛都是有毒的毒毛。一般来说，位于幼虫胸部和腹部气孔下方和身体两侧的毛丛并无毒性，大部分枯叶蛾幼虫的毒毛为隐藏、可外翻的有毒硬毛，位于胸部背面前胸与中胸以及中胸与后胸交界处，有些则隐藏在腹部背面的毛丛中，当枯叶蛾幼虫受到惊扰时常将胸部背后的毒毛外翻，甚至头胸部立起来，翻出毒刺往后方及左右甩动。枯叶蛾的幼虫化蛹时会吐丝作茧，并且会将这些毒毛布置于茧体外侧，若不慎碰触茧上的毒毛也会引起疼痛红肿。枯叶蛾幼虫身体的毒毛螫入皮肤后，除了红肿，较严重者可能引起水泡。曾经有一案例，研究人员于野外工作夜里露营时，眼睛不慎被爬上身的枯叶蛾幼虫毒毛所伤，之后定期就医回诊长达半年才将刺入眼球中的毒毛清除，而5年后突然有一天眼球感到不适，再次回诊才完全清除刺入眼球里的毒毛。

不具有毒鳞片的大灰枯叶蛾

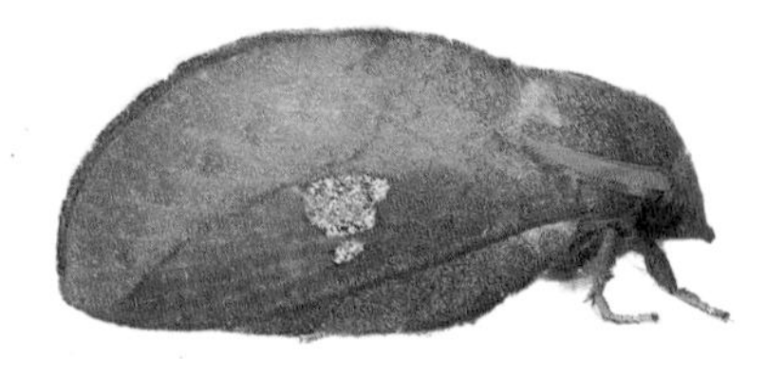

不具有毒鳞片的竹纹枯叶蛾

1. 波纹杂枯叶蛾成虫不具有毒鳞片
2. 大斑丫枯叶蛾幼虫，其成虫不具有毒鳞片
3–9. 枯叶蛾幼虫身上具有毒毛，隐藏于长毛之中：
3. 波纹杂枯叶蛾幼虫
4. 波纹杂枯叶蛾受到惊扰时前端立起翻出胸部背面毒刺毛
5. 油茶大毛虫（大灰枯叶蛾）终龄幼虫
6. 油茶大毛虫胸部背面翻出短毒毛丛（图中圈位置）
7. 油茶大毛虫腹部背面翻出短毒毛丛（图中圈位置）
8. 纹枯叶蛾属 (*Euthrix* sp.) 的终龄幼虫
9. 青黄枯叶蛾的终龄幼虫

斑蛾科

斑蛾的成虫被天敌捕获后，会从胸部近翅基处分泌出具有化学气味的泡沫状液体，这些液体有时闻起来像是杏仁味，或是厕所清洁剂的味道，是斑蛾科成员具有产生有毒氰化物用来作为化学防御的特性；斑蛾幼虫受惊扰时也常会从体节交界处分泌液体，这些液体碰触皮肤毛细孔密集处有时会造成刺痛及红肿，但症状都较刺蛾及枯叶蛾轻微。斑蛾幼虫造成红肿的情况会因不同种类、不同个体的分泌情况，以及不同人而异，以杜鹃斑蛾幼虫为例，有些人不慎碰触后并无疼痛红肿现象，有些人不慎碰触后则有强烈刺痛感。

1. 狭翅山龙眼萤斑蛾
2. 史氏狭翅萤斑蛾
3. 蓝宝烂斑蛾
4. 云南旭锦斑蛾属成虫
5. 蓬莱萤斑蛾幼虫
6. 狭翅山龙眼萤斑蛾幼虫
7. 杜鹃树上的黑缘红斑蛾幼虫
8. 透翅硕斑蛾幼虫
9. 山龙眼萤斑蛾幼虫
10. 玉带斑蛾幼虫
11. 山樱花树上狭翅萤斑蛾幼虫
12. 取食小檗科植物的红霞小斑蛾幼虫

5
9
6
10
7
11
8
12

1. 硕斑蛾属幼虫取食八仙花
2. 光辉萤斑蛾幼虫
3. 蓬莱茶斑蛾幼虫
4. 豹点锦斑蛾幼虫
5. 云南锦斑蛾幼虫
6. 网锦斑蛾属幼虫
7. 取食杜鹃的旭锦斑蛾属幼虫

裳蛾科

裳蛾科里有些亚科的成员有一部分属于有毒蛾类。

1. 毒蛾并非全部的种类都有毒，主要是部分种类具有毒毛，误触后常造成严重过敏，如黄毒蛾属的部分类群，即使是黄毒蛾属成员，也有无毒性的种类。有些黄毒蛾属的种类例如菱带黄毒蛾成虫及幼虫皆有毒毛，误触后常造成红肿过敏，不慎吸入毒毛甚至会造成呼吸不顺；有些毒蛾例如黑角舞蛾及栎毒蛾，其幼虫背部中央具有较坚硬的毛列，不慎碰触若使毛列刺入皮肤，亦会有明显的疼痛感。不少毒蛾科的种类无论成虫或幼虫都是无毒的，却因为这群有毒毛的种类，让人对所有种类避而远之，像榕树上常见的榕透翅毒蛾幼虫，以及到处爬行取食多种植物的小白纹毒蛾幼虫，都是没有毒毛的种类。

2. 某些灯蛾亚科的成员：有些灯蛾或苔蛾的成虫，受到天敌危害时，会从头胸部分泌有毒的液体；有些灯蛾幼虫(例如乳白灯蛾幼虫)的长毛虽然属于无毒性的物理性毛，但在长毛的基部有时具有短的、针簇状的毒刺毛，这些短刺毛从外观上常会被忽略，误触后会引起皮肤红肿。

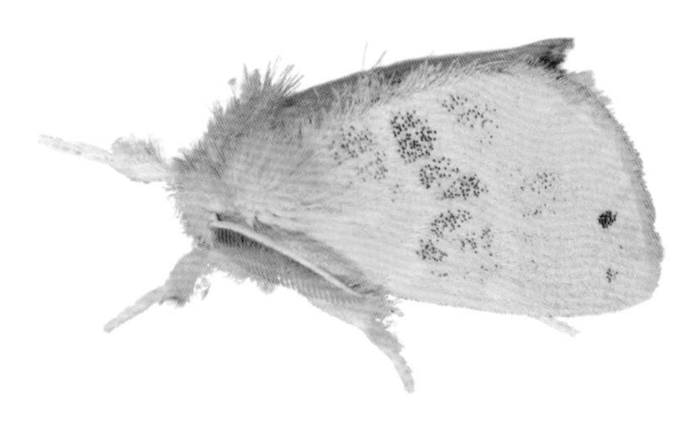

裳蛾科毒蛾亚科黄毒蛾属的成虫具有毛状的有毒鳞片

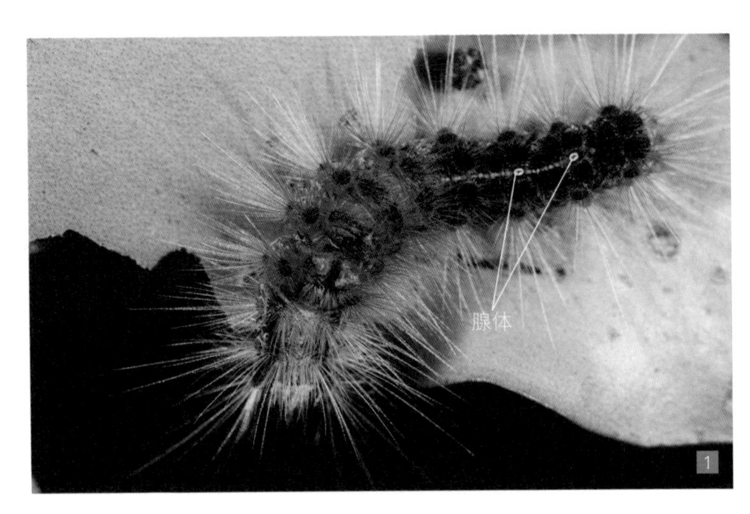

1. 台湾黄毒蛾幼虫

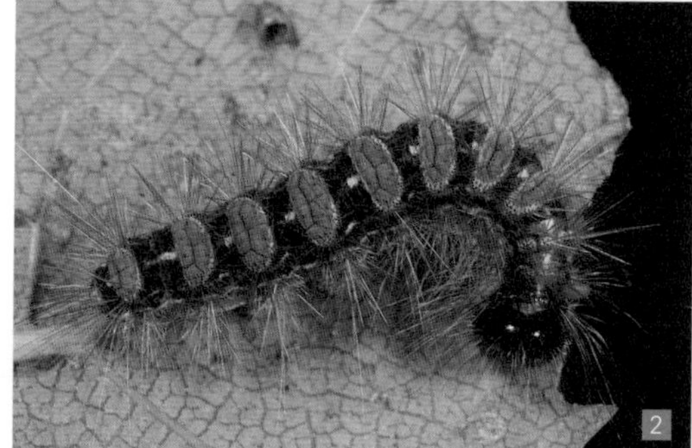

1–6. 具有毒毛的毒蛾及灯蛾幼虫：

1. 毒蛾亚科幼虫背面有 1 对腺体
2. 雪黄毒蛾幼虫
3. 白斑黄毒蛾幼虫
4. 菱带黄毒蛾幼虫
5. 乳白灯蛾幼虫位于长毛基部具有毒毛
6. 绿点土苔蛾幼虫位于长毛基部具有短毒刺毛

7–11. 不具有毒毛的毒蛾幼虫：

7. 小白纹毒蛾幼虫
8. 丽毒蛾属 (*Calliteara* sp.) 幼虫
9. 榕透翅毒蛾幼虫
10. 褐斑毒蛾幼虫
11. 刻茸毒蛾幼虫

7
8
9
10
11

遭遇有毒蛾类的处理

所谓“预防胜于治疗”，进行野外研究或自然观察时，面对有毒蛾类可能造成的危害，我们应该从预防与治疗来处理。

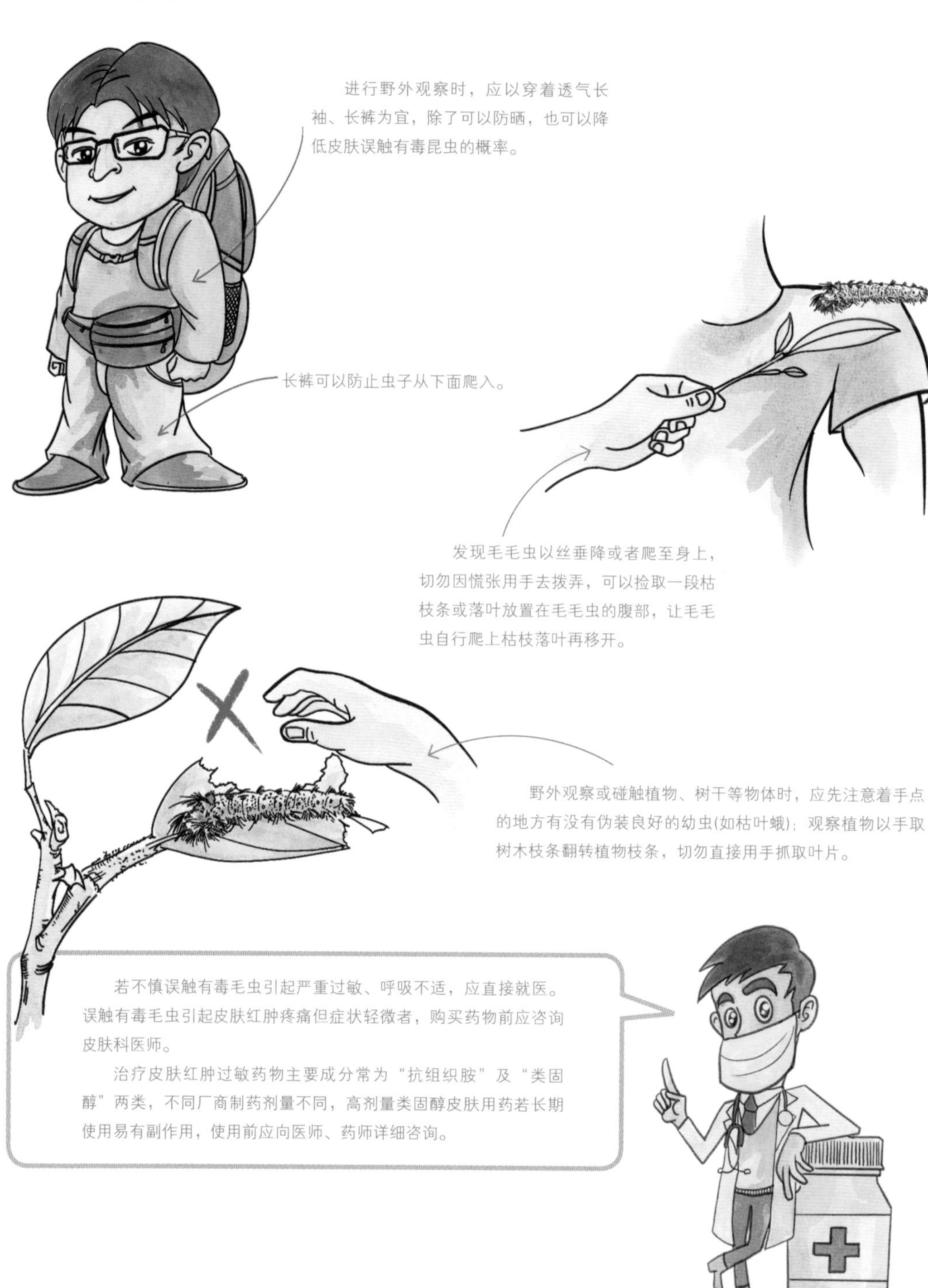

九 蛾类采集、标本制作与饲育

◉ 标本采集的科学意义与原则
◉ 蛾类的调查采集方式
◉ 蛾类标本制作与保存
◉ 蛾类的饲养与观察记录

◉ 标本采集的科学意义与原则

标本采集是生物学科的重要做法，标本是许多科学研究的根本。提出进化论的知名学者达尔文，以及跟达尔文联名发表进化学说的生物地理学之父华莱士，他们都是通过长时间的自然考察与标本采集，提出这项影响后世甚巨的进化理论。李时珍的《本草纲目》，背后也涉及许多标本的采集与利用。蛾类标本的采集在科学上可以探讨的方面至少包括：提供分类研究、农林经济昆虫种类的应用、环境变动的群聚生物指标、特殊行为的探讨、种群进化模式、族群遗传及基因演化、仿生学等。

大部分的蛾类以植食性为主，具有繁殖速度快、生活史世代时间短且重叠、子代数量多、天敌捕食致死率较高等特点，在植被保存良好、寄主植物充足、栖地没有大肆破坏的前提下，因为标本采集而造成族群骤减甚至灭绝的情况相对不易发生。当然，笔者在此提醒不应该因为上述原因便恣意采集，甚至是大量采集，然而因着科研需求及人才培育养成过程中，标本采集常常有其必要与重要意义，即便是个人收藏，笔者在此也提出几个标本采集的原则可供读者参考。

1. 采集标本需适度不宜过量，例如除非必要否则尽量不采集雌性成虫。

2. 采集标本后的处理、制作与保存要符合科学规范（见后述）。

3. 法律原则：在保护区禁止一切非法采集，对于国家保护种类更是不能采集。

4. 尊重原则：即使有合法许可或不违法的前提下，在地区性文化或宗教有排斥杀生处尽量低调采集，或遇纯粹爱好的拍摄者尽量避开减少冲突。

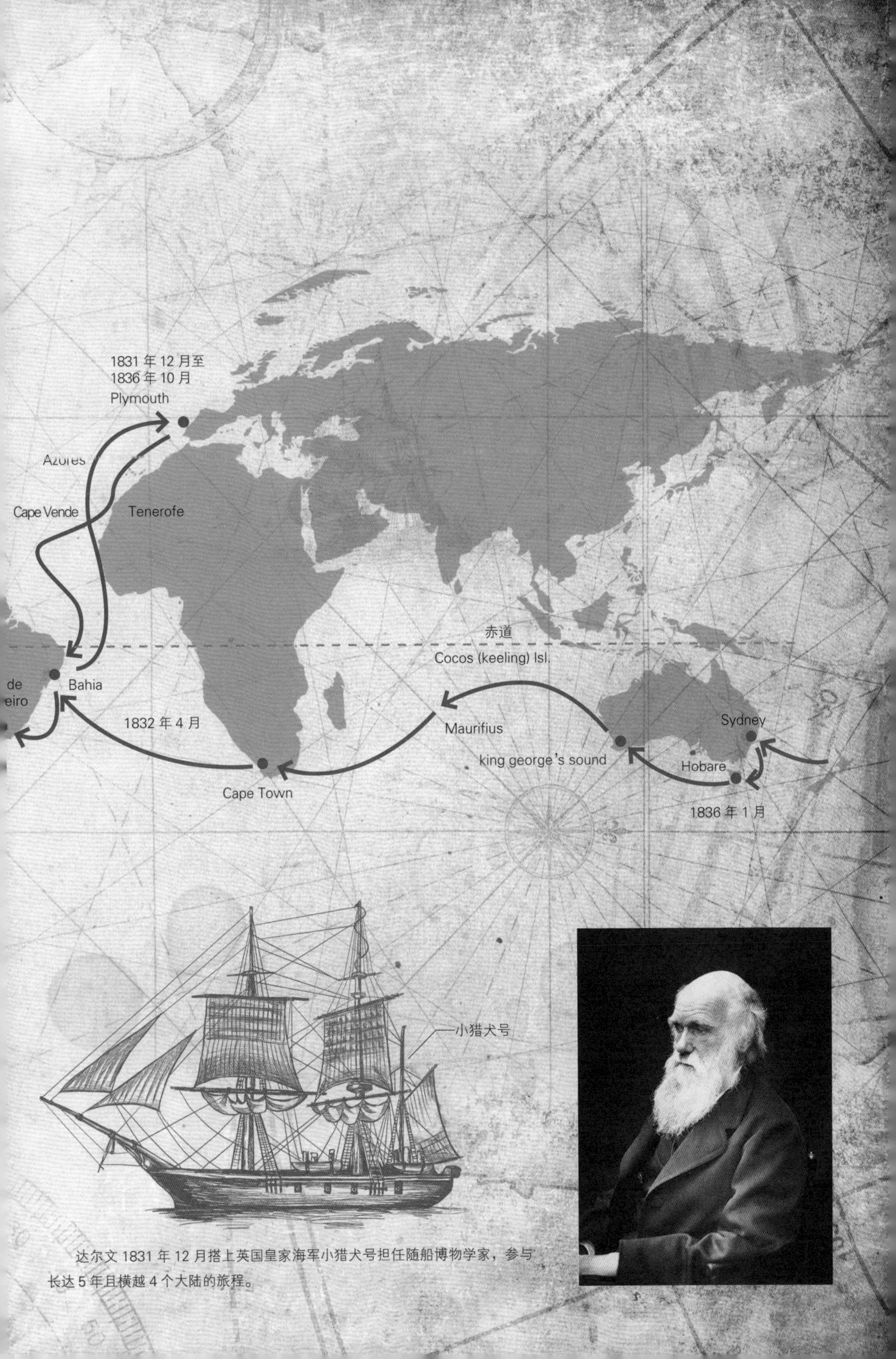

达尔文 1831 年 12 月搭上英国皇家海军小猎犬号担任随船博物学家，参与长达 5 年且横越 4 个大陆的旅程。

◉ 蛾类的调查采集方式

科研人员依据蛾类不同生活史时期的习性和行为，研究出一些调查采集蛾类的方法。在野外进行蛾类调查时，针对幼虫和成虫可以分别使用不同的调查方式，包括目击直接捕捉，或利用网具网捕（扫网、扣网），有些采集法则利用诱饵和网具陷阱相结合来捕捉蛾类，如食物引诱法（腐肉腐果诱集）、灯光诱集法（水银灯诱集、黑灯诱集等）、吊网采集法、化学引诱法等。

幼虫采集

幼虫采集方面，徒手采集法是通过寻觅植物直接寻获蛾类幼虫，由于许多蛾类幼虫停栖于叶背面或有良好的保护色，因此用这种方法要发挥观察力，例如注意植物被幼虫啃食的叶片或幼虫将叶片织成的巢，都是辅助我们找到幼虫的关键。该方法寻获幼虫的效率相对较低，但如果对于熟悉各类蛾类幼虫寄主植物的研究者，采集效率相对较高，另外徒手采集时注意不要误触一些有毒蛾类的幼虫，例如刺蛾、枯叶蛾的幼虫，其毒毛会对人体造成伤害。

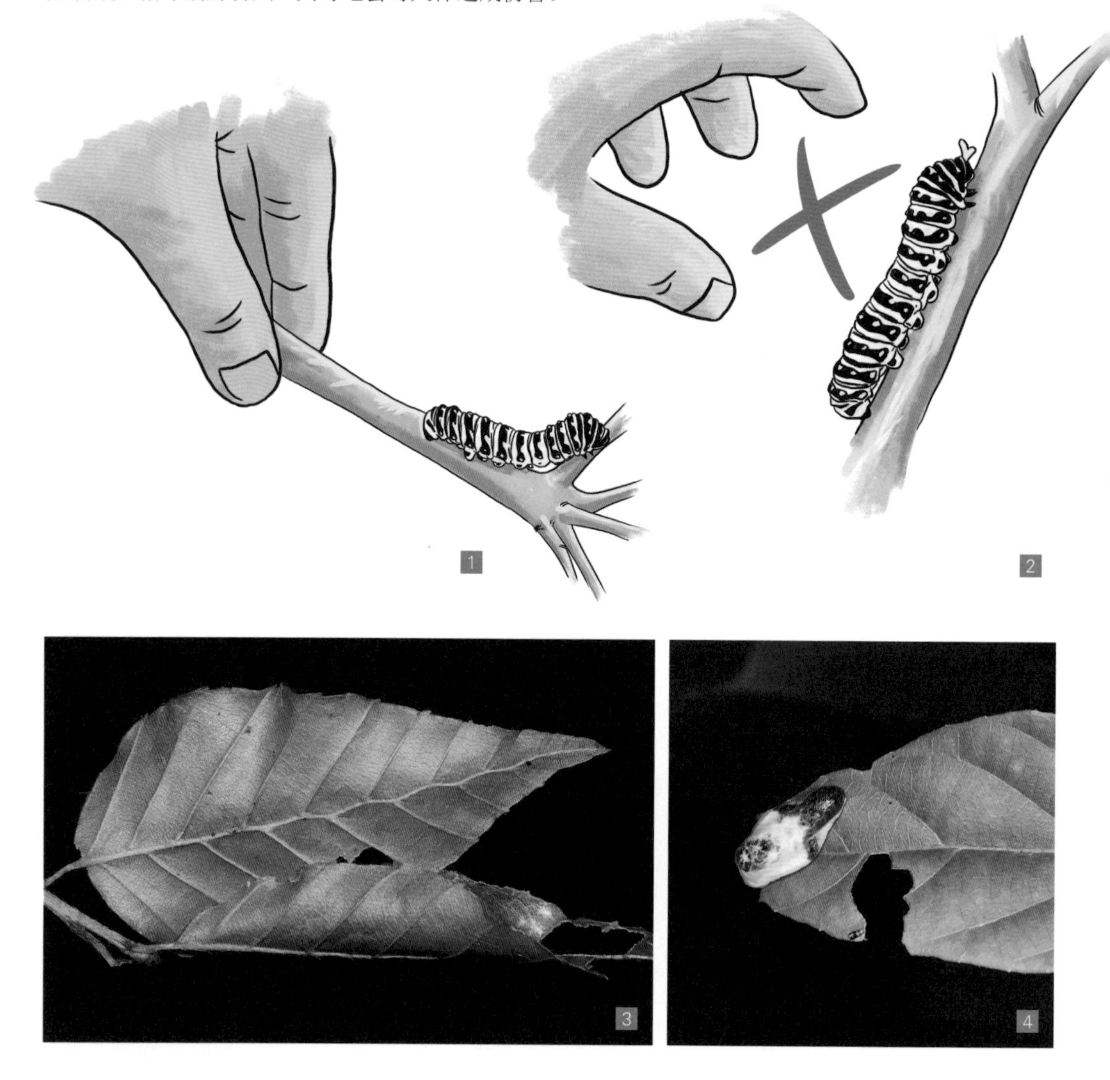

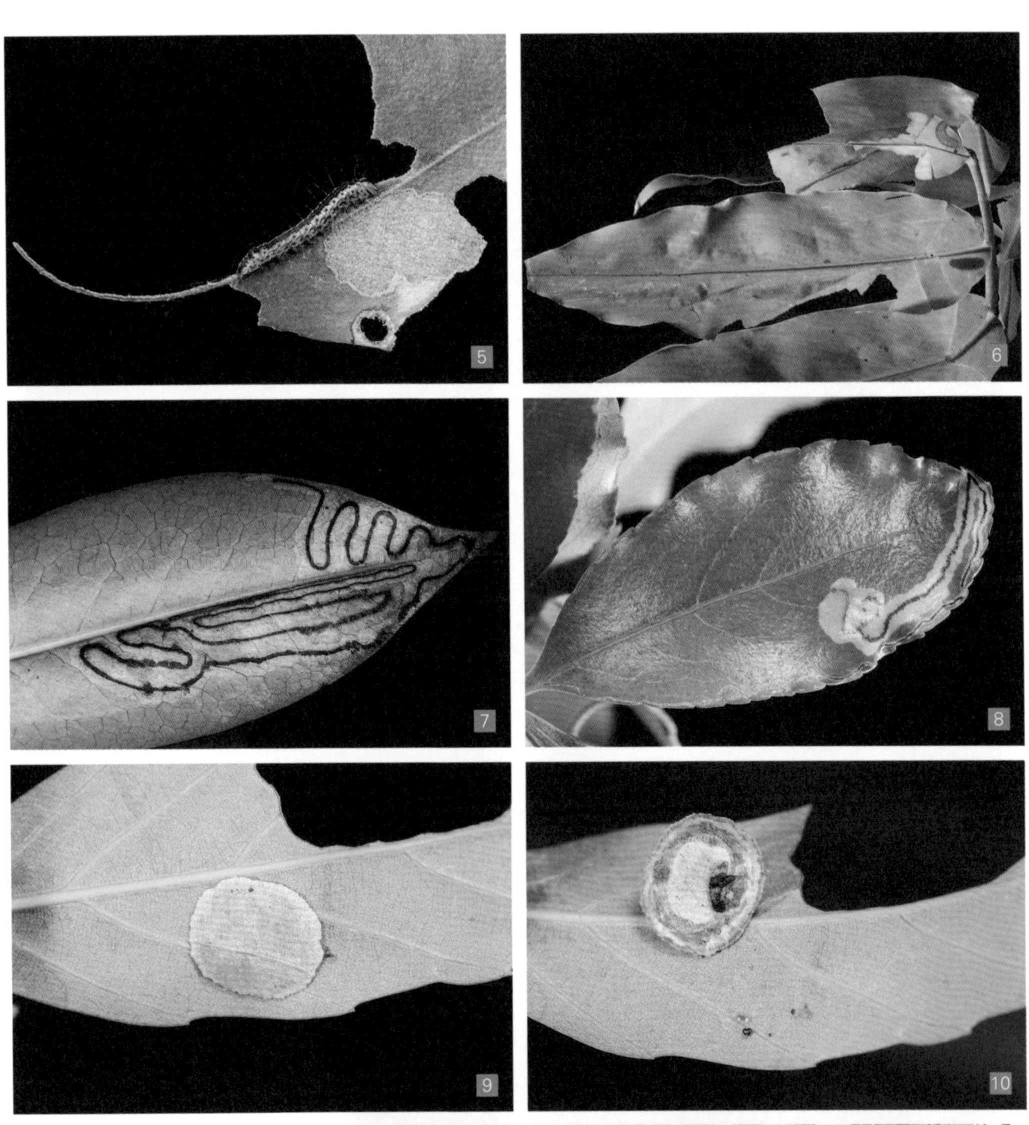

1. 正确的做法是连同枝叶取下幼虫
2. 错误的做法是直接用手抓虫
3. 注意叶子有不自然的卷起
4. 叶子上有啃食的痕迹
5-6. 叶子上特殊的啃食痕迹
7-8. 幼虫潜叶痕迹
9-10. 啃食的痕迹和幼虫的巢
11. 树上有大量被啃食的叶片

另一种采集幼虫的方式为振布法（扣网采集法），这是利用一些幼虫停栖于植物上或受惊吓时会装死掉落的习性。我们可以手持木棍敲击树干或徒手摇晃树枝，让虫子掉下，另一只手可将雨伞撑开倒持在底下承接，或在树下用白布接掉落下来的毛虫，也可以购买使用专门定制的昆虫采集振布组。

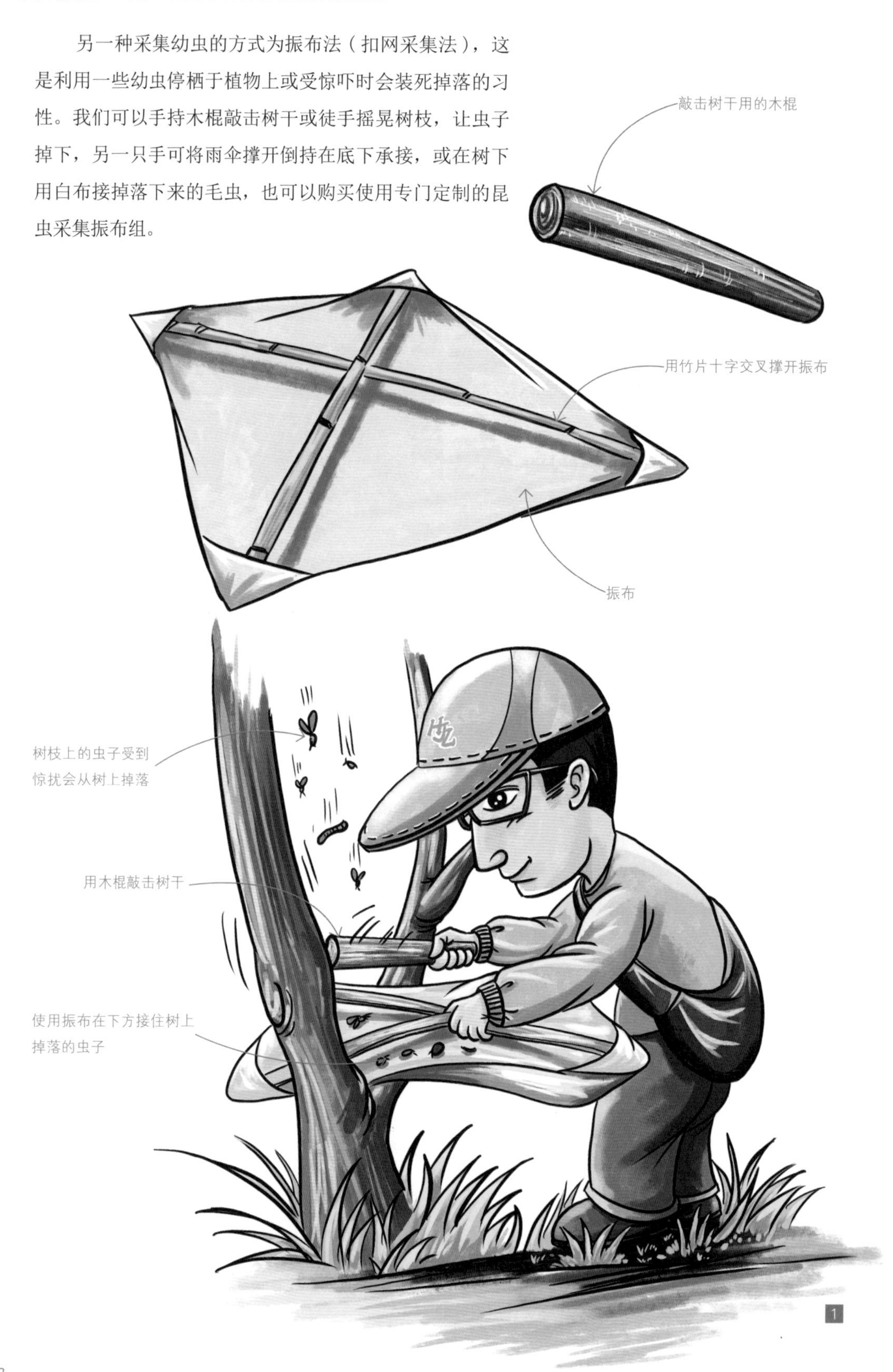

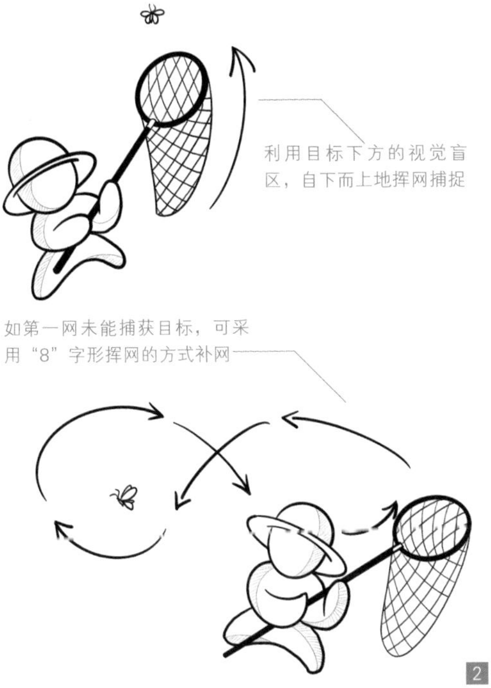

成虫采集

成虫采集方面，网捕法不像在蝶类调查采集中使用较多，而是只适用于一些日行性的蛾类，例如斑蛾、虎蛾或一些日行性的天蛾科的种类。最有效率的蛾类成虫调查采集法是灯光诱集法。包括蛾在内，许多昆虫具有趋光性，夜晚在路灯下常有昆虫聚集飞舞或停栖于灯源附近。在野外如果没有光源，可以用白布在四角绑上绳子，系于两棵树中间，布的前方放一盏灯，就可以吸引许多趋光性的蛾类了。四周越暗，诱引的效果会越好，尤其在没有月光、无风闷热的夜间效果最好。由于不同的昆虫对于不同光源敏感度不一样，因此在光源的类型上主要有水银灯(可见光波长)及黑灯(紫外光波长)两种常用的灯源类型。水银灯光线的吸引效果可及性较远，适合用在开阔处，黑灯光线的强度通常仅适合吸引外围4—5米范围的昆虫，因此适合用于茂密的森林底层。我们可以将灯光诱集想象成是一种光的陷阱，灯光诱集法的英文名称即为light trap。

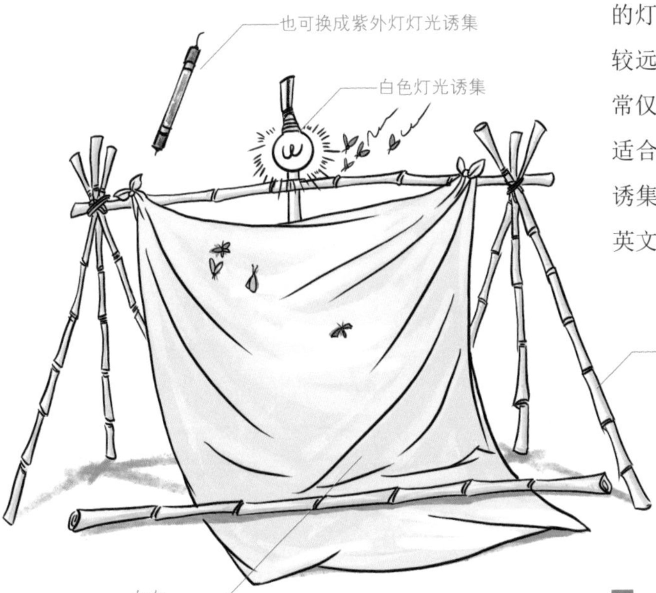

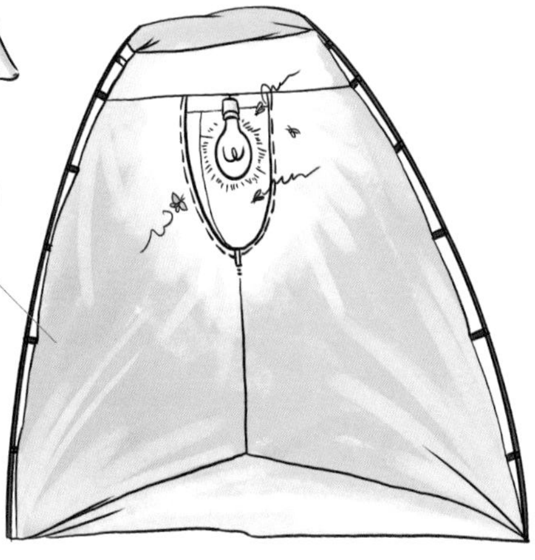

1. 振布法（扣网采集法）示意图
2. 网捕法示意图
3. 灯光诱集法示意图

另一种蛾类调查采集法是吊网陷阱法，这是利用有些蛾类会被不同食物的气味（例如利用腐烂的水果）吸引而来的特性，再结合网具进行蛾类诱集，吊网的外观上设计成倒广口瓶形状的网具，使用时吊挂放置于密林中的树枝上，开口朝下，开口处摆放诱饵，蛾类受吸引后前来觅食，当要飞离时，会朝上方（树冠）有光线处飞，因此进入吊网内，由于吊网设计只有下方单一缩小的入口，加上受困的蛾类在林底常有向上方光源飞的习性，因此困在吊网中。吊网的长度及开口大小等设计都会影响蛾类的捕捉效率，而饵料的类型（不同的腐果或腐肉）则会影响前来的蛾类种类，吊网若使用腐果或腐肉饵料，也会吸引具有攻击性的蜂类进入网中。

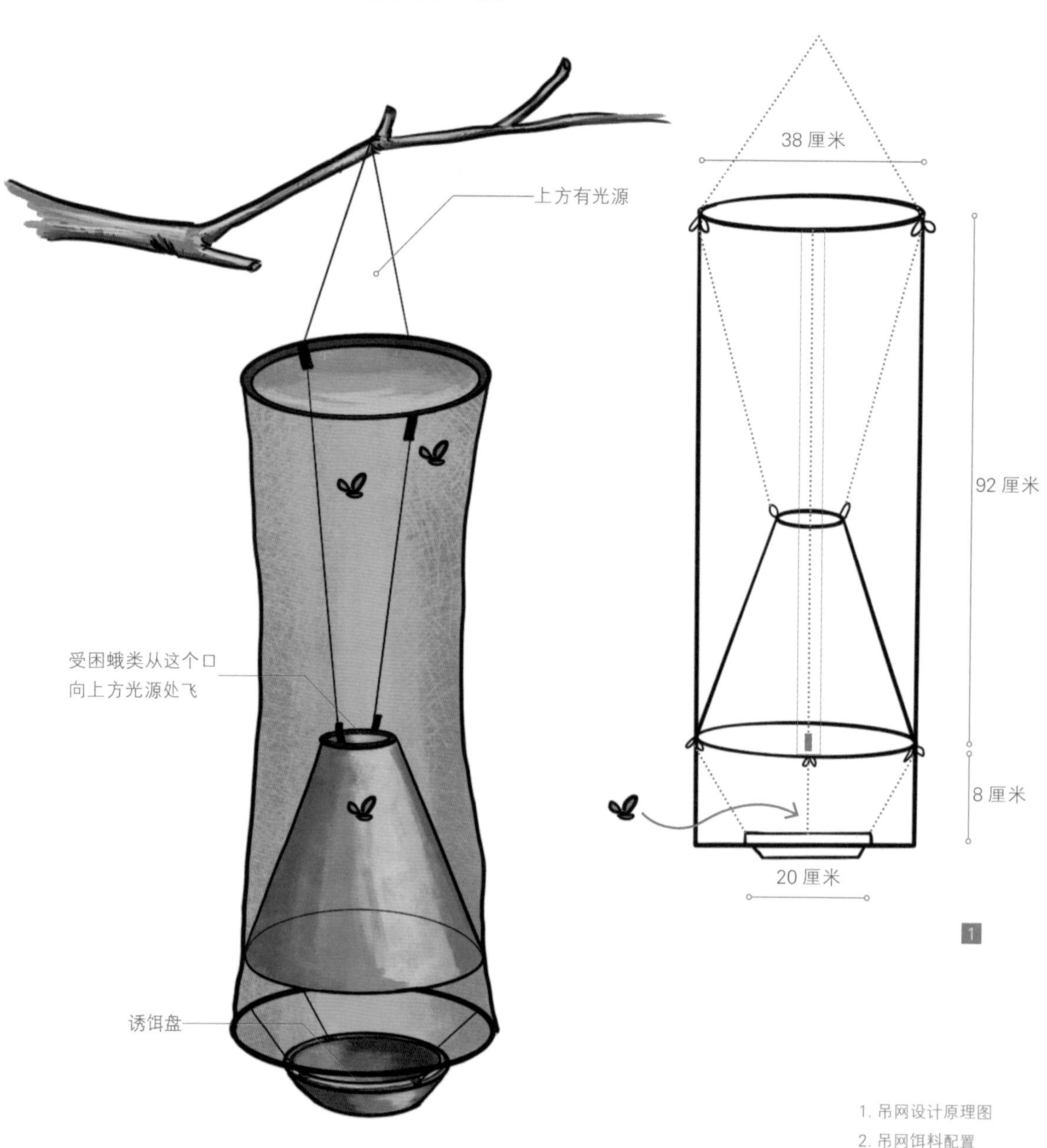

1. 吊网设计原理图
2. 吊网饵料配置

吊网饵料可将菠萝带皮切块后放入广口瓶内和酵母粉、啤酒、陈醋、生抽、糖一起发酵后放入吊网诱饵盘内。

2

◉ 蛾类标本制作与保存

一份好的蛾类标本除了提供翅纹的形态，腹部更有交尾器等重要生殖构造，很多蛾类无法单纯从外观分辨物种，必须通过解剖生殖器进行鉴定。不同时间、不同地区的蛾类在外观形态上也可能有变化，因此，一份完整的标本记录一定要有采集地、采集时间、采集者等3项记录，如果没有这3项记录，或标本保存不当腹部遭虫损，则失去科学价值。因此，标本的制作与保存在科学上的意义包括作为分类研究使用、准确的鉴定、物种不同时间的比较甚至提供详细的生物学资料。

新鲜个体在标本制作上相对容易，若为干燥标本，在制作前要先进行标本软化。干燥标本的软化可用热水蒸煮或布置软化盒，前者可短时间内立即软化并制作标本，但不容易同时处理大量干燥标本；后者需要事先布置，软化3－5天后才能进行制作，但可以同时软化大量标本(注意：绝大多数翅展小于5毫米的小型蛾类应于新鲜时直接做标本，许多小蛾标本制作甚至需要在体视显微镜下进行，无法于其死后或干燥后再软化制作)。

1–5. 软化盒基本布置、不同时间地点分批次软化

6. 热水软化

7–12. 制作标本使用工具

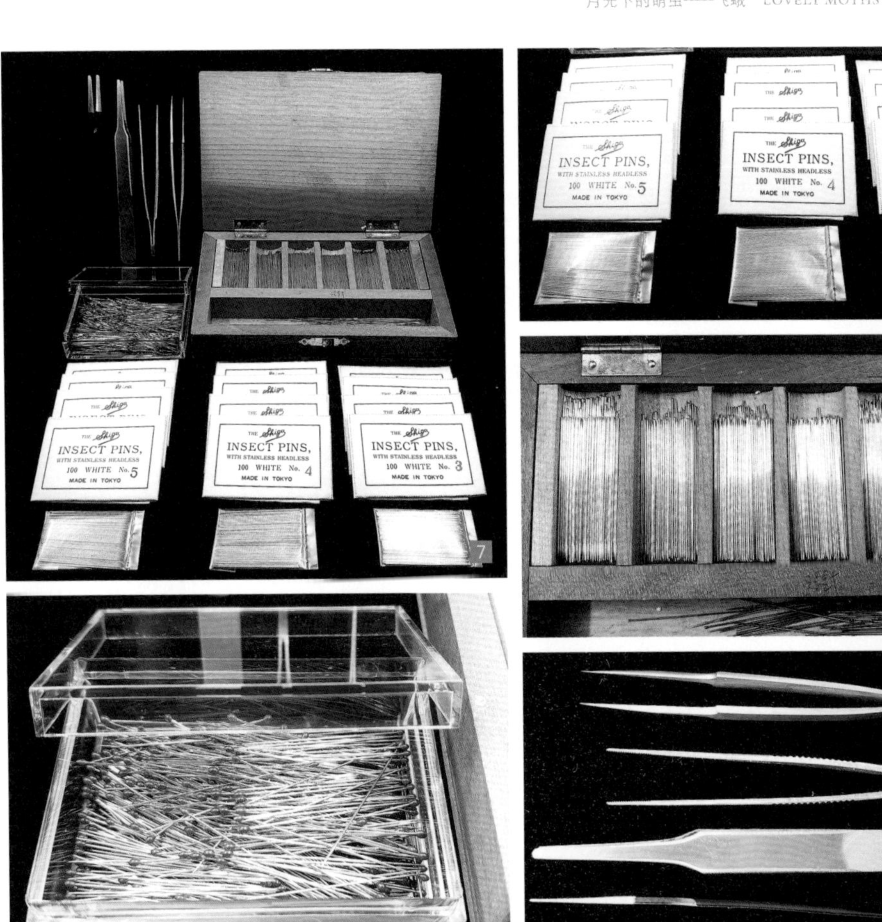
THE Ships
INSECT PINS,
WITH STAINLESS HEADLESS
100 WHITE No. 5
MADE IN TOKYO
THE Ships
INSECT PINS,
WITH STAINLESS HEADLESS
100 WHITE No. 4
MADE IN TOKYO
THE Ships
INSECT PINS,
WITH STAINLESS HEADLESS
100 WHITE No. 3
MADE IN TOKYO
7
8
9
10
11

12

标本的制作

蛾类新鲜个体（按照一般中大型为例）的标本制作步骤如下：

1. 选择或调整沟槽适当宽度并固定好压条纸。

2. 背针从胸部背面正中央垂直插入，背针与身体纵轴互相垂直。

3. 插好背针的标本垂直插于沟槽。

4. 用扁镊调整标本高度，双翅展开必须平贴两侧平台。

5. 拉起压条纸、轻吹气或使用扁镊小心将双翅展开后，覆盖压条纸。

6. 腹部两侧各插立1根针，可避免制作过程时标本顺着背针旋转。

7. 使用扁镊或昆虫针协助调整前后翅位置。注意：①使用扁镊应水平夹住前翅前缘的基部；②使用昆虫针调整，应轻挑前翅前缘基部的翅脉，或后翅基部的翅脉处，相对较坚固不易受损。

8. 展翅基本原则：①前翅向上调整的拿捏参考准则：左、右前翅的后缘联机呈一水平线，与身体纵轴垂直；②后翅向上调整的拿捏参考准则：后翅前缘与前翅后缘交叉点位置，落在前翅后缘靠外侧约1/2至2/3之间。

9. 固定针固定原则：①插针固定之位置不可以插在翅面或直接贴翅缘，应保持适当距离；②前后翅固定：第1及第2固定针的插针位置落于前缘和外缘的1/2处，可以在最少的用针情况下有效地固定前翅；后翅则落于外缘和内缘1/2处；③除了上述以外的位置，可以调整完腹部及触角后，再视情况补插固定针。

10. 在腹部上方及下方可以各使用2根针以交叉方式固定腹部高度，避免腹部在干燥过程中上翘或下垂。整理触角的方式雷同。触角或重要构造若有断裂脱落，可先置于压条纸下，待后续利用白乳胶黏着修复。

11. 展翅完成后自然干燥或置于电子防潮箱1—4周，进行拆针。

12. 拆针时以扁镊或指甲尖压住插针与压条处，左右松动针后再拔起，快速直接抽针造成压条纸拉起时吸附效应可能损坏标本翅面或造成触角断裂。

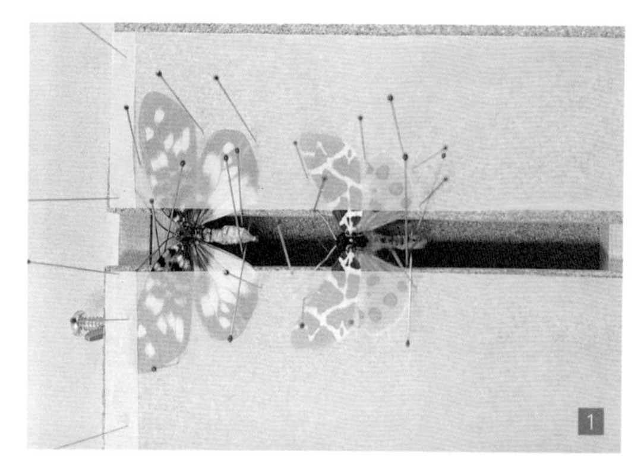

1–9. 蛾类标本的制作过程

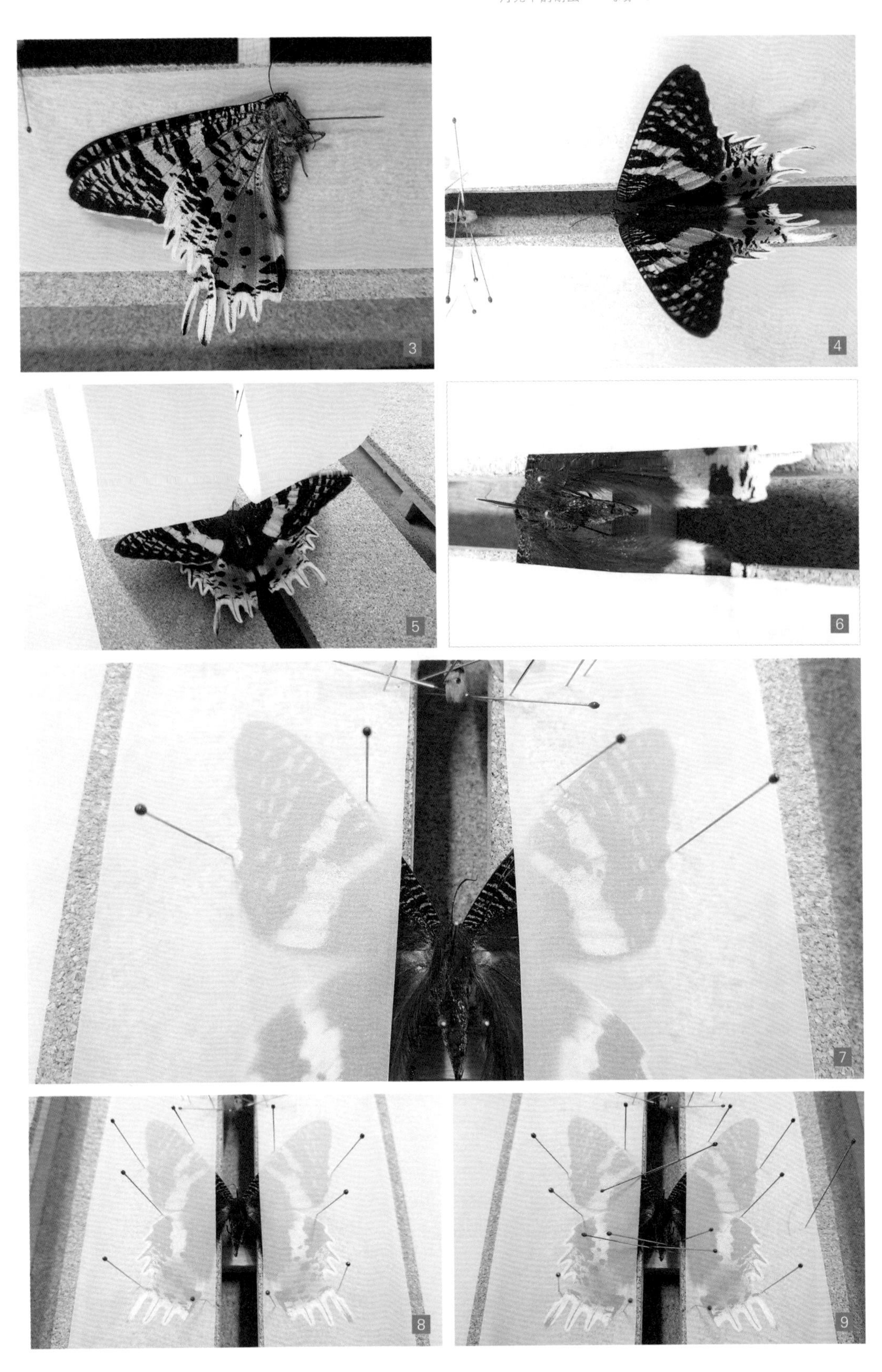
3
4
5
6
7
8
9

标本的保存

标本保存的四大原则为：除虫、干燥、低温、避光。制作好的蛾类针插标本在长期保存时，宜选用坚固且密合度好的原木制标本箱，可避免标本虫、蟑螂、蚂蚁等进入咬食毁损标本；并放置除虫药，除虫药建议使用天然樟脑（化学合成的除虫药对呼吸系统伤害较大。注意：长期接触除虫药有害身体健康）。保持干燥的方式可于标本箱内放置干燥剂或置于电子防潮箱内；标本通常置于温度相对较低的空间，长时间接触阳光标本容易变色及脆化损坏。尚未针插展翅的标本，若要长时间保存应置于低温和干燥条件下的环境。

蛾类的饲养与观察记录

蛾类的饲养在蛾类的基础生物学研究中是相当重要的环节。饲养蛾类可以获得蛾类幼生期的基础形态数据、各阶段的生长发育数据、幼虫的特殊行为、寄主植物的利用情况、可能的寄生性天敌(寄生蜂、寄生蝇、寄生线虫)，甚至通过饲养条件的实验设计可了解影响成虫翅纹特征的潜在环境因素等。

幼生期的获取

进行蛾类的饲养首先要取得幼生期，一般我们可通过野外直接采集幼生期或采集雌虫进行套卵的方式来获得幼生期进行饲养。野外采集的部分，可以徒手翻找植物寻得卵粒、幼虫或蛹，或利用振布法敲植物取得掉落下来的幼虫。套卵法常用于蛾类生活史研究，野外采集的雌成虫通常有90%以上已经交配过，有些种类不需要特别布置产卵环境便会产卵，有些产卵习性专一的种类，我们可以通过相关参考文献了解雌成虫的产卵需求，提供幼虫的寄主植物并布置适宜的产卵环境，置入雌成虫可诱导其产卵。

1-2. 标本箱、虫药
3-6. 个人收藏的展翅标本
7. 雌蛾常于三角纸内产卵
8. 野外于寄主植物上采集卵

幼虫的饲育

幼虫饲育法有饲养盒法、盆栽法和人工饲料法。饲养盒法是最常用的饲育方式。饲养盒在使用上的注意事项如下：

1. 饲养盒需能够适度透气，不能密不透气。

2. 饲养盒要常保持干净，原则上每天清除幼虫粪便，某些取食速度快或具有群聚行为一起饲养者，视情况也有每天清除 2 － 3 次的必要。

3. 容器内保持干爽，湿度不宜太高，饱和水蒸气对幼虫生长有害且粪便容易滋生病菌，若盒内太潮湿形成水滴或雾气则将其擦拭。

4. 视幼虫发育阶段待其成长后要视情况适当地更换较大的容器。

5. 使用过的饲养盒，重复使用前需以清洁剂清洗干净，若有幼虫生病死亡则建议将饲养容器进行清洗消毒后再重复使用。

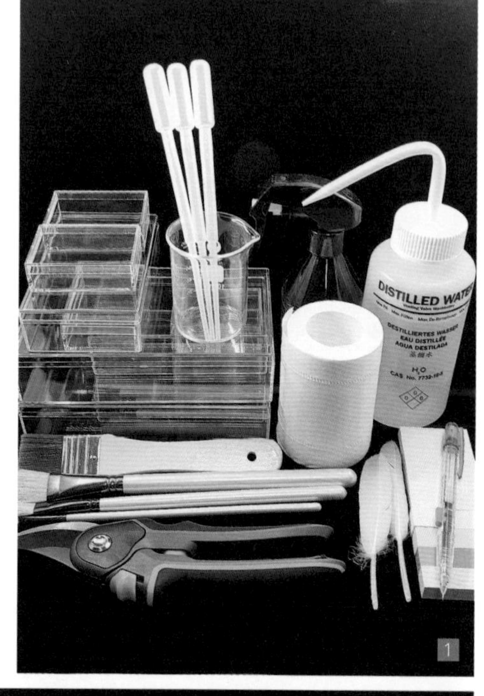

1

2

3

饲养盒中提供给幼虫取食的寄主植物，在处理上最关键的就是保持新鲜度，其要点如下：

1. 视情况每 1 － 2 天定期更换新鲜的寄主植物。

2. 若定期至野外采集补充寄主植物，则建议冷藏冰存于 10 － 15℃，视寄主植物保鲜情况不宜超过 7 － 10 天。

3. 寄主植物冰存时略喷湿置于夹链袋中并将空气挤出再封存，可减缓植物本身的蒸散脱水。

4. 更换新鲜寄主植物时，可将寄主植物的一小段茎在水中剪断，然后用湿卫生纸包覆并适当挤掉过多的水，如此可延长保鲜时间。

4

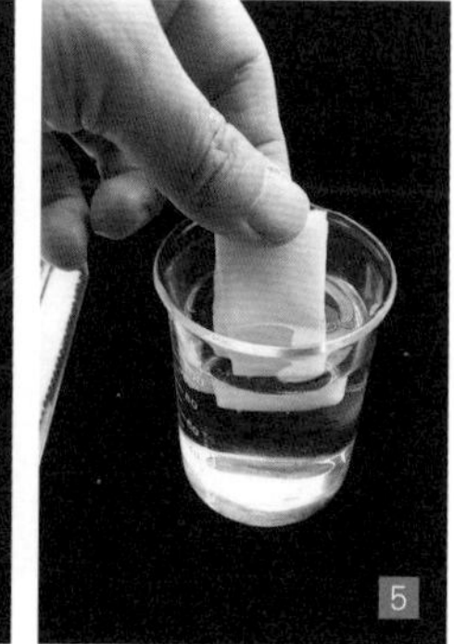
5

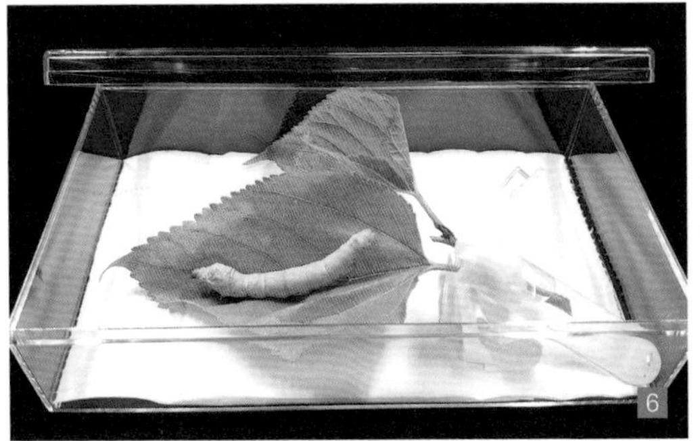

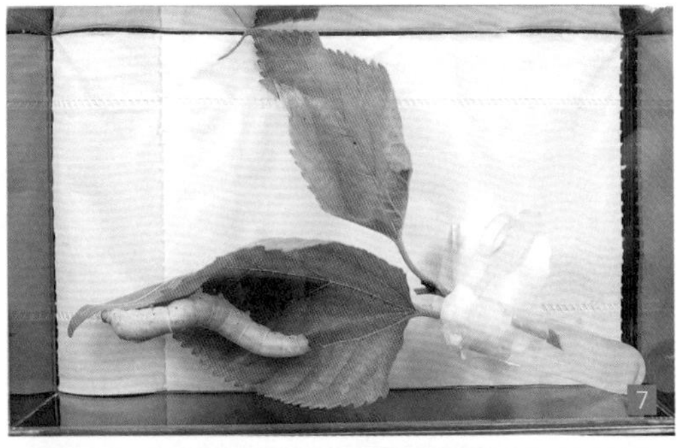

1. 各种幼虫饲养常用用具
2-3. 一般饲养盒饲养
4-8. 植物插水延长保鲜及提供适当湿度
9. 盆栽法或套网进行饲养

盆栽法同样是直接将幼虫置于事先种植好的寄主植物盆栽上，此方法较能省去要定期更换新鲜寄主植物的问题，但是为了避免幼虫逃逸或被鸟类、蜥蜴或寄生蜂等天敌攻击，可以用网具将幼虫所在的枝条套网进行保护。人工饲料法使用于特殊食性的幼虫，例如钻茎取食树木木材的种类，人工饲料的配制需要有特定的器具和配方，多为特定类群的研究使用。

幼虫饲养之各项要点示意

定期更换新鲜寄主植物
避免幼虫吃到干枯植物
每天最少清理 1 次盒内粪便
不确定寄主植物的幼虫可使用多种植物测试食性

饲养观察与记录

进行蛾类饲养时可进行适当的记录，饲育后成虫制成标本可一并将相关信息记载于标签纸内，更具有科学研究意义。可自行设计饲养编号，并记录幼虫相关信息于记录本上，例如“代号+日期+流水号”，以BG200415-1为例，BG为笔者惯用代号，200415代表2020年4月15日采集，最后为流水号表示当天第1笔采集记录。记录本上的内容包括基本的饲养编号、采集时间、采集地点、采集者、寄主植物种类信息，也可以记录饲养过程中的各项观察：卵的孵化时间、幼虫龄期转换、化蛹时间、成虫羽化时间、寄生天敌造茧或羽化时间，亦可针对幼生期进行各种质性与量化记录。

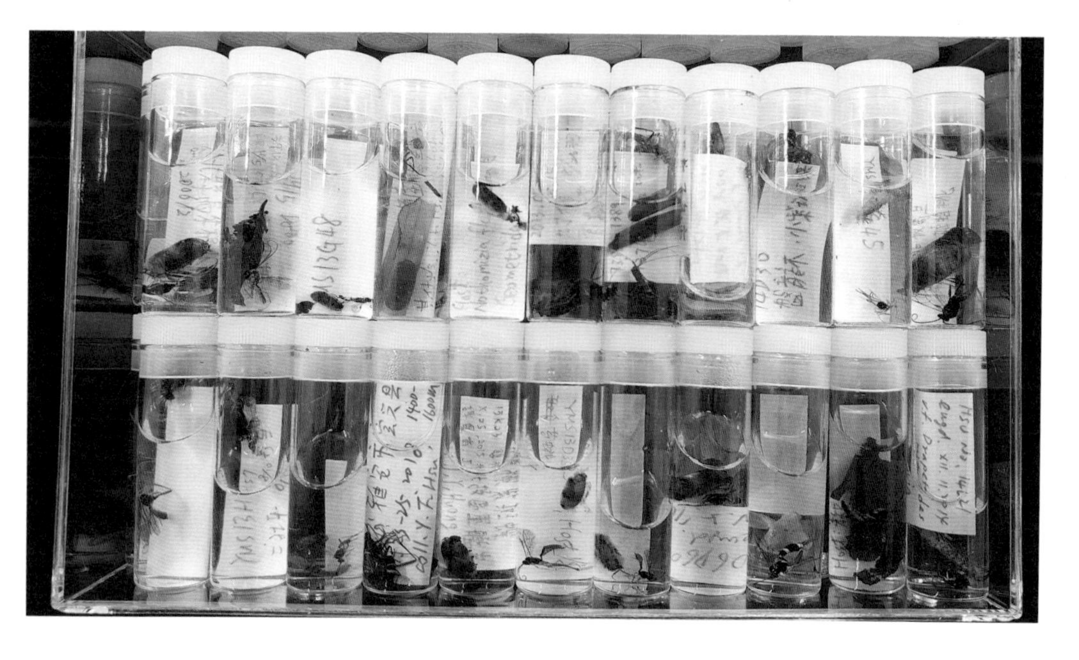

养幼虫获取的寄生蜂以酒精保存，给予完善的记录标签

后记

蛾类的多样性远比蝴蝶高出10倍以上，要写一本适合广大民众的蛾类读本着实不容易。这本书能够顺利完成，要感谢海峡书局在背后大力地推动与支持，以及我在博士班时期的导师徐堉峰教授对我的信赖与指导，无论是科学研究或科学教育的投入，站在巨人的肩膀上持续学习与精进都是不变的硬道理。编辑团队的支撑，让我每当看到一幅幅手绘插图和精美的编排样式的时候，都能感到十足的信心与喜悦。

除了已经罗列在图片提供者名单上的友人，这本书的背后还有圈内的专家学者好友和自然爱好者提供不少帮助，诸如鉴定上的协助，拍摄标本的提供、微细构造拍摄仪器的使用等等，包括宋海天博士、邱见玥博士、颜圣纮博士、吴士纬博士、林育绮博士及许育铭、王冰、缪本福、赵新杰、许美莲、洪贯捷、蔡静宜、黄凡、郑煜等友人，在此我诚致十二万分的谢意！

世界著名作家海伦•凯勒（Helen Adams Keller）曾经说过一句至理名言：“Alone We Can Do So Little, Together We Can Do So Much.”《月光下的萌虫——飞蛾》一书的完成，在鳞翅目蛾类的自然教育推广方面，对我而言只是跨出的第一步，期待未来有更多科研人员及爱好者加入并共襄盛举！

黄嘉龙
2021年6月于闽江学院春华楼

本书中文名及学名对照

中文名	学名
L纹双尾蛾	*Warreniplema fumicosta*
一点钩翅赭桦蛾	*Mustilia hepatica*
二化螟	*Chilo suppressalis*
丁香天蛾	*Psilogramma increta*
八字褐刺蛾	*Setora postornata*
三叉斗透翅蛾	*Entrichella trifasciata*
三化螟	*Scirpophaga incertulas*
三色刺蛾	*Birthamula rufa*
三角斑褐蚕蛾	*Trilocha varians*
三点斑刺蛾	*Darna furva*
大灰枯叶蛾	*Lebeda nobilis*
大尾大蚕蛾	*Actias maenas*
大齿纹波尺蛾	*Ecliptopera benigna*
大艳青尺蛾	*Agathia magnificentia*
大斑丫枯叶蛾	*Metanastria hyrtaca*
大斑波纹蛾	*Thyatira batis*
大窗钩蛾	*Macrauzata maxima*
大燕蛾	*Lyssa zampa*
小白纹毒蛾	*Orgyia postica*
小缺口青尺蛾	*Timandromorpha enervate*
小造桥夜蛾	*Anomis flava*
小黄卷叶蛾	*Adoxophyes* sp.
小菜蛾	*Plutella xylostella*
小窗桦蛾	*Prismosticta fenestrate*
山龙眼萤斑蛾	*Erasmia pulchella hobsoni*
之美苔蛾	*Miltochrista ziczac*
马达加斯加月亮蛾	*Argema mittrei*
马尾松毛虫	*Dendrolimus punctatus*
王氏樗蚕蛾	*Samia wangi*
井上氏绒毛天蛾	*Pentateucha inouei*
天幕枯叶蛾（天幕毛虫）	*Malacosoma neustria testacea*
云舟蛾	*Neopheosia fasciata*
云南云斑带蛾	*Apha yunnanensis*
云南旭锦斑蛾	*Campylotes desgodinsi yunanensis*
云南锦斑蛾	*Achelura yunnanensis*
云雾裳蛾	*Catocala nimbosa*
木理弭尺蛾	*Menophra humeraria*
五斑虎蛾	*Exsula dentatrix albomaculata*
太平山胯舟蛾	*Syntypistis taipingshanensis*
太白绿天蛾	*Callambulyx sinjaevi*
太阳蛾	*Chrysiridia rhipheus*
车轮草螟	*Nevrina procopia*
巨网灯蛾	*Macrobrochis gigas*
日本银斑舟蛾	*Tarsolepis japonica*
中华黄珠大蚕蛾	*Saturnia sinanna*
中华蝠蛾	*Endoclita sinensis*
中国枯叶尺蛾	*Gandaritis sinicaria*
中金翅夜蛾	*Thysanoplusia inerm*
中南樟蚕蛾	*Saturnia centralis*
中黑点黄毒蛾	*Euproctis nigricauda*
水社寮双尾蛾	*Dysaethria suisharyonis*
水螟蛾属	*Paracymoriza* sp.
毛刺蛾属	*Trichogyia* sp.
毛带蚕蛾	*Penicillifera lacteal*
毛胫蝶灯蛾	*Nyctemera coleta*
长足大织蛾	*Ashinaga longimana*
长角殿尾夜蛾	*Anuga multiplicans*
长须刺蛾	*Hyphorma mimax*
长须铜夜蛾	*Plusiopalpa adrasta shisa*
长斑拟灯蛾	*Asota plana lacteata*
长喙天蛾属	*Macroglossum* sp.
月亮燕蛾	*Urania leilus*
丹日明夜蛾	*Chasmina sigillata*
乌氏尾大蚕蛾	*Actias uljanae*
乌臼黄毒蛾	*Euproctis bipunctapex*
双色舟蛾	*Uropyia meticulodina*
双点绢野螟蛾	*Glyphodes biritralis*
玉米螟蛾	*Ostrinia nubilalis*

玉带凤蝶	*Papilio polytes*	台湾钩翅赭桦蛾	*Comparmustilia gerontica*
玉带斑蛾	*Pidorus atratus*	台湾豹大蚕蛾	*Loepa formosensis*
玉臂尺蛾	*Xandrames dholaria*	台湾黄刺蛾	*Monema rubriceps*
甘薯白鸟羽蛾	*Alucita niveodactyla*	台湾黄毒蛾	*Euproctis taiwana*
古楼娜灰蝶	*Nacaduba kurava therasia*	台湾萤斑蛾	*Chalcosia thaivana thaivana*
龙眼蚁舟蛾	*Stauropus alternus*	老彩虎蛾	*Episteme vetula*
东方葩苔蛾	*Barsine orientalis*	夸父璀灰蝶	*Sibataniozephyrus kuafui*
东非金大蚕蛾	*Argema mimosa*	灰双线刺蛾	*Cania heppneri*
东洋散纹夜蛾	*Callopistria japonibia*	灰纹带蛾	*Ganisa similis*
东瀛尾大蚕蛾	*Actias gnoma*	灰刺蛾	*Flavinarosa obscura*
卡氏金带天蛾	*Oryba kadeni*	灰星尺蛾	*Arichanna jaguarinaria*
史氏狭翅萤斑蛾	*Soritia strandi*	灰眉尺蛾	*Celerena signata*
四点双尾蛾	*Dysaethria quadricaudata*	灰胯白舟蛾	*Quadricalcarifera nigribasalis*
四黄斑蛾	*Artona flavipuncta*	夹竹桃天蛾（粉绿白腰天蛾）	*Daphnis nerii*
四斑绢野螟	*Glyphodes quadrimaculalis*	毕彩虎蛾	*Episteme bisma*
白羽毒蛾	*Euproctis croceola*	尖回舟蛾	*Disparia nigrofasciata*
白丽刺蛾	*Altha melanopsis*	光辉萤斑蛾	*Chalcosia diana*
白纱野螟蛾	*Polythlipta liquidalis*	曲线蓝目天蛾	*Smerinthus szechuanus*
白纹黄展足鸟羽蛾	*Stenodacma pyrrhodes*	团角锤天蛾	*Neogurelca hyas*
白衬裳卷叶蛾	*Cerace stipatana*	网丛螟属	*Teliphasa* sp.
白带网丛螟	*Teliphasa albifusa*	网锦斑蛾	*Trypanophora semihyalina*
白背斑蠹蛾	*Xyleutes persona*	肉桂突细蛾	*Gibbovalva* sp.
白斑翅野螟蛾	*Bocchoris inspersalis*	朱硕螟	*Toccolosida rubricep*
白斑黄毒蛾	*Euproctis inornata*	竹纹枯叶蛾	*Euthrix ochreipuncta*
印华波纹蛾	*Habrosyne indica*	优雪苔蛾	*Cyana hamata hamata*
印度毛胫蕈蛾	*Tinissa indica*	仲黑缘黄钩蛾	*Tridrepana crocea*
印度谷蛾	*Plodia interpunctella*	华西拖尾锦斑蛾	*Elcysma delavayi*
鸟粪刺蛾	*Nagodopsis shirakiana*	华尾大蚕蛾	*Actias sinensis*
鸟嘴壶裳蛾	*Oraesia excavata*	华尾大蚕蛾台湾亚种	*Actias sinensis subaurea*
闪光苔蛾	*Chrysaeglia magnifica*	后黄蝶形萤斑蛾	*Cyclosia pieridoides binghami*
闪银纹刺蛾	*Miresa fulgida*	旭刺蛾	*Sansarea* sp.
皮霭舟蛾	*Hupodonta corticalis*	多斑豹蠹蛾	*Zeuzera multistrigata*
圣女裳蛾	*Catocala seiohbo sanctocula*	亦透翅蛾属	*Ichneumenoptera* sp.
台鹿舟蛾	*Harpyia formosicola*	交让木钩蛾	*Hypsomadius insignis*
台湾柞大蚕蛾	*Antheraea superba*	衣蛾属	*Tinea* sp.

异透翅蛾属	*Cyanosesia* sp.
红目大蚕蛾	*Antheraea formosana*
红尾大蚕蛾	*Actias rhodopneuma*
红肩斑粉蝶	*Delias descombesi*
红蝉窗蛾	*Glanycus insolitus*
红霞小斑蛾	*Alloprocris* sp.
赤眉锦斑蛾	*Rhodopsona costata*
苎麻夜蛾	*Arcte coerula*
杜鹃红斑蛾	*Rhodopsona marginata*
杉谷窗蛾	*Rhodoneura sugitanii*
极光彩燕蛾	*Alcides aurora*
杨二尾舟蛾	*Cerura menciana*
杨桃鸟羽蛾	*Diacrotricha fasciola*
豆天蛾	*Clanis bilineata tingtauica*
丽星刺蛾	*Thespea virescens*
连斑水螟蛾	*Eoophyla conjunctalis*
肖媚绿刺蛾	*Parasa pseudorepanda*
角斑栗刺蛾	*Phrixolepia inouei*
角斑樗蚕蛾	*Samia cynthia watsoni*
卵斑娓舟蛾	*Ellida arcuata*
疖角壶裳蛾	*Calyptra minuticornis bisacutum*
辛裳蛾属	*Sinarella* sp.
间赭瘤蛾	*Carea internifusca*
沈氏夙舟蛾	*Pheosiopsis seni*
尾尺蛾属	*Ourapteryx* sp.
阿里山梯刺蛾	*Hampsonella arizana*
阿点灰蝶	*Agrodiaetus amandus*
鸡足翠蛱蝶	*Euthalia koharai*
纹野螟	*Tyspanodes* sp.
青尾大蚕蛾	*Actias selene*
青胯白舟蛾	*Syntypistis cyanea*
青球箩纹蛾	*Brahmophthalma hearseyi*
青黄枯叶蛾	*Trabala vishnou guttata*
青辐射尺蛾	*Iotaphora admirabilis*
顶斑圆掌舟蛾	*Phalera assimilis*
苹果蠹蛾	*Cydia pomonella*
苹掌舟蛾	*Phalera flavescens*
直带长角蛾	*Nemophora aurora*
茄冬尾夜蛾	*Atacira affinis*
松村氏浅翅凤蛾	*Epicopeia hainesi matsumurai*
枫天蛾	*Cypoides chinensis*
虎尺蛾	*Euryobeidia largeteaui*
虎纹蛀野螟	*Dichocrocis tigrina*
咖啡透翅天蛾	*Cephonodes hylas*
帕透翅蛾属	*Paranthrenella* sp.
金双斑螟蛾	*Orybina flaviplaga*
金曲纹波尺蛾	*Eustroma contorta*
金弧夜蛾	*Thysanoplusia orichalcea*
金带霓虹尺蛾	*Acolutha pulchella semifulva*
金星尺蛾	*Abraxas suspecta*
金盏窗蛾	*Pyralioides sinuosus*
金掌夜蛾	*Tiracola aureata*
金蜂透翅蛾	*Nokona pilamicola*
乳白灯蛾	*Areas galactina*
刻茸毒蛾	*Calliteara taiwana*
浅翅凤蛾	*Epicopeia hainesi sinicaria*
波仿眉刺蛾	*Quasinarosa corusca*
波花桦蛾	*Oberthueria formosibia*
波丽毒蛾	*Calliteara postfusca*
波纹杂枯叶蛾	*Kunugia undans metanastroides*
波带白钩蛾	*Leucodrepana serratilinea*
怪舟蛾属	*Hagapteryx* sp.
细白带长角蛾	*Nemophora aurifera*
细纹黄毒蛾（丛毒蛾）	*Locharna strigipennis*
细纹黄钩蛾	*Drapetodes mitaria*
带锚纹蛾	*Callidula attenuata*
茶足点刺蛾	*Griseothosea fasciata*
茶细蛾	*Caloptilia theivota*
茶蚕蛾（茶桦蛾）	*Andraca theae*
茶斑蛾	*Eterusia aedea*

胡桃豹瘤蛾	*Sinna extrema*
胡颓子剑纹夜蛾	*Acronicta pruinosa*
柑橘潜蛾	*Phyllocnistis citrella*
枯叶蛱蝶	*Kallima inachus*
枯叶裳蛾	*Eudocima tyranus*
枯刺蛾属	*Mahanta* sp.
枯球箩纹蛾	*Brahmophthalma wallichii*
柯氏旭锦斑蛾	*Camphlotes kotzechi*
柞蚕	*Antheraea pernyi*
柞褐叶螟	*Sybrida approximans*
栎六点天蛾	*Marumba sperchius*
栎枝背舟蛾	*Harpyia formosicola*
栎毒蛾	*Lymantria mathura subpallida*
栎蚕舟蛾	*Phalerodonta albibasis*
背刺蛾	*Belippa horrida*
点带织蛾	*Ethmia lineatonotella*
哑铃钩蛾	*Macrocilix mysticata*
显脉球须刺蛾	*Scopelodes kwangtungensis*
星点薄翅锦斑蛾	*Cadphises maculata*
蚁舟蛾属	*Stauropus* sp.
钩翅赭桦蛾	*Comparmustilia sphingiformis*
选彩虎蛾	*Episteme lectrix sauteri*
秋行军虫	*Spodoptera frugiperda*
科罗拉雾带天蛾	*Rhodoprasina corolla*
重阳木锦斑蛾	*Histia rhodope*
修虎蛾属	*Sarbanissa* sp.
皇蛾（乌臼大蚕蛾）	*Attacus atlas*
鬼脸天蛾	*Acherontia lachesis*
盾天蛾	*Phyllosphingia dissimilis*
狭翅山龙眼萤斑蛾	*Erasmiphlebohecta picturata sinica*
狭翅萤斑蛾属	*Soritia* sp.
弯尾大蚕蛾	*Actias angulocaudata*
迹斑绿刺蛾	*Parasa pastoralis*
闺锦斑蛾	*Gynautocera papilionaria*
美国白蛾	*Hyphantria cunea*
迷刺蛾	*Chibiraga banghaasi*
洋麻圆钩蛾（大钩蛾）	*Cyclidia substigmaria*
眉原纷舟蛾	*Fentonia baibarana*
眉原褐刺蛾	*Setora baibarana*
绒刺蛾属	*Phocoderma* sp.
艳叶裳蛾	*Eudocima salaminia*
艳刺蛾	*Demonarosa rufotessellata*
素木绿刺蛾	*Parasa shirakii*
素刺蛾	*Susica sinensis*
桃蛀野螟蛾	*Conogethes punctiferalis*
格罗尾大蚕蛾	*Actias groenendaeli*
蚬蝶凤蛾	*Psychostrophia nymphidiaria*
圆翅繁星萤斑蛾	*Amesia aliris*
圆翅黛眼蝶	*Lethe butleri periscelis*
圆端拟灯蛾	*Asota heliconia zebrina*
铃木窗蛾	*Striglina suzukii*
铃钩蛾属	*Macrocilix* sp.
臭椿瘤蛾	*Eligma narcissus*
豹尺蛾	*Dysphania militaris*
豹纹尺蛾属	*Parobeidia* sp.
豹点锦斑蛾	*Cyclosia panthona*
鸱目大蚕蛾	*Salassa lola*
粉翠瘤蛾	*Hylophilodes rara*
粉蝶灯蛾	*Nyctemera adversata*
粉蝶蛱蛾属	*Parabraxas* sp.
海南禾斑蛾	*Artona hainana*
海南鸮目大蚕蛾	*Salassa shuyiae*
家蚕	*Bombyx mori*
勐同卷叶蛾	*Isodemis serpentinan*
桑螨	*Rondotia menciana*
球须刺蛾	*Scopelodes contractus*
基纹桑舞蛾	*Choreutis basalis*
基黄绿刺蛾	*Parasa pastoralis*
著蕊尾舟蛾	*Dudusa nobilis*
菱带黄毒蛾	*Euproctis croceola*

黄角红颈斑蛾	*Arbudas leno*	绿茶桦蛾	*Andraca olivacea*
黄刺蛾	*Monema flavescens*	绿背斜纹天蛾	*Theretra nessus*
黄带拟叶裳蛾	*Phyllodes eyndhorvii*	绿脉锦斑蛾	*Chalcosia pectinicornis diana*
黄蚕蛾	*Rotunda rotundapex*	斑表瘤蛾	*Titulcia confictella*
黄绢坎蛱蝶	*Chersonesia risa*	葡萄虎蛾	*Sarbanissa subflava*
黄野螟蛾	*Heortia vitessoides*	葡萄透翅蛾属	*Nokona* sp.
黄斜带钩蛾	*Oreta loochooana*	落叶裳蛾属	*Eudocima* sp.
黄猫鸮目大蚕蛾	*Salassa thespis*	棉卷叶野螟	*Syllepte derogata*
黄黑纹野螟蛾	*Tyspanodes hypsalis*	棕绿背线天蛾	*Cechenena lineosa*
黄襟弄蝶	*Pseudocoladenia dan*	裂斑鹰翅天蛾	*Ambulyx ochracea*
梭舟蛾	*Netria multispinae*	雅夜蛾属	*Piscibocome* sp.
硕斑蛾属	*Hyasteroscene* sp.	紫光箩纹蛾	*Brahmophthalma porphyrio*
雪黄毒蛾	*Euproctis sericea*	紫线黄舟蛾	*Chadisra bipars*
眼斑绿天蛾	*Callambulyx junonia*	掌舟蛾属	*Phalera* sp.
野蚕蛾（中华家蚕）	*Bombyx mandarina*	黑肩展足蛾	*Stathmopoda fusciumeraris*
蛀实卷蛾属	*Pseudopammene* sp.	黑线黄尺蛾	*Biston perclarua*
银灰夜蛾属	*Chrysodeixis* sp.	黑点双带钩蛾	*Nordstromia semililacina*
银灰带刺蛾	*Narosoideus vulpinus*	黑点白蚕蛾	*Ernolatia moorei*
银杏珠大蚕蛾	*Rinaca japonica*	黑点扁刺蛾	*Thosea sinensisomena scintillans*
银杏珠大蚕蛾台湾亚种	*Rinaca japonica arizona*	黑脉厚须螟	*Arctioblepsis rubida*
银条斜线天蛾	*Hippotion cdlerio*	黑缘暗野螟蛾	*Bradina diagonalis*
银纹橘织蛾属	*Promalactis* sp.	黑蕊尾舟蛾	*Dudusa sphingiformis*
银钩蛾属	*Auzatellodes* sp.	短须螟	*Sacada* sp.
银斑天蛾	*Rhodosoma triopus*	釉彩萤斑蛾	*Amesia sanguiflua viriditincta*
斜纹夜蛾	*Spodoptera litura*	焰驼蛾	*Hyblaea firmamentum*
斜线关夜蛾	*Artena dotata*	蓝闪拟灯蛾	*Neochera marmorea*
斜绿天蛾	*Pergesa acteus*	蓝纹小斑蛾	*Clelea formosana*
彩虎蛾属	*Epistene* sp.	蓝宝烂斑蛾	*Clelea sapphirina*
庸肖毛翅裳蛾	*Thyas juno*	蓬莱茶斑蛾	*Eterusia aedea formosana*
鹿斑蛾属	*Trypanophora* sp.	蓬莱萤斑蛾	*Milleria formosana contradicta*
鹿蛾属	*Amata* sp.	榆凤蛾	*Epicopeia mencia*
旋目裳蛾	*Spirama retorta*	雾回舟蛾	*Disparia diluta variegata*
娑环蛱蝶台湾亚种	*Neptis soma tayalina*	锡金豹大蚕蛾	*Loepa sikkima*
绿尾大蚕蛾台湾亚种	*Actias ningpoana ningtaiwana*	锦舟蛾	*Ginshachia elongata*
绿刺蛾属	*Parasa* sp.	锯缘枯叶蛾	*Gastropacha horishana*

滇藏红六点天蛾	*Marumba irata*
璃尺蛾属	*Krananda* sp.
榕透翅毒蛾	*Perina nuda*
舞毒蛾	*Lymantria dispar*
褐带蛾	*Palirisa cerrina*
褐点绿刺蛾	*Thespea virescens*
褐翅绿弄蝶	*Choaspes xanthopogon*
褐绿间翅舟蛾	*Methodioptera bruno*
褐斑白蚕	*Triuncina brunnea*
褐斑毒蛾	*Olene dudgeon*
赭桦蛾	*Mustilia falcipennis*
赭瘤蛾属	*Carea* sp.
樟大蚕蛾	*Saturnia pyretorum*
蝠蛾属	*Endoclita* sp.
稻卷叶螟	*Cnaphalocrocis medinalis*
德西虎蛾	*Syfania dejaeri*
膝带长喙天蛾	*Macroglossum sitiene*
薄翅斑蛾属	*Agalope* sp.
橙拟灯蛾	*Asota egens confinis*
橙带蓝尺蛾	*Milionia basalis*
激纹展足蛾	*Stathmopoda stimulate*
藏珠大蚕蛾	*Saturnia thibeta okurai*
魔目裳蛾	*Erebus ephesperis*
露娜尾大蚕蛾	*Acitas luna*
麝凤蝶	*Byasa alcinous*
镶落叶裳蛾	*Eudocima homaena*